에볼루션 토크

지구상에서 가장 오래된 이야기의 이모저모

에볼루션 토크

릭 코스트 지음 | **이세진** 옮김

EVOLUTION TALK

그러나

맨디에게

어둡고 추운 우주 속,

그 어떤 것보다 따뜻하고 환한 별이 있어

그 별에 나 바짝 매달렸네.

차례

들어가는 글　　　　　　　　　　　　　　　　10

1부　다윈 이전

1장	화석 발견자	17
2장	아리스토텔레스와 설계	28
3장	진화의 시인	33
4장	언어와 인간에 대하여	39
5장	생말로의 수학자	48
6장	디드로의 꿈	54
7장	서서히 움직이는 대양	62
8장	피부 한 겹 차이	66
9장	바다에서	70
10장	눈 어두운 두더지와 도도새	78
11장	가엾은 초목에 대하여	84
12장	창조자의 부재	91
13장	정원사의 완두콩	99
14장	다윈의 등장이 예고되다	107

2부 다윈의 등장

15장 비글호 항해 전　　　　　　　　111

16장 HMS 비글　　　　　　　　　117

17장 폭풍 전야　　　　　　　　　122

18장 『종의 기원』　　　　　　　　128

19장 앨프리드 러셀 월리스　　　　137

20장 다윈의 외신　　　　　　　　143

21장 설계의 문제　　　　　　　　149

22장 신　　　　　　　　　　　　156

23장 단순한 형태의 자연 선택　　163

3부 　 진화 이야기

24장　시초　　　　　　　　　　　　　173
25장　남세균　　　　　　　　　　　178
26장　생식　　　　　　　　　　　　184
27장　다세포 생물　　　　　　　　191
28장　군비 경쟁　　　　　　　　　196
29장　바다를 벗어나　　　　　　　201
30장　모든 것이 연결돼 있다?　　207
31장　실수가 일어났다　　　　　　213
32장　고래 이야기　　　　　　　　219
33장　성 선택　　　　　　　　　　224
34장　이타주의　　　　　　　　　　230
35장　공진화　　　　　　　　　　　236
36장　뇌　　　　　　　　　　　　　243
37장　수렴 진화　　　　　　　　　251
38장　유전적 부동　　　　　　　　256

4부 이 모든 것 놀라워라

39장 자발적 진화   **263**

40장 우리는 유일무이한가?   **268**

41장 우리는 여전히 진화 중인가?   **274**

42장 단지 이론일 뿐   **280**

43장 진화심리학   **287**

44장 진화의 예측력   **296**

45장 우리는 유일무이하다   **305**

46장 끝없는 이야기   **310**

참고 문헌   **313**

들어가는 글

"인간의 기원과 역사에 빛이 드리웠다."

— 『종의 기원』, 찰스 다윈 —

1859년에 출간된 『종의 기원』은 찰스 다윈을 오늘날까지 이어지는 싸움의 전선으로 내몰았다. 그 싸움은 우리의 기원에 대한 것이다. 인류의 기원. 우리는 완전히 지금과 같은 모습으로 지구에 등장했는가, 아니면 어쨌든 인간은 아니었을 아주 먼 조상으로부터 서서히 모양새 혹은 형태가 진화되었을까?

다윈은 자신의 책으로 뜨거운 논란을 불러일으킬 의도가 없었다. 그는 단지 세계와 우리를 둘러싼 생물종의 풍부함을 설명하려고 했다. 자연 선택에 의한 진화보다 더 놀라운 발상은 별로 없을 것이다. 늘 그랬다. 진정으로 야심이 있는 사람이라면 어디에든 자연 선택설을 적용할 수 있다. 좀 더 최근에도, 관념이 우리 사회와 문화에 퍼지는 방식이 자연 선택으로 설명되고 있다. 인터넷 밈과 바이럴 동영상은 그 좋은 예다. 자연 선택설은 느리지만 꾸준하게 발전하던 기술이 어떻게 지난 100년 사이에 비약적으로 발전할 수 있었는지 설명해준다. 1911년 라이트 형제의 최초의 동력 비행 성공이 훌륭한 예다. 그로부터 60년도 지나지 않아 인류는 달에 착륙했다. 고작 한 생애에 해당하는 시간 동안, 상상도 안 될 만큼 엄청난 성취들이 있었다. 라이트 형제에서부터 우주 왕복선에 이르는 비행 물체의 진화를 추적해본다면 설계상의 작지만 유익한 적응의 역사를 보게 될 것이다. 그러한 적응들이 쌓이고 쌓여 노스캐롤라이나 키티호크 사막에서 별들을 향해 날아오르는 비행 물체의 설계까지 가능했던 것이다.

이런 것들이 다윈이 주장한 자연 선택에 의한 진화론과 무슨 관련이 있을까? 아무 관련 없다. 그리고 모든 면에서 관련이 있다.

적응하고 살아남는 능력이 없었다면, 인간이라는 종은 결코 빛을 보지 못했을 것이다.

이 소동이 무엇에 대한 것인지, 진화가 어떻게 작동했는지 궁금했던 적이 있는가? 그렇다면 임자를 잘 찾아왔다. 이 책은 다윈이 혁명적인 이론을 제시하게 된 사연과 그것이 우리 주위의 생명에 무엇을 의미하는지 고찰하지만 거기서 멈추지 않는다. 이론에 대한 앎은 그 앎을 적용할 수 있을 때만 중요하다. 다윈의 이론 사용, 우리는 그것을 처음부터, '맨' 처음부터 시작할 것이다. 최초의 미세 유기물에서부터 여러분의 창문 너머로 보이는 저 떡갈나무까지 살펴볼 것이다.

160여 년 전 다윈이 『종의 기원』을 발표했을 때 그의 사상은 매우 위험한 것으로 여겨졌다. 2009년은 이 저작의 150주년이었다. 다윈은 자신의 이론을 비방하는 사람들이 있음을 알고 있었고 그로 인해 힘들어했지만 우리가 앞으로 나아가려면 이 이론을 이해할 필요가 있다는 것도 알고 있었다.

1부에서 보겠지만 다윈은 혼자가 아니었다. 다윈이 비글호에 오르기 훨씬 전부터 지구상의 생물과 그 기원에 대해서 그와 비슷한 생각을 한 사람들이 있었다. 다윈 이전의 그 사상가들은 가장 작은 딱정벌레에서부터 목이 긴 기린에 이르기까지 우리가 볼 수 있는 모든 생물종이 어떻게 나타났을까를 사유했다. 현미경, 해부용 나이프, 표본병, 그리고 자신의 지성으로 무장한 그들은 각각의 종들이 하나의 원단에서 나온 것은 아닐까 고민했다. 그들 또한 그 종들이 초기 모습에서 현재의 모습으로 변형되지는 않았을까라는 의문을 품었다.

여러분의 신념이 무엇이든, 여러분의 현재 이해 수준과 상관없이, 누구나 알아야 할 것이 있다. 자연 선택에 의한 진화론은 누구를 위협하지도 않거니와 이해하기 어렵지도 않다. 진화론은 너무 명쾌해서 도대체 왜 이런 생각을 진즉에 하지 않았을까 싶을 정도다.

모든 이야기에는 출발점이 필요하다. 우리는 영국의 작은 마을에 살았던 메리라는 소녀에서부터 이 이야기를 시작해보기로 하자.

1부

⌄
⌄
⌄

다원 이전

일러두기
* 각주는 모두 옮긴이 주다.

1장
화석 발견자

땅을 파는 일에는 왠지 매혹적인 데가 있다. 이따금 과거의 조각을 발견하게 되니까. 이제는 잊힌 옛사람 혹은 옛 사물에 대한 일별. 그 과거는 멀면 멀수록 좋다. 어릴 적 나는 집 근처 모래 밭에서 놀기를 좋아했다. 들이거보면 그리 크지도 않은 모래밭이있는데 나와 내 친구 지미에게는 거대해 보였던 것 같다. 우리는 그 안에 보물이 숨겨져 있을 거라 생각하고 몇 시간이고 모래밭을 파보곤 했다. 보물 지도는 없었지만 우리가 해적이라면 비밀을 묻어놓을 성싶은 곳을 골라 열심히 파헤쳐보았다. 그날 오후도 그렇게 모래밭을 파다가 신축성 있는 금색의 손목시계 밴드를 발견했다. 그 물건이 어쩌다 거기 묻혀 있었는지는 결코 알 수 없을 것이다. 하지만 그 손목시계 밴드가 상상력에 불을 지핀 까닭에 우리는 더 열심히, 더 많은 날을 땅파기로 보내게 되었다. 덕분에 그 모래밭에는 발목을 삐기 딱 좋은 구멍이 잔뜩 생겼다.

그렇게 열심히 땅을 팠어도 그 금색 손목시계 밴드 말고 뭔가를 발견한 적은 없었다. 우리의 보물찾기 놀이는 내가 아홉 살 때 중단되었다. 나는 모래놀이 삽을 내려놓고 석고 모형 뜨기 세트를 샀다. 왜냐고? 그야 물론 빅풋[1]의 흔적을 찾아 그 발자국을 모형으로 뜨려고 그랬다! 어린아이의 마음은 그런 것이다.

내가 나보다 164년 먼저 땅파기에 골몰했던 소녀에 대해서 알았더라면 땅파기를 중단하지 않았을지도 모른다. 최초의 발굴 당시 소녀의 나이는 나보다 그렇게 많지도 않았다.

그녀는 해변가에서 조개껍데기를 팔았지.
그녀가 팔았던 건 조개껍데기가 맞고말고.
그러니까 그녀가 해변가에서 조개껍데기를 팔았다면
그녀가 조개껍데기를 판 게 틀림없고말고.
She sells seashells on the seashore
The shells she sells are seashells, I'm sure
So if she sells seashells on the seashore
Then I'm sure she sells seashore shells.
(테리 설리번이 메리 애닝의 삶에서 영감을 받아 만든 빠른말놀이[2])

---

1 빅풋(Bigfoot)은 로키산맥 일대에서 목격된다는 미확인 동물로, 사스콰치(Sasquatch)라고도 한다.
2 영어 원문은 우리말의 '간장 공장 공장장은 장 공장장이고, 된장 공장 공장장은 강 공장장이다'처럼 빠르게 발음하기 어려운 단어 조합으로 이루어져 있다.

1811년, 혹은 1812년, 이 연도는 어떤 텍스트를 읽느냐에 따라 다르지만, 그 환상적인 발견을 했을 때 메리 애닝의 나이는 열두 살이었다. 메리와 남동생은 그들이 살던 라임 리지스 인근 절벽을 파보고 다니기로 결심했다. 라임 리지스는 영국 해협과 면해 있는 작은 마을이다. 지금도 그곳은 인구 4,000명을 넘지 않는 작은 마을이지만 석회암과 셰일층으로 이루어진 아름다운 절벽을 자랑한다. 그리고 그 셰일층에서 찾을 수 있는 것은 절벽이 이루는 진풍경 자체보다 한층 놀랍다. 오래전 그날 애닝 남매가 찾아냈던 것이 그러했듯이.

애닝의 가족은 절벽에서 신기한 물건을 찾아내는 데 익숙했다. 그들은 오래전부터 셰일층에서 조개나 작은 생물의 화석을 캐내어 관광객들에게 기념품으로 팔곤 했다. 애닝의 아버지는 발굴한 화석을 깨끗하게 손질하는 법을 딸에게 가르쳤고 그들 가족은 마을의 마차 보관소에 작은 매대를 차려놓고 화석 장사를 했다. 그 부업은 애닝의 아버지가 목수 일로만 감당하기 어려웠던 생계비를 메꾸기에 안성맞춤이었다.

애닝과 남동생이 우연히 발견한 물건은 해골이었다. 그것도 아주 넓적한 해골. 길이만 120센티미터가 넘었고 들쭉날쭉한 이빨이 남아 있었다. 남매는 처음에 악어를 발견한 줄 알았다. 문제는 그 지역엔 악어가 있을 수 없다는 것이었다. 거기는 영국이었다. 혹시 다른 것일 수도 있으려나? 애닝은 의문을 품었다. 미확인 생물은 아직 생각도 못했던 시절이었다. '공룡(dinosaur)'이라는 단어도 나오기 전이었다. 1840년대에 영국의 생물학자이자 고생물학자 리처드 오언이 이 단어를 처음 내놓기까지 애닝의 발견이 이바지한 바가 결코 적지 않았다. 악어인지 아닌지 모르지만 애닝 남매는 뭔가를 절벽에서 끄집어냈고 뭔가가 더 있으리라 짐작했다. 애닝은 작정을 하고 계속 화석을 찾았다. 그 노력은 결실을 거두었다. 그 전까지 한 번도 본 적 없는 거대한 동물의 골격을 발굴한 것이다. 인간에게 목격된 적 없는 동물이 분명했다. 남매는 이것을 지역 수집가에게 팔았고 그 수집가는 나중에 영국 박물관의 찰스 쾨니그에게 팔았다. 쾨니그는 이 발견에 마음을 빼앗긴 나머지 친히 그 동물의 이름을 지어주었다. 그리하여 그 동물은 익티오사우루스(Ichthyosaurus, '물고기 도마뱀'이라는 뜻)가 되었다.

앞에서 언급했다시피 애닝의 가족은 절벽 속에 신기한 작은 것이 많이 파묻혀 있다는 사실을 알고 있었다. 그러나 애닝의 발견 이전에는 '신기한 작은 것'보다 훨씬 큰 것도 그 안에 있으리라고 생각하지 못했다.

애닝은 거기서 멈추기는커녕 더욱더 화석 발굴에 매진했다. 새로운 발견이 있을 때보다 흥분은 커져만 갔다.

여기, 절벽과 퇴적물 속에 희한한 생물들이 숨어 있었다. 지느러미나 물갈퀴처럼 심상한 부분도 있었지만 어떤 부분은 낯설기만 했다. 그러니 흙을 파고 또 파기를 몇 년, 1821년에 익티오사우루스보다 더 놀라운 것을 발견했을 때 애닝이 얼마나 충격을 받았을지 상상해보라. 이번에는 목이 아주 긴 동물의 일부 골격으로 밝혀졌다. 그 동물은 기린이 아니었다. 수생 동물임은 분명한데 도대체 뭘까? 당시에는 애닝이 부를 수 있는 이름이 없었다. 나중에 사상 최초로 발견된 플레시오사우루스(Plesiosaurus, '도마뱀에 가깝다'라는 뜻)임이 밝혀졌다. 1823년에 애닝은 또 다른 플레시오사우루스 화석을 발견했다. 이번에는 목이 아주 길고 척추뼈가 서른다섯 개나 되는 완벽한 형태의 골격이었다.

애닝은 미술에 재능이 있어서 자신이 발굴한 것을 정밀 소묘로 남기는 데 능했다. 자신이 발견한 수많은 생물을 파악하고 그림으로 옮기고 전시하는 능력으로 칭송을 받기도 했다. 시티오브런던에서 재직 중이던 판사의 아내 레이디 해리엇 실베스터의 일기에는 이런 대목이 있다.

> 이 젊은 여성의 비범한 점은 스스로 과학에 정통하여 뼈를 발견하는 순간 그것이 어떤 족속의 어떤 부분인지 알았다는 것이다. 그녀는 접합제로 뼈들을 맞추어 골격을 만들고 그림으로 그리거나 판화를 만들게 했다.
>
> - 1824년 9월 17일

이목을 끈 것은 애닝의 그림과 소장품만이 아니었다. 그것들이 의미하는 바가 더 중요했다. 1828년에 애닝이 발굴한 익룡을 비롯해 새로운 화석들이 나타날 때마다 답을 필요로 하는 질문들은 늘어만 갔다. 도대체 이 동물들은 뭐란 말인가? 이 동물들에겐 무슨 일이 있었던 걸까? 이것들이 멸종했다면 그 이유는 뭘까? 1829년에 애닝이 스콸로라야(Squaloraja) 화석을 사상 최초로 발견하면서 수수께끼는 한층 더 아리송해졌다. 여러분은 머리를 긁적이며 "그게 뭔데?"라고 할지 모르지만 당시의 과학자들도 그건 마찬가지였다. 애닝은 그 화석 속 동물에 대해서 상어, 가오리와 공통점이 많다고 언급했다. 이것은 어떤 과도기적 종을 나타내는가? 암시적으로라도 그렇게 주장할 수는 없었다. 애닝은 그리스도교인이었고 자신이 발견한 화석들이 우려스러운 딜레마를 던진다는 것을 잘 알았다.

세계는 이레 동안 창조되었고 모든 생명체도 그러했다. 그 생명체들은 지금까지 태곳적 모습 그대로 남아 있다. 생물종은 소멸되지도 않았고 다른 형태로 변하지도 않았다. 애닝은 사람들이 으레 생각하는 것보다 세계가 훨씬 오래되었고 생물은 훨씬 다양하다는 것을 직감하고 매혹되었다. 그 화석들이 나타내는 종이 무엇이든 간에, 거기에는 적절한 설명이 있을 터였다. 안타깝게도 과학은 그 설명을 제공하지 못했다. 당시로서는 무리였다. 세월이 더 지나야만 했다. '고생물학의 아버지'로 존경받은 프랑스 자연학자 조르주 퀴비에조차도 애닝의 화석이 무엇을 나타내는지 알아낼 수 없었다. 퀴비에는 플레시오사우루스 화석에 충격을 받은 나머지 처음에는 그것이 가짜라고 단언했다. 몇 년이 지나서야 마음을 바꾸어 그 화석을 "지금까지 발견된 가장 놀라운 생물"이라고 일컬었다.

애닝의 발견은 결과적으로 가정의 재정적 부양책이 되었다. 그녀의 단골이었던 토머스 제임스 버치 중령은 자신이 구매한 화석 일부를 경매에 내놓았다. 그 경매는 순전히 애닝의 가계 수입을 위한 것이었다. 경매가 진행됨에 따라 1826년에 애닝은 당시 스물일곱 살의 나이로 경매의 수익금과 자신에게 있던 약간의 돈을 합쳐 집을 살 수 있었다. 그 집은 주거와 화석 판매라는 두 가지 용도로 쓰였다. '애닝의 화석 상점'이 탄생한 것이다. 호기심 많은 화석수집가와 지질학자 들이 그 상점의 단골이 되었다.

애닝이 그토록 화석을 잘 찾아낸 비결이 궁금한가? 거기에는 두 가지 이유가 있다. 첫 번째 이유는 절벽 그 자체다. 셰일층과 석회암에는 화석이 특히 잘 보존된다. 그렇지만 절벽은 위험하고 산사태가 일어나기 쉽다. 특히 날씨가 추워지고 얼음이 얼 때면 더욱 위험하다. 절벽 표면에 어는 얼음은 산사태의 원인이 되곤 한다. 1833년에 일어난 산사태는 애닝의 이력을 거의 끝장낼 뻔했다. 불행히도, 그녀와 함께 화석을 찾으러 다니던 애견 트레이가 그때 죽고 말았다.

> 너는 내가 내 오랜 충견의 죽음이 심란하다고 하면 웃어넘기겠지만 바로 눈앞에서 내 발치에 있던 그 애가 무너져내린 절벽에 깔려 죽었을 때 (……) 나는 간발의 차이로 그 상황을 모면했던 거야.
> – 메리 애닝이 지질학자 샬럿 머치슨에게 쓴 편지

애닝이 화석을 그토록 잘 찾았던 두 번째 이유는 단순하다. 그냥 애닝이 그 일을 잘했기 때문이다. 다른 사람은 절벽을 봐도 그냥 바위로만 보았던 반면, 애닝은 얼마든지 생물들의 윤곽을 내다 그려볼 수 있었다. 튀어나온 돌 하나가 플레시오사우루스의 주둥이일지도 모르는 일이었다. 납작한 점판암 한 조각이 물갈퀴일 수도 있었다. 여러분도 관찰력이 뛰어나고 운이 따라준다면 애닝처럼 익룡의 머리를 발견할지도 모른다. 그녀는 절벽에서 디모르포돈 마크로닉스(Dimorphodon macronyx)를 발굴했다. 이 익룡은 2억 년 전 유럽 대륙의 하늘을 날아다녔을 것이다.

그러나 이 모든 발견에는 문제가 있었다. 신뢰의 문제가. 애닝은 좀체 신뢰받지 못했다. 새로운 발견에 대한 공식 보고나 전문 저술에서 그녀의 이름은 거의 언급되지도 않았다. (남성) 과학자들은 라임 리지스를 방문하고 그녀의 상점에 들러 화석을 구매했다. 그들은 화석을 사서 가지고 가서 연구한 후 '그들의' 발견에 대한 논문을 써서 발표했다.

푸대접은 그걸로 다가 아니었다. 여성은 세계적으로 유서 깊은 런던 지질학회의 회원이 될 수 없었다. 1919년이 되어서야 이 고리타분한 전통이 폐지되고 여성도 회원이 될 수 있었다.

애닝은 이러한 굴욕에도 불구하고 앞에서 언급한 샬럿 머치슨 같은 여성 과학자들과 친분을 유지했다. 영국의 지질학자 머치슨은 화석을 수집했고 절벽이나 그 밖의 특징적 지형을 스케치하면서 시간을 보내곤 했다. 런던 지질학회가 좀 더 일찍 여성들에게 문을 열었다면 수많은 다른 여성 지질학자들이 역사에 이름을 남길 수 있었을 거라는 생각을 하지 않을 수 없다.

당대 생물학자와 고생물학자의 일부도 애닝에게 존경을 표했다. 영국에서 가장 명석한 두뇌들이 그녀의 상점에 들러서 절벽을 안내해달라고 부탁하기도 했다. 웨스트민스터 학장을 지낸 지질학자이자 고생물학자 윌리엄 버클랜드도 그녀의 상점을 자주 찾았다. 리처드 오언조차도 애닝을 가이드 삼아 절벽으로 화석을 캐러 나간 적이 있다고 한다. 그렇지만 자신의 공헌과 발견에 대한 언급이 희박했기 때문에 애닝은 때때로 그러한 방문객들에게 환멸을 느꼈다. 그녀는 타인들의 동기에 의문을 품곤 했다.

> 세상은 나를 너무 불친절하게 이용했습니다. 그래서 모두를 의심하게 된 것 같아 두렵습니다.
>
> – 메리 애닝의 편지

애닝에게 뭐라고 할 수는 없다.

1835년에 애닝은 투자 실패로 저축한 돈을 대부분 잃고 말았다. 윌리엄 버클랜드는 그녀의 딱한 사정을 알고 영국 정부에 연금을 신청했다. 애닝은 실제로 영국의 귀한 자산이었다. 너무나 기쁘게도, 그리고 다분히 놀랍게도, 버틀랜드의 청원이 받아들여져 애닝은 소정의 연금을 받게 됐다. 큰돈은 아니었지만 향후 몇 년간 생활을 비교적 안정적으로 꾸려나가기에는 충분했다.

1840년대 중반부터 애닝은 어려운 상황에 부딪쳤다. 절벽의 풍부한 화석은 결코 고갈되지 않았지만 그녀의 건강이 급격히 나빠졌기 때문이다. 애닝은 유방암 진단을 받고서 용감하게 투병했다. 그 싸움은 1847년 3월 9일에 막을 내렸다. 애닝은 47세로 세상을 떠났다

애닝이 수집한 화석들은 여전히 그곳에 있다. 박물관에서도 그 화석들을 얼마든지 볼 수 있다. 런던 자연사박물관에는 애닝이 발굴한 익티오사우루스, 플레시오사우루스, 익룡이 전시되어 있다. 그녀가 찾아낸 것 중 일부를 옥스퍼드 대학교에서도 볼 수 있다. 애닝은 여전히 일반 대중에게 잘 알려져 있지 않지만 그녀의 화석들은 여전히 살아 있다. 애닝이 사망하고 얼마 지나지 않아 런던 지질학회―애닝이 살아 있을 때는 회원으로 받아주지 않았던 바로 그 학회―는 라임 리지스의 교회에 애닝의 업적을 기리는 스테인드글라스를 선물했다. 그 선물도 여전히 그곳에 남아 있다.

2010년, 왕립학회는 메리 애닝을 과학사에 가장 큰 영향을 끼친 여성 10인 중 한 명으로 추대했다.

메리 애닝이 라임 리지스에서 찾아낸 것들은 세월의 격랑을 거치고 살아남았다. 자신의 발견이 우리가 출현하기 한참 전 지구에 살았던 동물들을 파악하는 데 도움이 되었다는 사실을 알았다면 그녀는 틀림없이 기뻐했을 것이다. 그 동물들의 흔적은 사람들의 머릿속에 의문과 상상력을 불러일으켰고 훗날 그 동물들은 대중문화의 화면들과 〈쥐라기 공원〉 같은 영화를 빛내게 된다. 처음으로 발견한 몇 안 되는 조개 화석이 아버지 곁에서 손질법을 배우던 소녀에게 어떠한 매혹으로 다가왔을지 상상이 간다. 그 조개 화석들은 다른 세계의 것이었고 하나하나가 각기 다른 이야기를, 비밀스러운 이야기를 들려주고 있었다. 애닝이 다음 날도, 그리고 그다음 날도 절벽을 찾아간 것은 바로 그 이야기들을 듣고 싶어서가 아니었나. 화석들은 알려지지 않은 그 모든 이야기를 드러내고 있었다. 시간의 흐름 속에 잊힌 다른 세상을 엿보는 기묘한 방식이랄까. 그녀가 굳이 그 힘든 일로 세월을 보내고 플레시오사우루스를 돌무덤에서 끌어내기 위해 집요하게 땅을 팠던 이유가 이로써 설명된다. 애닝을 끌어당긴 것은 그 절벽의 이야기들이었다. 그녀는 그 이야기들에서 배웠다. 그리고 우리는 그녀로부터 배웠다.

한때는 지구에서 걷고 헤엄치고 날아다녔을 희한한 동물들에 대한 설명은 여전히 우리의 상상력을 자극한다. 하지만 어디 그뿐이랴. 애닝 같은 사람들에게 그러한 설명은 미스터리를 드러낸다. 그 동물들은 이제 다 어디로 갔는가? 그것들은 지금도 존재하는가? 원래의 모습 그대로 남아 있는가, 아니면 우리가 현재 볼 수 있는 동물들 속에 숨어 있는가? 그것이 종으로서의 인간에게 의미하는 바는 무엇인가? 애닝의 화석들은 이야기를 들려준다. 시간이 흐르면서 우리가 계속 조금씩 더 알게 되는 이야기를.

그 이야기는 세상이 현재 우리 주위에서 볼 수 있는 생물들로 채워지게 된 내력을 설명한다. 그건 아주 오래된 이야기다.

메리 애닝이 남동생과 함께 익티오사우루스의 뼈를 발견하기 한참 전부터 그런 의문들은 있었고 다른 위대한 정신의 소유자들이 몇 가지 답을 내놓기도 했다.

그 답들을 살펴보자.

2장
아리스토텔레스와 설계

> 자연의 모든 것에는 경이로운 데가 있다.
>
> — 아리스토텔레스, 『분석론 후서』

>>> 약 2,300년 전 아리스토텔레스(기원전 384~322)는 동물을 사유의 대상으로 삼았다. '동물학의 아버지'는 각각의 동물에 특별한 점이 있다고 생각했다. 그런 점은 우리가 알아보고 연구할 만하다. 동물 하나하나는 우리에게 들려줄 이야기가 있다. 우리 자신의 이야기를 이해하려면 먼저 우리와 그 이야기를 공유하는 동물들을 먼저 이해해야 한다. 밝혀야 할 비밀과 드러내야 할 커다란 진리가 있다. 그 비밀과 진리는 지극히 작은 벌레를 통해서도 발견할 수 있다. 우리는 그저 잘 들여다보고 제대로 된 질문을 던지기만 하면 된다. 질문들이 아직 분명하지 않더라도 결국은 그렇게 될 것이다. 우리가 진리의 발견에 집중하면 자연이

우리에게 그 질문들을 명확하게 드러낼 테니까. 그리고 진리는 주관적이지 않다. 철학자들은 대부분 그렇게 말할 것이다. 어떤 것은 진리이거나 진리가 아니다.

아리스토텔레스는 진리를 드러내고자 했다. 만물에 대해. 그는 마음먹으면 모든 것을 건드려봐야만 직성이 풀리는 사람이었다. 정말 그랬다. 창조주는 세상에 진리를 소금처럼 흩뿌려놓았고 그걸 찾는 것은 인간의 몫이었다. 답은 우리 주위에 있었다.

아리스토텔레스는 20년간 아테네에서 플라톤의 아카데메이아를 드나들며 이 위대한 스승의 세계관을 배웠다. 플라톤이 가장 좋아하는 철학적 주제는 형상론(이데아론)이었다. 플라톤은 형상을 다른 세계에 존재하지만 우리가 잠재의식 수준에서 인식할 수 있는 불변의 이상으로 보았다. 우리는 말[馬]을 보면 그게 말이라는 것을 안다. 왜 그럴까? 눈앞의 동물이 말이라는 것을 어떻게 아는 걸까? 우리는 말에 어떤 표지를, 우리가 어린 시절에 학습한 식별지를 부여했다. 그렇다고는 해도 어떻게 배번 다른 말을 보면서 그게 말이라는 것을 아는가? 플라톤에 따르면, 우리는 말의 이상적인 형상을 직관적 수준에서 인식하는 것이다. 이 완전한 형상은 감각으로 파악할 수 없다. 우리 눈앞의 물질적 형상은 그것을 불완전하게 나타낼 뿐이다. 나는 원을 그릴 수 있지만 그 원은 결코 완벽하지 않다. 아무리 시간을 들이고 심혈을 기울여 원을 그린대도 미미하고 보이지 않는 결함이 있게 마련이다. 내가 주의 깊게 그린 원은 플라톤의 다다를 수 없는 이데아계에 존재하는 완벽한 원을 표상한 것일 뿐이다. 개의 이데아, 의자의 이데아, 인간의 이데아를 나타내는 형상들을 이 세계에서 찾아볼 수 있다. 플라톤이라면 생물종의 형상이 결코 변하지 않는다고 볼 것이다. '과도기적인' 이상적 형상 따위는 존재할 수 없다. 말은 말일 뿐이고 그게 다다.

아리스토텔레스는 스승의 견해에 동의하지 않았다. 그는 감각으로 결코 파악할 수 없는 세계를 관조하기를 거부했다. 아리스토텔레스에게 가장 중요한 것은 감각이었으니까. 감각은 우리가 가진 전부다. 해면의 이데아를 논하는 것과 진짜 해면을 손으로 만지고 연구하고 살펴보고 눈으로 직접 보는 것은 완전히 다른 얘기다. 결코 다다를 수 없는 완벽한 형상의 세계보다는 우리가 볼 수 있고 만질 수 있는 것이 우리가 이곳에 존재하는 이유에 대해 더 많은 것을 알려준다.

자연은 아리스토텔레스의 마음을 사로잡았다. 그래서 자연에 둘러싸여 살았다. 해가 뜰 때 일어나 서둘러 아침을 먹고 밖에 나가서 두 손을 흙과 바닷물에 담갔다. 그는 창조주가 우리에게 준 경이로운 생물들을 자신이 직접 이 세계의 동반자로서 보기 원했다. 그 생물들을 이해하는 것이 진리에 더욱 다가가는 길이었다. 아리스토텔레스는 인간을 포함하는 모든 동물을 복잡한 위계의 사다리로 분류하고자 했다. 그 사다리의 꼭대기에는 창조주, 곧 이 모든 것을 시작한 이가 있다. 부동의 원동자(不動의 原動子, Unmoved Mover). 그리고 사다리의 밑바닥에는 광물이 있다. 꼭대기와 밑바닥 사이에 식물, 동물, 인간이 복잡한 순서를 이루고 있다. 각각의 존재는 그것이 얼마나 복잡다단한지, 그리고 어떤 기능 혹은 목적에 부합하는지에 따라 분류된다.

목적 없이 존재하는 것은 없다. 아리스토텔레스는 돌에도 목적이 있다고 주장했다. 돌이 없으면 우리는 발 디딜 데가 없다. 광물 없이는 지구도 없고 달도 없고 그 어떤 천체도 없을 것이다. 바위와 광물이 이 모든 것의 바탕이다. 그것들은 다른 모든 것이 놓이는 발판과도 같다. 식물은 광물보다 복잡하지만 동물보다는 덜 복잡하다. 식물은 운동을 즐기지 않는다. 그것들은 움직이지 않고 주위를 돌아다니지도 않으며 동물처럼 소화계를 가지고 있지도 않다. 또한 식물은 혈액이 없다. 아리스토텔레스는 혈액 없는 생물이 혈관과 혈액을 지닌 생물보다 덜 복잡하다는 것을 재빨리 지적했다. 그에 따르면 인간은 다른 모든 생물보다 위에 있고 창조주 바로 아래 있다. 우리의 두뇌, 그리고 세계를 지각하고 관조하는 능력 덕분에 우리는 다른 모든 것과 동떨어져 있다. 각각의 유일한 속성에는 목적이 있다. 우리는 뇌가 있기 때문에 우리가 존재하는 이유에 대해 질문을 던질 수 있다. 또한 우리 주위에 흩어져 있는 진리들을 통해 답을 찾을 수 있다.

우리에겐 이 모든 것을 감시할 대상, 다시 말해 사다리 꼭대기의 창조주가 있다. 아리스토텔레스는 자연에 존재하는 구조와 설계를 목적론적 관점에서 바라봤다. '목적론적(teleological)'이라는 말은 오직 목적이 인도한다는 뜻이다. 어쩌다 존재하게 된 것은 없다. 자연에는 효용과 동기가 있다.

효용과 동기를 찾고 싶다면 우리 자신을 살펴보기만 하면 된다. 우리는 눈이 있기 때문에 볼 수 있다. 귀가 있기 때문에 들을 수 있다. 머리카락은 왜 있냐고? 머리를 따뜻하게 보호하기 위해 있다.

세계가 그렇게 단순하기만 하면 얼마나 좋을까.

아리스토텔레스가 놓친 것, 혹은 그가 보지 않으려 했던 것은 복잡성을 설명하기 위해 목적이 필요하지는 않다는 것이다. 생물의 복잡성은 어떤 의도와 무관하다. 시행착오에 대한 맹검 실험이라고나 할까. 실험자 없는 실험. 이 맹검 실험이 종의 다양성을 설명한다. 씨를 심으면 싹을 틔우고 여러 갈래로 나누어진다. 현재 볼 수 있는 생명의 위대하고 복잡한 갈래들도 거슬러 올라가면 하나의 씨앗에서 나온 것이다. 우리는 이 사슬 속에서 다른 생물들보다 우위를 차지하지 않는다. 우리는 그저 다를 뿐이다.

시 쓰기도 비슷하다. 하나의 관념에서 시인이 쓸 수 있는 단어들로 구성된 아름다운 글이 태어난다. 비슷한 시는 하나도 없다. 시도 변화한다. 시인의 세계관처럼 아름다운 세계관도 달리 없지 않을까.

다음 장에서 그러한 시인을 만나볼 것이다.

3장
진화의 시인

>>> 시는 여러 가지 모양과 크기로 나타난다. 우리의 작은 행성에 나타난 생명과 그리 다르지 않다. 기원전 1세기에 로마의 시인 티투스 루크레티우스가 쓴 『사물의 본성에 관하여』를 보라. 시인은 7,400행의 운문을 독립적인 여섯 권으로 나눠 썼다. '독립적'이라고 말하는 이유는 각 권이 자연의 서로 다른 면에 초점을 맞추었기 때문이다. 나아가, 전체를 읽어보면 꼭지별로 선명한 논증이 있다. 루크레티우스는 『사물의 본성에 관하여』에서 모든 것을 설명하려 했다. 여러분은 이 책 전체를 특별히 장황한 하나의 논증으로 볼 수 있다. 그는 물질의 지극히 작은 입자의 운동에서부터 시간, 공간, 의식, 필멸, 그리고 생명의 출현까지 여기에 담아냈다. 이 시는 세심하게 계획된 유물론 선언이다. 유물론의 관점에서 만물은 자연의 물리학적 규칙을 따른다. 그 규칙이 전부다. 막 뒤에 숨어 있는 마법사도, 우리 눈에 보이지 않는 최종 설계자도 없다(아리

스토텔레스에게는 미안한 얘기지만). 많은 이가 주장했듯이 유물론이 아니면 만물은 허상에 불과할 것이다.

루크레티우스의 생애에 대해서는 알려진 바가 별로 없다. 시인이었고 기원전 1세기에 살았으며 기원전 55년에 44세의 나이로 죽었는데 사인은 자살로 보인다는 것이 전부다. 하지만 그가 정말로 자살을 했는지는 우리로서 알 수 없다. 루크레티우스가 스스로 생을 마감했다는 말이 나온 이유는, 그리스도교 신학자 에우세비우스 히에로니무스(성 히에로니무스)가 루크레티우스가 미약(媚藥)을 먹고 미쳐버렸다는 글을 남겼기 때문이다. 그 광기로 인해 시인은 스스로 목숨을 끊었다. 우리는 이것이 진실인지 확인할 수 없다. 히에로니무스가 루크레티우스의 생애에 대해서 쓴 때는 시인이 사망한 지 무려 4세기나 지난 후이기 때문이다. 그 4세기 사이에 쓰여진 다른 기록은 찾아볼 수 없으므로 히에로니무스의 글이 얼마나 믿을 만한지는 알 수 없다.

그 밖에 우리가 아는 것은? 루크레티우스는 에피쿠로스의 추종자였다. 아리스토텔레스와 동시대를 살았던 그리스 철학자 에피쿠로스는 신이 만물의 유일한 근원이라는 생각을 거부했다. 우리는 또한 루크레티우스가 놀라운 저작을 집필했다는 사실을 안다. 위에서 언급한 시『사물의 본성에 관하여』가 바로 그 저작이다. 마지막으로, 우리는 그 저작이 완성되지 못했다는 것을 안다.

대략 이런 얘기다. 루크레티우스가 태어났다. 고대 로마에서 살았다. 그는 사랑에 번민하는 시인이었을 수도 있고 아니었을 수도 있다. 그는 자신의 물질적 형상이 사멸하던 날까지 대표작의 집필에 매달렸다. 루크레티우스가 완성을 못 보고 죽었는데 어떻게 이 책이 우리에게 전해지느냐고? 다행히 완성 전에도 사본들이 만들어졌고 한동안 고대 로마인들에게 읽히다가 사라졌다.

그중 하나가 1417년에 순전히 우연으로 로마의 학자 포조 브라치올리니의 손에 들어갔다. 브라치올리니의 친구 니콜로 데 니콜리가 다시 사본을 만들었고 이 사본은 지금까지 피렌체 라우렌치아나 도서관에 남아 있다. 이 사본이 1473년에 처음 인쇄본으로 나왔고 그 후로 계속 인쇄되고 있다. 미국의 제3대 대통령 토머스 제퍼슨은 유물론자답게 이 책의 다양한 번역본들을 소장했다고 한다.

진화에 관한 책에서 2,000년도 더 된 과거의 시인이 쓴 철학적 저작을 들먹이는 이유가 뭐냐고? 더욱이 우리가 잘 알지도 못하는 시인인데?

그 이유는 이 책의 제5권 때문이다.

제5권에서 루크레티우스는 지상에 생명이 어떻게 출현하게 되었는지 설명하고자 했다. 그는 먼저 그가 '어머니'라고 부르는 지구를 언급했다. 지구에 생명이 시작된 순간, 그것은 한 번 일어났고 더 이상 그런 일은 일어나지 않을 것이다. 루크레티우스는 이 기원 이야기의 끝을 완경에 이르러 더는 자녀를 출산할 수 없는 여인에 비유했다.

빼도 박도 못할 유물론자 루크레티우스는 생명이 물리학적 법칙에 의해 자연에 출현했을 뿐 다른 이유는 없다고 말했다. '어머니'를 설계자가 아니라 우연한 실험실로 생각해보라.

다음 대목에서 그는 어떤 생물들이 태초에 지구상에 생겨났지만 지금은 없는 이유를 설명하기 위해 배경을 마련했다.

괴물들이 죽고 난 그때

필연적으로 많은 생명체가

번성하지 못하고 사라졌다.

생명을 주는 공기를 마시는 존재는

생명이 시작된 이래로

꾀나 용기나 발 혹은 날개의 민첩함이 있기 때문에 살아남았다.

또한 인간에게 유용한 면이 있기에

우리의 보호를 받아 여전히 남아 있는 것들도 많다.

이해했는가?

루크레티우스가 무심코 던진 듯한 이 말이 바로 어떤 생물들이 현재 남아 있지 않은 이유를 알려주는 자연의 메커니즘이다. 그 생물들은 생존에 적합하지 않았던 것이다.

우리의 친구 아리스토텔레스와 그의 목적론을 기억하는가? 아리스토텔레스는 모든 단계 혹은 모든 변형을 최종 목적 혹은 미래의 상태를 위한 것으로 보았다. 인류는 그 단계들이 이뤄낸 성과다. 그래서 아리스토텔레스는 인간의 자리를 창조주 바로 아래로 보았던 것이다. 루크레티우스는 생각이 달랐다. 창조주는 없다. 목적 따위도 없다.

혀가 생기기 이전에 말로써 연설할 일은 없었고

오히려 혀가 생겨난 사건이 연설을 훨씬 앞질렀으며,

소리가 들리게 되는 것보다 훨씬 전에 귀가 생겨났다.

내 생각으로는 결국 모든 지체(肢體)의 생겨남이

그것의 활용보다 선행하니

사용되기 위해 생겨난 것일 수가 없다.

여기서 루크레티우스는 독자에게 우리의 귀와 혀는 쓰임새가 있기 전에 이미 만들어졌다고 말했다. 귀는 일찍이 어떤 목적에 부합했지만—혹은 귀의 이전 형태가 그런 역할을 했지만—나중에는 청취 기능을 담당하게 되었다. 진화생물학과 비교생물학은 신체의 여러 부분이 오랜 시간에 걸쳐, 그리고 종에 따라 쓰임새를 달리하게 되었다고 본다. 인간의 해부학, 그리고 우리와 같은 조상에게서 유래한 다른 종들의 해부학에서 그 예를 찾을 수 있다. 인간의 가운뎃손가락만 해도 그렇다. 여러분은 손가락이야 당연히 사물을 집어 올리기 위해 있는 것 아니냐고 반문할지 모른다. 그렇다, 우리는 현재 손가락을 그런 용도로 쓴다. 하지만 우리의 손가락은 우리 조상들에게 요긴했기 때문에 지금과 같은 형태로 진화한 것이다. 말의 발굽도 마찬가지다. 말발굽은 우리의 가운뎃손가락이다. 비교생물학은 말발굽에 사라진 손가락의 흔적이 남아 있다는 것을 보여주었다. 우리가 보는 말발굽은 넓적해진 가운뎃손가락이다. 말의 앞다리 골격과 인간의 팔뚝 골격은 그 구조가 동일하다. 그 뼈들은 그대로다. 수십억 년에 걸쳐 그 뼈들은 다양한 형태를 취하게 되었다. 루크레티우스가 말한 대로다. 그것들은 지금과 같은 쓰임새가 있기 전부터 있었다.

또 다른 변형은 우리의 내이뼈에 있다. 똑같은 뼈가 파충류에도 있지만 턱의 일부가 되어 있다. 그 뼈는 오랜 세월에 걸쳐 우리의 귀 위치로 옮겨졌고 처음과는 다른 쓰임새를 갖게 되었을 것이다.

『사물의 본성에 관하여』에서는 물질의 카오스에서 지구의 형성과 살아 숨 쉬는 생물들의 출현까지 이 세계의 창조를 자연적 과정으로 설명했다. 그 생물들은 살아남기 위해 싸웠다. 환경에 잘 적응할 수 있었던 생물들은 살아남았다. 적응에 실패한 생물들은 사라졌다. 신체의 각 부분도 우주를 형성한 바로 그 자연적 과정에 의해 다른 기능을 하게 되거나 변형되었다. 시간이 흐르면서 형태가 변했고 그 변화가 어떤 동물들을 경쟁적 우위에 올려놓았다.

진화와 적응. 사실 사유와 관념도 그렇다. 그것들도 광대한 시간 속에서 진화하게 마련이다. 사상은 그 안에 진리가 있을 때 살아남는다.

루크레티우스가 남긴 글처럼.

> 경이로운 일이 처음부터 일어나지 않았다는 것만큼 명백한 사실은 없고
> 결과적으로는 그토록 믿기 어려울 만큼 경이로운 일도 없다.

그리고 수백 년 후, 루크레티우스가 미처 쓰지 못한 그 자리에서 시작하는 것이 좋겠다고 생각한 또 다른 저자가 있었다. 그의 이름은 브누아 드 마예다. 그가 해야 했던 말을 들어보자.

4장
언어와 인간에 대하여

>>> 위대한 생각은 진공 속에서 태어나지 않는다. 그러한 생각을 조각이 다 갖춰지지 않은 직소 퍼즐이라고 상상해보라. 어떤 조각은 유독 잘 들어맞는다. 그 조각들은 서로 딱 맞아떨어지는 것처럼 보여서 모두가 그러려니 하다가 나중에야 누군가가 원래는 그 자리가 아니라고 알아차릴지도 모른다. 나중에야 그런 식으로 잘못 맞춰져 있었음이 밝혀진 사상과 논증이 얼마나 많은가. 이 퍼즐 맞추기는 느려터졌다. 어떤 사람들은 조각들을 맞춰보기도 전에 전체 그림을 떠올리고 퍼즐에 도전하려 한다. 여러분의 접근법이 무엇이든 간에, 맨 처음 할 일은 퍼즐 상자를 열고 탁자 위에 조각들을 모두 쏟아놓는 것이다.

퍼즐의 대가는 가장자리부터 시작하는 게 좋다고 말할 것이다. 그 직선들에서 이야기가 시작된다. 그 선들이 윤곽을 이룬다. 일단 윤곽이 잡혔다면 어려운 부분으로 넘어갈 때다. 퍼즐이 크면 클수록 난이도가 높다. 퍼즐이 어려울수록 열심히 퍼즐을 맞추던 사람이 할 수 있는 데까지 하고 손을 놓을 확률이 높다. 그러면 그 퍼즐은 다른 누군가가 완성을 해야 한다.

퍼즐 맞추기에 큰 공헌을 하고도 잊히고 만 사람 중 한 명이 브누아 드 마예다. 마예의 공헌은 한 권의 책이었다. 그 책의 제목은 『텔리아메드』다.

1692년에 마예는 이집트 카이로에서 프랑스 영사로 일하고 있었다. 그는 일을 매우 잘했다고 한다. 마예는 참으로 많은 것에 관심을 두었다. 그는 이 호기심 때문에 그와 같은 위치에 있는 사람들 대부분은 멀리할 법한 영역에까지 발을 들였다. 낮에는 자신이 감당해야 할 의무를 다했다. 밤에는 자신의 거처로 물러나 글을 썼다. 그는 영사로서의 직무상 프랑스에 보낼 편지를 쓰는 한편, 책의 집필에 몰두했다. 그는 자신이 쓰는 책의 내용을 낮 동안에는 숨겨두는 편이 낫다고 생각했다.

왜 그랬을까?

그가 쓴 글에 불온하다고 볼 만한 관찰과 사상이 담겨 있기 때문이었다. 그런 유의 사상이 발각되면 마예는 지위를 박탈당하고 프랑스로 송환될 터였다.

도대체 그 비밀 프로젝트의 무엇이 그토록 위험했을까? 브누아 드 마예는 자신이 생명의 기원을 알아냈다고 생각했다. 게다가 거기서 멈추지 않았다. 지구에 생명이 들끓게 된 과정을 추론했다고 할까, 생각해냈다고 할까.

마예가 집필을 시작한 때는 1697년이다. 처음에 몇 장을 써놓고 나서 그 안에 담긴 발상에 마예 자신도 놀랐다. 그는 호기심에 이끌려 그러한 발상에 이르렀다. 그러다 보니 고대 철학자들의 저작을 보게 됐다. 그는 그러한 저작들 속에서 생명과 세계를 바라보는 새로운 방식을 발견했다. 지구 자체, 대륙과 땅덩어리도 스스로 이동하고 형태와 모습을 바꿔나가는 듯했다. 우리에게는 뚜렷이 지각되지 않는 방식으로 말이다. 그는 알렉산드리아와 파로스 섬 사이를 배로 왕래했다는 고대 문헌을 보게 되었다. 마예는 배를 탈 필요가 없다는 데 생각이 미쳤다. 마예가 이집트에서 지내던 때에는 알렉산드리아와 파로스 섬이 이미 육로로 연결되어 있었다. 낙타를 타고 육로로 갈 수 있는데 누가 배를 타겠는가?

그 밖에도 여러 가지 예가 있었다. 마예는 이집트 멤피스에서 고대에 큰 배를 정박하는 데 쓰였을 돌 속에 박힌 거대한 고리를 본 적이 있었다. 그는 거대 선박이 지금은 사라지고 없는 부두에서 길고 튼튼한 밧줄로 그 강철 고리에 매여 있는 광경을 상상하며 경탄했다. 그런데 멤피스는 내륙 지방이었다. 배가 들어올 해변 자체가 없었다. 그곳은 온통 모래밭이었다.

마예는 이러한 관찰을 바탕으로 지구가 아주 오래되었으리라는 결론을 내렸다. 흔히들 생각하듯 수천 년 정도가 아니라 수십억 년은 되었을 터였다. 땅덩어리가 바뀌고 여러 모양으로 변할 만큼. 조상들은 그 변화를 인지하지 못했을 것이다. 사람의 한평생으로는 알아차릴 수 없는 변화이지만 세대가 여러 번 바뀔 만큼 긴 세월을 두고 보면 그 변화는 확연할 것이다.

마예는 책을 쓰기 시작한 1697년에 마흔한 살이었다. 누군가가 그에게 그 책을 향후 40년간 쓰게 될 거라고 말했다면 마예 자신도 믿지 않았을 것이다. 물론 그렇게 되기를 원치도 않았을 테고. 마예는 1735년에야 책을 끝냈다. 끝냈다는 표현에는 어폐가 있다. 1735년에 그에게 남은 것은 어마어마한 편집 작업이 필요한 원고들로 가득 찬 궤짝들이었다.

집필에 왜 그렇게 오래 걸렸을까? 마예는 자신의 사상을 비밀로 유지하기를 원했다. 그는 완벽주의자였다. 프랑스 영사라는 직업은 그가 디테일을 보는 안목과 혼돈 속에서 진실을 분별하는 능력을 갖추었다는 의미이기도 했다.

마예는 생명이, 모든 생명이, 바다에서 왔다고 믿었다. 그냥 바다에서 오기만 한 게 아니라 생명의 다양한 종이 퍼져나가면서 다양한 환경을 만나 변화하고 있다고 믿었다.

> 누가 그런 의혹을 품을 수 있을까? 어류 중에서 날아다니듯 움직이는 종류에서 하늘로 날아오르는 새가 나오고, 바다 밑바닥에서 기어 다니던 종류에서 날 수도 없고 땅 위에서 스스로 몸을 일으킬 재주도 없는 육상 동물이 나왔을 거라고 말이다.
>
> — 브누아 드 마예, 『텔리아메드』

이러한 생각을 공개적으로 드러낸다는 것은 미친 짓이었다. 마예는 사회적으로 존경받고 중요한 위치에 있는 인물이었다. 책을 냈다가는 그의 경력과 평판과 모든 것이 무너질 터였다. 그가 힘들게 쌓아 올린 모든 것을 잃고 말 터였다. 그러므로 준비가 되었을 때 본명이 아닌 필명으로 출판을 할 수도 있었다. 마예는 그러한 생각을 즉각 버렸다. 마예는 자신의 저작에 너무나 자부심이 있었기 때문에 익명으로 출판할 수는 없었다. 어쨌든, 그 책은 걸작이었다.

그러다 좋은 생각이 떠올랐다.

그 책을 소설 같은 허구의 작품으로 발표한다면? 어차피 서점에는 환상적인 발상과 여행을 이야기하는 허구들이 넘쳐나지 않는가. 새가 물고기에서 유래했다고 주장하면 이단이라는 꼬리표가 붙겠지만 똑같은 애기도 이야기 속의 인물이 하는 말로 설정하면 걱정할 필요가 없다. 언제든지 눈알을 굴리며 어깨를 으쓱하고 "내가 쓴 인물, 미친놈 같지요?"라고 말하면 되니까. 그것이 바로 마예가 한 일이다. 그는 텔리아메드라는 인물을 창조했다. 텔리아메드는 그의 대변자가 되었다.

텔리아메드(Telliamed)라는 이름이 괴이하다고 생각하는가? 맞다. 이 이름은 드 마예(de Maillet)를 거꾸로 쓴 것이다.

책 속에서 텔리아메드는 위대하고도 괴상한 지혜를 지닌 인도의 현자로 설정되었으며 이야기에서 지혜를 전달하는 역할을 맡는다. 이 현자의 통찰에는 지구상의 생물이 바다에서 기원했다는 생각이 포함된다. 생물을 가까이서 관찰하기만 해도 명백히 알 수 있다. 구성 요소를 보면 알 수 있다.

금속, 흙, 나무, 식물, 생물체와 무생물체를 두루 살펴보건대 지구가 포용하거나 생산한 모든 것에는 염분이 있다. 그 모든 것이 기원인 바다의 흔적이 남아 있다.

루크레티우스가 그의 시에서 말했던 것과 마찬가지로, 마예의 이야기

4장 언어와 인간에 대하여

에도 창조주는 없다. 만물은 우연이다. 원시 생물에서부터 생명은 시작됐고 인간도 다르지 않다.

모든 인간에게는 그들의 기원이 바다라는 지울 수 없는 표시가 있다. 한마디로, 모래알도 타조알처럼 확대해서 보여주는 최신 현미경으로 인간의 살갗을 관찰해보라. 우리의 살갗은 마치 잉어 비늘과도 같은 미세한 비늘로 뒤덮여 있다.

마예는 독자가 소화하기 쉽게 풀어 쓰거나 체계화하지 않고 마구 써나갔다. 아이디어가 떠오르면 사라지기 전에 잡아야 했다. 그는 자신의 말이, 비록 인도 현자의 허구적 발언으로 제시되더라도, 받아들여지기를 바랐다.

시간이 흐르면서 마예는 걱정이 깊어졌다. 책이 너무 방대해졌기 때문이다. 규모가 너무 커지고 광범위해진 나머지 마무리를 지을 방법이 안 보였다. 걱정은 공포로 변했다. 그는 더 이상 젊은이가 아니었다. 완성을 보기 전에 자신에게 무슨 일이 생긴다면 책은 영영 세상에 나오지 못할 것이다.

낙심한 마예는 가깝게 지내는 작가 베르나르 르 보비에 드 퐁트넬에게 조언을 구했다. 퐁트넬은 그 책에 추가해야 할 부분이 있다고, 실질적 증거가 좀 더 들어가야 한다고 했다. 마예가 듣고 싶었던 조언은 아니었다. 그렇지만 퐁트넬은 마예가 그 책에서 발견되는 아이디어 중 몇 가지를 확장한다면 거칠 것이 없을 거라고 했다. 그 책은 선풍을 일으킬 것이 분명했다. 생명의 기원을 알고 싶지 않은 사람이 어디 있겠는가. 게다가 그 기원이 교회가 수백 년간 가르친 내용과 모순된다면 더할 나위가 없다. 대중은 논쟁을 좋아하니까.

퐁트넬의 뜻에 따라 마예는 다시 저작에 매달려 완성도를 높이기 시작했다. 생물이 새로운 환경에 적응하고 오랜 세월에 걸쳐 다양한 종으로 발전한다는 증거를 보여줘야만 했다. 그는 식물이 해조류에서 나왔고 새가 날치에서 나왔다고 했다. 그렇다면 인간은? 인간은 바다와 무슨 연결 고리가 있는가? 날치가 새가 되었다면, 물고기가 바다에서 육지로 올라와 육상 동물이 되었다면, 인간 자신은 무엇에서 나왔는가? 마예는 어떤 과도기적 종을 제시해야만 했다. 물고기와 인간 사이에 위치하는 어떤 종을.

'아하, 인어가 있지.' 그는 생각했다.

마예는 세간에 전해지는 인어 목격담에서 퍼즐의 마지막 조각을 찾았다고 생각했다. 인어야말로 그가 간절히 찾아 있던 물고기와 인간 사이의 과도기적 종으로 보였다. 그는 논증에 힘을 싣기 위해 인어 목격담을 수집했다. 수긍이 갈 만큼 고증이 잘되어 있는 설화들이 더러 있었으므로 마예는 자신의 주장을 뒷받침하기 위해 그것들을 끌어왔다. 바다에서 불쑥 모습을 드러냈으나 육지에는 올라올 수 없었던 남자나 여자 이야기들이 있었다. 수염이 덥수룩하고 야수와 비슷한 남자가 다리 대신 지느러미로 맹렬한 파도를 가르고 나타난 것을 보았다는 이야기도 있었다. 마예는 드디어 자신이 맞추려는 퍼즐의 모든 조각을 손에 넣은 기분이 들었다.

그는 책에 좀 더 짜임새를 부여하기 위해 동료 프랑스 작가 장 바티스트 드 마스크리에에게 원고를 넘겼다. 그리하여 마스크리에는 이 기념비적 저작의 편집을 맡게 되었다. 그건 결코 쉬운 일이 아니었다. 더욱이 마스크리에는 저자인 마예와 직접 타협을 보아야만 했다. 마예는 원고를 끝낼 기미도 없이 계속 써내고 있었다. 마스크리에는 어느 날이고 새로운 글을 받으면 그걸 원고에 추가해야 했다. 원고 추가와 그에 따르는 편집 작업은 끝이 없었다.

그러다 어느 순간 마스크리에 앞으로 더 이상 편지가 오지 않았다. 마스크리에는 마예가 왜 글쓰기를 중단했는지 알아보러 나섰고 마음 아픈 사실을 알아버렸다.

브누아 드 마예는 82세로 세상을 떠났다.

정신없이 날아오던 추가 원고와 편집 작업에 시달리던 마스크리에는 겨우 숨을 돌리고 그때부터 느긋하게 일을 진행했다. 느긋해도 너무 느긋했다. 1748년, 그러니까 마예가 사망한 지 10년이 되어서야 마스크리에는 그 책이 세상에 나갈 준비가 됐다고 생각했다. 애석하게도 마예는 자기 필생의 역작이 출간되는 것을 살아생전 보지 못했을 뿐 아니라 그 책의 일부분은 만약 볼 수 있었더라도 자기가 썼는지 알아보지 못했을 것이다. 마스크리에는 마예가 알았다면 질겁했을 만큼 제멋대로 원고를 손보았다.

마스크리에는 그 책이 소설이라고 해도 독자의 구미에 맞게 고쳐야 할 부분들이 있다고 생각했다. 그를 저지하거나 허용의 선을 그어줄 저자가 이제 세상에 없었으므로 마스크리에는 자기가 하고 싶은 대로 했다. 가장 크게 달라진 부분은 신의 역할이었다. 마예의 원고에는 창조주의 자리가 없었다. 지구와 생명 자체는 맹목적 우연과 무작위적인 과정에서 비롯되었다. 마스크리에는 교회의 시선에 영합하기 위해 신의 손을 작품 속에 끌어들였다. 게다가 엿새 동안의 천지 창조를 나타내기 위해 책을 여섯 부분으로 나누었다. 마예가 알았다면 땅을 치고 분노할 일이다.

그래도 그 책에 쏟아진 뜨거운 반응에는 기뻐했을 것이다.

『텔리아메드』는 선풍을 몰고 왔고 파문을 일으켰다. 마예가 생전에 바라 마지않았던 바로 그런 반응이었다.

마예가 죽고 230년이 지나서야 그의 원고 원본이 여러 학자의 수고와 노력으로 복원되었다. 인어와 그 밖의 모든 내용이 제자리로 돌아왔다.

마스크리에는 마예의 거대한 퍼즐을 이루는 조각들을 엉뚱한 자리에 놓고 억지로 끼워 맞추느라 바빠서 몰랐겠지만 그사이에 또 다른 프랑스인이 자기만의 퍼즐에 몰두해 있었다. 이 사람은 수학자였다.

5장
생말로의 수학자

>>> 프랑스의 생말로는 흥미진진한 과거를 지닌 도시다. 변화무쌍한 과거라고 해도 좋겠다. 나는 그 과거를 가지각색으로 상상하고 싶다. 1590년에 이 도시는 프랑스를 상대로 독립적인 공화국 선언을 하고 약 3년간 주권을 행사했다. 생말로는 영국 해협과 접한 프랑스 북서부에 있다. 도시 전체가 웅장한 성벽에 둘러싸여 있다. 과거 생말로는 사략(私掠)꾼들의 본거지였다. 사략꾼이란 프랑스 왕국이 법적으로 허가한 해적이다. 사략꾼들은 프랑스의 적국 선박을 공해(公海)에서 나포하고 약탈해도 처벌을 받지 않았다. 노획물은 경매로 처분했고 그렇게 해서 발생하는 수익은 그중 상당 부분을 보장받는 조건으로 정부와 나누었다.

피에르 루이 모로 드 모페르튀이는 사략꾼과 자부심이 넘치는 이 세계에서 1698년에 태어났다. 그의 집안은 부유하고 사회적으로 인맥도 있었다. 그 덕분에 모페르튀이는 어려서부터 온갖 좋은 것을 누리고 살았다. 특히 그가 마음껏 탐닉한 것은 수학이었다. 모페르튀이에게 수학은 숨 쉬는 공기만큼이나 없어서는 안 될 것이었다. 다른 어떤 일도 수학만큼 그를 사로잡지 못했다. 특히 그는 아이작 뉴턴의 작업에 심취해서 열렬한 옹호자가 되었다. 모페르튀이가 태어난 때는 뉴턴이 사망한 지 10년도 안 된 시점이었다. 뉴턴은 영국인이었으므로 당시에도 프랑스에서는 그의 이론이 의문시되고 있었다. 모페르튀이는 뉴턴의 편에 서서 충성을 다했다. 그는 자신의 우상이 널리 인정받도록 하기 위해 기꺼이 논쟁에 뛰어들었다.

그의 초기 수학적 시도와 성과는 뉴턴 물리학에 기반해 지구가 타원체, 다시 말해 다소 납작한 구형이라는 사실을 입증한 것이다. 바람이 약간 빠진 농구공을 바닥에 놓고 위에서 누른다고 상상해보라. 그런데 반대파는 지구가 타원체인 것은 맞지만 옆으로 긴 형태가 아니라 위아래로 긴 형태라고 생각했다. 앞에서 언급한 농구공을 두 손 사이에 놓고 양옆에서 누른다고 상상하면 되겠다.

옆으로 긴 타원체가 이겼다. 모페르튀이가 옳았다. 그는 인정과 축하를 받았다.

모페르튀이는 수학에 대한 조예를 인정받아 파리 과학아카데미 회장이 되었다. 게다가 나중에는 베를린 아카데미 회장으로도 추대되었다. 모페르튀이는 독일어라고는 한마디도 하지 못했으므로 그가 차지하기에는 좀 이상한 자리였다. 게다가 프랑스와 독일이 1756년에서부터 1763년까지 전쟁을 하게 되면서 그의 입장은 무척 난처해졌다. 7년 전쟁이라는 명칭으로 역사에 남게 된 이 전쟁은 사실상 최초의 세계 대전이었다.

모페르튀이는 수학에만 매혹된 것이 아니었다. 그는 생명에도 관심을 두었다. 좀 더 구체적으로는 생명의 기원과 진화에 관심이 있었다. 수학이 우주의 비밀을 푸는 열쇠를 쥐고 있을지도 몰랐지만 그 열쇠는 생명의 비밀에는 잘 들어맞지 않았다. 수학의 비밀은 열쇠 하나(아주 정교하게 만든 열쇠)로 열리는 자물쇠 뒤에 있다면, 생명의 비밀은 숨겨진 숫자와 암호로 구성된 다이얼 여러 개를 맞춰야 하는 번호 자물쇠 뒤에 있었다.

당시 생명과 그 기원이라는 주제는 자연신학자들의 소관이었다. 그들은 불확실한 용어로 설명하지 않았다. 모페르튀이 시대의 자연신학자들은 창조주를 들먹였다. 이 모든 것 뒤에는 위대한 설계자인 신이 있다는 것이다. 개구리는 개구리이고 언제나 개구리였다. 다른 동물 혹은 종과의 닮음은 설계를 재탕하거나 수정한 결과일 뿐이다. 신은 많은 동물에게 네 발을 주었고 이족 보행이라는 설계는 고도의 지능을 지닌 동물을 위해 남겨두었다. 신의 궁극의 작품이 바로 우리 인간이다.

모페르튀이는 그러한 설명을 귓등으로도 안 들었다. 그러한 논증에는 논리적으로 앞뒤가 안 맞는 부분이 너무 많았다. 어쨌든 그는 수학자 아닌가. 창조주가 정말로 존재한다면 창조주의 작업을 푸는 열쇠를 찾기 위해 사실을 주의 깊게 연구하고 자연계를 비판적인 눈으로 살펴야 할 터였다.

그는 여느 문제를 대할 때와 마찬가지로 이 문제도 다수의 전제로 쪼개어보았다.

혹자는 우연이 무수히 많은 개체를 만들어냈다고 말할 것이다.

이것이 모페르튀이의 첫 번째 전제였다. 1745년 작 『자연의 비너스』에 이 전제가 들어와 있다. 이 모든 것은 우연에서 시작되었다. 생명은 그저 짠 하고 나타났다. 그 출현은 창조주 자체를 필요로 하지 않았다. 그냥 그런 일이 일어났다. 유기물은 스스로 조직되었다. 최초의 생명체들이 지구의 표면을 기어다니던 바로 그때부터 믿을 수 없는 일들이 일어났다. 모페르튀이는 그 미세한 생명체들에 대해 생각했다.

　소수의 개체는 그들 자신이 신체 부위들을 통해 욕구를 충족할 수 있도록 구성되어 있음을 발견했다.

그 동물과 식물 들은 운이 좋았다. 다른 생물들은 그렇게 운이 좋지 않았다.

　무한히 많은 다른 개체에게는 적합성이나 질서가 없었다.

적합성과 질서가 부족한 탓에 살아남기 힘들었던 이 가엾은 개체들은 자기 욕구를 좀 더 잘 채울 수 있는 다른 개체들에게 밀려났다. 이 운 나쁜 개체들은 어떻게 되었을까?

　그것들은 모두 멸종했다. 입 없는 동물은 살 수 없었다. 생식 기관이 없는 동물들은 후손을 이을 수 없었다.

모페르튀이는 생물들이 어떻게 변하는지 이해하기 원했나. 그 생물들은 일단 변하고 나서 후손을 볼 만큼 충분히 오래 살아남을 수도 있고 그렇지 못할 수도 있다. 변화하는 환경 속에서 무엇이 생물의 변화를 촉발했을까? 어쩌면 그러한 특질이 부모로부터 아이에게 전해질지도? 부모의 특질이 한데 섞여 새로운 변형을 초래할지도? 모페르튀이는 이를 증명하기 위해 육손이를 예로 들었다. 지금은 의학 용어로 다지증(多指症)이라고 한다. 아이가 이러한 비정상성을 보인다는 것은 이 이상을 설명해야 하는 어떤 입자가 그 아이에게 전달되었다는 뜻이다. 이것은 혼합이 빚어낸 결과가 아니다. 고유하고 세습 가능한 특질이 어떤 입자에 박혀 있는 것이다. 그 입자가 정확히 무엇인지는 아직 밝혀지지 않았다.

모페르튀이는 지구의 역사 전체를 고려하면서 참으로 진보적인 사유를 드러내 보였다. 그는 종의 돌연변이와 확산에 대한 글도 썼다. 생명은 의욕의 개입 없이 자연 발생적으로 나타나 힘차게 나아갔다. 수많은 종이 도태되었다. 과거를 들여다보는 우리의 능력은 부족하고 제한되어 있기 때문에 그 종들은 영원히 알 수 없을 것이다.

우리가 오늘날 보는 종은 맹목적 운명이 만들어낸 것의 아주 작은 일부일 뿐이다.

1759년 7월 27일, 피에르 루이 모로 드 모페르튀이는 과거의 그늘 속으로 사라져버린 생물들의 대열에 합류했다. 그의 죽음에 눈물 흘릴 아내나 그의 유전자를 물려받은 아이는 없었다. 그는 우리에게 자신의 말을 남겼고, 다음 장에서 보면 알겠지만 그것으로 기억되기에 충분하다. 혹자는 모페르튀이가 1749년에 출간된 작은 책 『눈으로 볼 수 있는 사람들을 위한 맹인에 대한 편지』를 재미있게 읽지 않았을까 궁금할 법하다. 그 책은 누가 썼느냐고? 왜 그 책 얘기가 나오느냐고? 어디 한번 보자.

6장
디드로의 꿈

>>> 한 권의 책이 사회의 성장을 저해할 만큼 도발적일 수 있을까? 그러한 책을 쓰거나 출간하는 행위를 범죄로 간주할 만큼? 책 때문에 몇 년을 감옥에서 썩고 극단적인 경우에는 목숨까지도 잃을 수 있을까?

실제로 그랬던 시대가 있다. 자신이 쓴 책 때문에 당국의 탄압에 시달렸던 작가들이 있었다.

드니 디드로도 그중 한 명이었다.

디드로는 프랑스인으로 1713년에 태어났다. 그는 모든 면에서 가난하지만 성실하게 사는 젊은이답게 행동했다. 원래는 철학을 공부하고 성직자가 되려고 했다. 의기양양한 젊은 날의 디드로는 그랬다. '계몽주의 시대'는 세계관에 대혁명을 몰고 왔다. 신과 인간에 대한 생각들, 특히 신 존재 증명과 관련된 생각들이 넘쳐났다. 디드로와 그 시대의 여러 지식인은 신의 작품을 자연에서 찾아볼 수 있다고 보았다. 이러한 시각은 한 세기 후 윌리엄 페일리에게 영감을 주어 이 영국의 성직자는 자연에서 발견할 수 있는 복잡성을 정교한 시계 장치의 작동에 비유하기도 했다.

디드로는 결국 철학으로 학위를 받았다. 그는 자연에서 보이는 설계가 신 존재 증명이라는 논증을 펼치는 대신, 전혀 예상하지 못했던 방향으로 연구를 밀고 나갔다. 책을 읽으면 읽을수록 인류가 자연에서 차지하는 위치와 그러한 위치를 차지하게 된 과정에 대해서 자신이 기존에 지니고 있던 시각을 재고하게 되었기 때문이다.

디드로는 글을 집어삼키듯 읽어댔다. 그의 독서욕에는 경계가 없었으므로 다양한 책과 생각을 게걸스럽게 받아들였다. 그는 책이 다른 사람들이 다가가기 두려워하는 곳으로 자기를 끌고 가면 더욱더 열광했다. 그래서 그런 유의 책이 유통되는 거대한 암시장을 이용했다.

파괴적이고 전복적인 책들은 어디서든 튀어나왔다. 그중에서도 프랑스 철학자 쥘리앵 오프루아 드 라 메드리의 책이 심대한 파문을 일으켰다. 『인간 기계론』이라는 그 책에서 라 메트리는 인간의 신체 내 작용, 욕망, 행동을 일종의 로봇에 비유했다. 우리는 마치 아무 생각 없는 자동 기계처럼 지시 없이도 작동하고 물리 역학에서 결코 벗어나지 않는다. 라 메트리는 자유 의지가 존재하지 않으며 우리의 움직임, 결정, 감정을 이끄는 정신이나 영혼 또한 존재하지 않는다고 보았다. 달리 말하자면, 인간이라는 기계에 유령은 없다. 눈의 역학, 뇌의 역학이 있을 뿐이다. 눈과 뇌의 상호 작용이 만들어낸 생각들 자체도 물리적 과정의 결과다.

디드로의 관심을 사로잡은 또 다른 책은 마예의 『텔리아메드』였다. 지구상의 생물들이 바다에서 기원했고 단순한 형태에서 점점 복잡하게 변해갔을 거라는 생각에 젊은 디드로는 매혹되었다. 마예의 책은 심지어 인간도 바다에서 왔다고 말하고 있었다. 이따금 파도에서 고개를 내밀고 육지를 살피는 인어들의 존재를 달리 어떻게 설명할 수 있을까?

디드로는 마음을 빼앗겼다. 이 저자들은 교회와 국가가 숨기고자 했던 것을 발견했단 말인가? 이 저자들이 두려워하고 맞서야 했던 박해를 달리 어떻게 설명하겠는가? 프랑스에는 오랜 검열의 역사가 있지만 디드로가 자라던 때보다 검열이 심했던 시대는 없었다. 정부는 모든 출판물을 허가제로 관리하는 부서를 따로 두고 불법 출판물은 '이단, 선동, 명예 훼손'으로 규정하고 저자를 박해했다.

디드로는 걱정을 한쪽으로 밀어놓고 글쓰기에 몰두했다. 프랑스를 휩쓰는 새로운 사상의 물결에 자기 목소리도 보태고 싶었다. 디드로는 마예와 달리 익명 출판이 최선이라고 생각했다. 자신의 사상에는 자부심이 있었지만 옥살이를 자초할 만큼은 아니었던 모양이다. 그가 처음으로 익명 출판한 저서 중 하나가 『눈으로 볼 수 있는 사람들을 위한 맹인에 대한 편지』(1749)다. 디드로는 이 책에서 신의 섭리에 반하는 내용을 펼쳤다. 그는 자연에 관한 한, 신이 필요하지 않다고 넌지시 암시했다. 종들은 진화했고 인간도 생각하는 물질 그 이상은 아니다.

디드로는 익명 출판으로 법의 눈을 피할 수 있으리라 생각했지만 그건 오산이었다. 경찰은 그가 『맹인에 대한 편지』의 진짜 저자임을 알아냈다. 그리고 그를 인정사정없이 감옥에 처넣었다.

디드로는 석방 이후 손을 씻고 다시는 그런 책을 쓰지 않겠노라 약속

했지만 그럴 수는 없었다.

감옥에서 보낸 시간이 무익하지만은 않았다. 디드로는 여전히 바빴다. 그는 자신의 생각을 세상에 펼칠 대안적 방법을 고심했다. 그가 처한 위치에서 어떤 주제를 대담하게 건드리는 것은 현명한 방식이 아니었다. 그는 영리하게 접근해야만 했다. 그러한 접근법 중 하나가 "만약 과거에 이러이러했다면 지금 어떻게 되었을까?"라는 가정이었다. 그는 문제의 가정을 자유롭게 펼친 후 재빨리 반박했다. 이 수법의 묘미는 반박이 설득력 있지 않아도 된다는 데 있었다. 반박이 강력하든지 약하든지 그건 다 그의 마음대로였다. 반박은 중요하지 않았다. 중요한 것은 '만약?'이라는 가정이었다.

우리는 그 완벽한 예를 1754년에 발표한 저서 『자연의 해석에 대한 단상들』에서 찾아볼 수 있다.

디드로는 묻는다, 인간이……

> 결국은 자연에서 영원히 사라지지는 않을까, 아니면 계속해서 존재하되 현재의 인간과는 완전히 다른 모습과 기능을 가지지는 않을까?

그는 이 가정을 기껏 펼치고는 간단한 대답을 덧붙인다.

> 그러나 종교가 우리의 지나친 방황과 수고를 막아준다.

이것이 그의 글쓰기 방식이었다. 그렇게 하면 어떤 수제는 내키는 대로 다룰 수 있었다. 보다시피 인간이 다양한 종들로 점차 진화할 가능성에 대해서도 말할 수 있지 않은가. 그래놓고 종교가 이 사악한 생각을 막아주니 좋지 아니한가라고 반박하면 끝이다. 한마디로, 절묘했다.

디드로는 파리의 지식인 집단에서 알아주는 인물이 되었다. 그 집단에는 그와 비슷한 생각을 지닌 사람이 많았다. 그리고 그들은 파리 경찰의 요주의 대상이기도 했다. 계몽주의는 인간 지식의 어두운 구석구석에 빛을 던져주고 있었지만 그 빛을 꺼뜨리고 싶어 하는 사람들도 많았다. 그러한 상황에서 디드로는 『달랑베르의 꿈』이라는 제목으로 나오게 될 또 다른 문제작을 준비했다. 이번에도 전달하고 싶은 생각을 '제시와 반박' 기법으로 드러냈다는 점은 동일하지만 『달랑베르의 꿈』에서는 그러한 생각을 세 개의 독립적인 대화로 구성했다는 차이가 있다. 첫 번째 대화는 디드로와 달랑베르가 주고받는다. 나머지 대화에는 쥘리 드 레스피나스와 보르되 박사라는 인물이 가세한다. 이 대화들이 주목을 끄는 이유는 달랑베르와 쥘리 드 레스피나스가 디드로와 가깝게 지냈던 실존 인물이기 때문이다. 수학자이자 철학자인 달랑베르는 이전부터 디드로와 협업을 하는 사이였고 레스피나스 역시 그들과 같은 지식인 모임에서 활동했다. 다만 달랑베르도 그렇고 레스피나스도 그렇고 디드로의 작중 인물이 된 것을 탐탁하게 여기지는 않았다. 더욱이 검열 기관에서 곱게 보지 않을 것이 확실한 책이 아닌가. 보르되 박사는 허구의 인물로 디드로가 하고 싶은 말을 대신 해주는 역할을 한다. 보르되는 논란이 많은 사상을 드러내기에 적합한 대변인이다. 논란이 많다는 표현으로는 부족하다. 디드로가 여기서 표출하는 생각은 한 세기 전 브누아 드 마예가 처음 제기한 바로 그것이다.

간단히 말해……

> 모든 동물은 다소간 인간이고, 모든 광물은 다소간 식물이며, 모든 식물은 다소간 동물이다. 자연에는 고정된 것이 없다.

그는 종들이 변화해 지금과 같은 모습이 되었을 것이라는 생각을 내비쳤다. 그것들은 세월이 흐르는 동안 변해왔다. 디드로의 메시지는 분명했다.

종이 오랜 시간에 걸쳐 다른 종으로 변하기도 한다는 생각은 교회의 가르침과 정반대였다. 교단은 생명이 어떻게 탄생했고 누가 이 모든 일을 시작했는지 답을 알고 있었다. 그 답은 하느님이었다. 그런데 디드로의 지적은 종들이 점진적 변형과 치환에서 비롯되었고 인간도 그러한 과정에서 예외가 아니라고 말한다. 우리 인간은 매우 중요한 일부이기는 하나 어쨌든 그 과정의 일부일 뿐이다. 우리는 자연 속에서 우리가 차지하는 위치를 이해하기 위해 우리의 기원을 의문시하는 능력을 발전시켜왔다. 이러한 이론을 옹호하는 책을 출간하는 것은 교회의 가르침에 위배되는 일이었다. 그래서 디드로는 『달랑베르의 꿈』에서 자기 생각을 다른 인물의 입에서 나오게 했던 것이다.

디드로는 종이 진화할 뿐 아니라 모든 것이 같은 세포로 이루어져 있다고 주장했다. 단지 그 세포들이 다양한 형태가 띠기 때문에 우리 눈에는 나 날다 보이는 것이냐. 제고 블록이 한 상자 있냐고 생각해보라. 잠 재적으로는 상상하는 모든 것을 그 블록들로 만들 수 있다. 자연도 같은 방식으로 작동한다. 자연은 늘 유동적인 상태에 있다. 모든 것이 변한다.

디드로가 던지는 또 다른 생각의 단초는 그로부터 수백 년 후 생물학자 스티븐 제이 굴드의 『원더풀 라이프(Wonderful Life)』에서 새롭게 되살아난다. "생명의 테이프를 버제스 셰일 초기 시대로 되돌려보자. 동일한 출발점에서 다시 그 테이프를 재생한다면 인간 지성과 같은 것이 다시금 출현할 확률은 거의 사라진다."

디드로의 주장은 소름 끼칠 정도로 비슷하다.

> 태양이 없어지면 무슨 일이 일어날까? 식물이 죽고, 동물이 죽고, 지구는 쓸쓸하고 적막해지리라. 이 별이 다시 살아난다 치자. 무한히 많은 새로운 세대들이 출현하기 위한 조건을 다시 수립한다 치자. 그렇게 한다고 해서 그 새로운 세대들 가운데 오늘날 볼 수 있는 동식물이 또 나온다든가 절대로 나오지 않는다든가 하는 보장은 감히 할 수 없으리라.

디드로는 계속 글을 썼지만 수시로 옥살이의 두려움에 시달렸다. 그는 나이가 들어가면서 집을 거의 떠나지 않게 되었다. 친숙하고 안전한 환경에서 글을 쓰는 편이 좋았기 때문이다.

디드로는 창문 밖으로 파리의 정경을 바라볼 때도 적응에 의해 형성된 생물들로 가득 찬 세계를 보았다. 창턱 위의 비둘기에서부터 하수구의 쥐에 이르기까지 모든 동물은 오랜 시간 속에서 적응해 자기만의 작은 틈새 자리를 차지하고 있었다. 디드로 자신이 그런 것처럼. 우리 모두가 그런 것처럼.

디드로는 1784년에 사망해 생로슈 성당 지하 묘지에 안장되었다. 이 묘지는 여러 번 도굴당했는데 특히 프랑스 대혁명 시기에, 그리고 한 세기 후에 심했다. 묘지의 유골들은 분리되고 흩어졌다.

마치 레고 블록들처럼.

레고로 또 무엇을 만들 수 있을까? 산? 대륙? 다음 장에서는 동식물의 창조에서 잠시 눈을 돌려 오랜 세월에 걸쳐 점진적으로 변화한 다른 어떤 것을 생각해보자. 그 어떤 것이란 바로 우리가 발 딛고 서 있는 땅이다.

7장
서서히 움직이는 대양

>>> 제임스 허턴은 내과의사 조수부터 시작했다. 에든버러 대학교에서 수학했고 1749년에 레이던 대학교에서 의학 박사 학위를 받았다. 여기까지 보면 그가 내과의사가 되는 것은 당연한 수순이다. 그러나 제임스 허턴은 자연을, 그중에서도 특히 암석을 연구했다. 가장 흥미로운 연구 대상은 아니었지만 그가 보기에 암석에는 뭔가 특별한 것이 있었다. 그에게는 수천 년 넘게 지속된 지구의 숨겨진 위대한 역사가 보였다. 수천 년은 무슨, 지구는 수백만 년은 되었을 터였다. 아리스토텔레스라면 고개를 끄떡이면서 허튼에게 뭘 좀 아는구나 했을 것이다. 우리가 서 있는 땅에는 뭔가 특별한 것이 있다.

허턴은 의학을 그만두고 땅과 지층에 대해 연구했다. 그는 지각과 그 특징이 시간이 흐르면서 변화한다는 이론을 수립했다. 인간은 관조할 수도 없을 만큼 어마어마한 시간이 흘러야 하지만 말이다. 땅과 그 심층부는 움직이고, 위로 밀려 올라갔다가 가라앉는다. 여기에 더 많은 융기와 변동이 쌓이고 쌓인다. 우리가 두 발로 서 있는 땅은 끊임없이 움직이는 대양과 같다. 단지 그 움직임이 우리가 감지할 수 없을 만큼 느릴 뿐이다. 우리가 좀 더 가까이서 들여다보면 그 증거를 바위에서 볼 수 있다. 바위에 기록된 역사는 우리가 발견해주기를 기다리고 있다.

허턴은 지구에서 일어난 이 느리디느린 변화에서 영감을 얻었다. 암석과 광물로 이루어진 여기 이 행성은 대재앙, 붕괴, 파괴를 겪으면서 스스로 복구되었다. 그 행성 위의 생명은 그러한 변화를 목격하고 함께 겪었다. 허턴은 자신이 운영하는 농장의 땅과 바위를 통해 그것을 알았다.

허턴이 그의 생각을 『지구 이론: 지구 육지의 구성·소멸·회복에서 관측되는 법칙들에 대한 연구 조사』라는 저작으로 공표하기까지는 25년이 걸렸다. 이 저서를 통해 그는 사상가이자 지질학자로서 이름이 났다. 그때가 1785년이었고 그 후 12년간 허턴은 세상을 떠날 때까지 자기 책에 제시된 생각을 확장하고 발전시키는 작업에 전념했다.

허턴의 1788년 판 『지구 이론』에는 '강우 이론'이라는 대목이 있다. 그는 여기서 비에 대해서, 그리고 다른 뭔가에 대해서도 말했다.

> 유기체가 자기 보존과 확산에 아주 적합한 조건 및 환경에 있지 않다면 그 종의 개체들은 무한한 다양성을 도모할 것이오, 잘 적응할 수 있는 체질과 가장 거리가 먼 개체들이 가장 쉽게 사라진다고 우리는 확신할 수 있겠다.

우리의 발아래 있는 땅만 변하는 것이 아니다. 그 땅에 사는 생물들도 변한다. 땅이 격동하고 변화하는 동안 거기서 살아야 하는 생물은 그에 맞게 변한다. 허턴은 1794년에 발표한 『지식의 원리들에 대한 연구 조사』에서 이 생각을 한층 더 밀고 나갔다.

> 다른 한편으로, 현 상황에 가장 잘 맞는 체질에 가까운 유기체들은 자기를 보존하고 그 종의 개체 수를 늘림으로써 계속해서 잘 적응할 것이다.

생존에 유익한 적응은 그 생물의 후손에게도 전달된다.
이게 다 지질학자가 알아낸 사실이다.

휴턴의 작업은 우리가 주위에서 볼 수 있는 변화에 이론을 제시한 것이다. 그 변화는 땅의 윤곽선만 바꾼 게 아니라 그 땅에서 먹고살려고 애쓰는 동물들의 모양새도 바꾸어놓는다. 그는 '새로운' 종의 창조에 대한 이론은 제시하지 않았다. 그것은 오직 설계자의 손에 달린 일이니까. 아리스토텔레스가 다시 한번 흡족해하며 고개를 끄덕일 것이다. 땅의 변화가 완전히 새로운 생물을 출현시키는 것은 아니다. 그 변화는 단지 하나의 종 '안에서' 관찰되는 다양성을 설명할 수 있을 뿐이다. 다람쥐만 해도 그 종류가 얼마나 많은가. 그것이 그가 확인한 메커니즘의 위력을 말해준다. 허턴이 알지 못했던 것은 어떻게 그 변화가 장대한 세월에 걸쳐 다람쥐를 완전히 다른 존재로 형성할 수 있는가였다. 어쩌면 설계자는 종에게 환경에 적응할 방법을 제공하기 위해 이러한 변화의 메커니즘을 개발했지만 새로운 종의 창조만은 자기만의 소관으로 남겨두었는지도 모른다. 산이 융기하고 땅덩어리가 갈라지고 화산이 분출해서 다시 땅을 이루니 동물들도 그러한 변화에 적응할 필요가 있었다. 창조주는 그러한 변화를 허락했고 허턴은 그 증거를 지적했다. 그러나 그것은 아리스토텔레스가 우리를 둘러싼 세계에서 찾을 수 있다고 했던 진리의 또 다른 예일 뿐이다. 우리가 해야 할 일은 그저 잘 살펴보고 돌을 몇 개 뒤집어보는 것뿐이니, 모든 것은 거기에 있다.

모든 것을 시작한 설계자는 그의 경이로운 작품 속에 모든 질문의 답을 숨겨놓은 예술가다.

땅이 서서히 움직이는 대양과도 같다면 땅에서 출현한 것들도 마찬가지다. 생물들은 널리 퍼지고, 살아남으려 애쓰고, 장애물을 극복하기 위해 적응했다. 그러느라 사지가 길어지기도 하고 짧아지기도 했다. 눈도 저 높은 곳과 땅 아래까지 보도록 적응했을지 모른다. 피부색이 환경에 따라 바뀌있을지 모른다. 그렇지만 완전히 새로운 것으로 비껴지는 않았다.

이러한 변화 때문에 어떤 동물들은 넘을 수 없는 높은 산 너머의 동족들과 영 딴판으로 보이긴 하지만 그러한 차이는 피상적이다. 종이 처한 환경이 종의 변화를 낳는다고 주장한 사람이 허턴만은 아니었다. 호기심 어린 눈으로 이 나뭇가지에서 저 나뭇가지로 뛰어다니거나 땅에서 종종 걸음 치는 동물들의 차이를 주목하는 또 다른 인물이 있었다.

그는 미국 태생으로 이름은 W. C. 웰스였다. 허턴이 지구에 대한 이론 수립에 골몰하는 동안 웰스는 영국으로 이주할 채비를 하고 있었다. 그의 이주는 파란만장했지만 안타깝게도 역사의 주목은 거의 받지 못했다.

8장
피부 한 겹 차이

>>> 윌리엄 찰스 웰스는 1757년 사우스캐롤라이나의 스코틀랜드계 가정에서 태어났다. 그는 신세계에서 태어났지만 희한하게 구세계에 자꾸 끌리는 영혼의 소유자였다. 그러한 끌림은 결코 그를 놓아주지 않았다. 웰스는 행운을 좇거나 직업을 바꾸거나 하면서 평생 두 대륙을 오가는 삶을 살게 된다.

그는 에든버러 대학에 진학하면서 처음으로 북미를 떠나 선조들의 땅으로 돌아갔다. 그는 의학을 택했고 몇 년간 대서양을 오가면서 공부를 계속했다. 사우스캐롤라이나 찰스턴에서 수습 의사로 일하다가 다시 런던에 가서 외과의사가 되기 위해 공부했다. 앞서 많은 이가 그랬듯이 웰스 역시 처음에 선택한 진로가 잘 맞지 않았다. 의학은 매혹적이었지만 그 매혹은 수명이 짧았다. 뭔가가 빠진 느낌이었다. 그게 뭔지는 확실히 몰랐지만 말이다. 웰스는 그 답을 찾기 위해 짐을 싸서 미국으로 돌아갔다.

플로리다주 세인트오거스틴에 정착했고 하고많은 직업 중에서 출판업자를 선택했다. 그는 출판 기술에 매료된 나머지 플로리다주 최초의 주간지 《이스트 플로리다 가제트(East Florida Gazette)》를 창간하기에 이른다.

그걸로는 성에 차지 않았다. 웰스는 어느 한 장소나 한 가지 직업에 오래 매여 있을 사람이 아니었다. 그는 1년 만에 신문 일에서 손을 떼고 영국으로 돌아가 의료 행위를 재개했다. 이번에는 의사로서 끝을 보겠노라 다짐했다. 이제는 정착하고 뿌리를 내려야 할 때였다.

우리의 시각에서 웰스의 삶이 흥미로워지는 것은 이때부터다.

웰스는 의료인으로서 평판을 쌓는 한편, 글쓰기에 관심을 돌렸다. 출판업자로서의 경험 덕분에 그는 문자 언어에 대해서 독특한 시각을 가지고 있었다. 그는 학술 논문을 쓰기 시작했는데 특히 「이슬에 대한 에세이」로 명성을 얻고 에든버러 왕립학회 회원이 되었다. 제목 그대로, 이른 아침 풀잎에 맺히는 물기에 대한 에세이다. 적어도 일반 대중에게는 그렇게까지 흥미진진한 주제가 아니었지만 학자들은 이 에세이에 깊은 인상을 받았다. 웰스가 1814년에 이 에세이를 발표하기 전까지는, 아침 기온이 서늘한 것은 이슬과 서리 때문이라고 생각했다. 일단 왜 아침에 이슬과 서리가 생기는지 연구한 사람이 희한하게 아무도 없었다. 웰스는 낮은 기온 때문에 이슬과 서리가 생기는 것이지 그 반대가 아니라는 것을 시험과 검증으로 확인했다. 과학의 입장에서 1800년대는 흥분이 가득한 시대였다.

웰스는 논문을 출판하면서 1년 전 왕립학회에 제출했던 또 다른 에세이를 포함시켰다. 그 에세이는 이슬과 상관없고 모든 인간의 피부색과 관련이 있었다. 그 둘이 어떻게 연결되는지는 각자의 상상에 맡기겠다. 이 에세이에서 웰스는 과거에나 지금이나 피부색의 차이는 일반적으로 생각하는 것처럼 인종의 확고한 구분을 나타내지 않는다고 했다.

이 에세이는 웰스가 피부에 문제가 있었던 젊은 환자를 관찰한 경험에서 비롯되었다. 그는 이 문제를 숙고할수록 서로 다른 피부색을 지닌 사람들의 차이가 그야말로 피부 한 겹 차이일 뿐임을 깨닫게 되었다. 숙련된 해부학자조차 그 피부 아래에 무슨 차이가 있는지 알 수 없을 것이다. 웰스는 이를 천연두 항체가 있는 사람에 비유했다. 천연두 전문가 앞에 두 사람을 데려다 놓으면 누구는 항체가 있고 누구는 항체가 없는지 알 수 있을까? 천만의 말씀이다. 그러한 항체는 외부에서 관찰 불가능하다.

웰스는 이 관찰을 붙잡고 계속 밀고 나갔다. 그가 이슬에 관한 학술 논문에 끼워 넣은 이 에세이의 제목은 「피부가 흑인과 흡사한 어느 백인 여성에 대한 설명」이다. 여기에는 이런 대목이 있다.

> 인간이 동물들에게 인위적으로 행하는 바를 자연은 비록 훨씬 느리지만 동등한 효과로 행하여 인류를 그들이 사는 고장의 특성대로 다양하게 형성한다.

웰스는 에둘러 말하지 않았다. 여기서 그는 인류도 생물의 특징을 변화시키는 자연의 능력에 영향을 받는다고 말했다. 땅에서 느리게 일어나는 변화가 그 땅에 사는 생물들에게도 영향을 미친다는 허턴의 주장을 기억하는가? 웰스는 그 정도로 멈추지 않았다. 그의 에세이를 다시

들여다보자.

> 처음에 한 고장에서 흩어져 살았던 사람들에게서 나타난 우연한 다양성으로 인해 어떤 이는 다른 이보다 그곳의 풍토병에 더 잘 견딜 수 있었을 것이다. 그 족속은 번성했겠지만 다른 족속은 감소했을 것이고 피부색이 가장 어두운 족속이 [아프리카의] 기후에 가장 잘 맞다 보니 결국은 [그들이] 가장 우세하게 되었거나 그들만 남았을 것이다.

웰스가 제시한 이론은 새로운 종에 대해서는 고려하지 않았지만 한 종 '안에서' 발견할 수 있는 다양성을 확실히 규명했다. 게다가 그는 허턴의 관찰을 한 단계 더 밀고 나가 인간에게까지 적용했다. 환경의 영향으로 동일한 종 안에서 구성원이 다양해지는 것은 동물의 경우만이 아니다. 그는 인간도 마찬가지라고 설명했다.

애석하게도 웰스가 이 주제에 대해서 작성한 글은 이것이 유일하다. W. C. 웰스는 이슬에 대한 에세이로 왕립학회 회원으로 선출되고 럼퍼드 메달을 수여받은 지 3년 만에 세상을 떠났다. 1817년 9월 18일, 사인은 심장 마비였다. 이 주제에 대해서 그가 더 할 수 있었을 사유도 그와 함께 사라졌다. 피부 색소에 대한 그의 논문은 주목받지 못한 채 잊혔다.

이러한 어려움에도 불구하고 생명의 거대한 태피스트리에 대한 이해에 중대한 변화가 일어날 바탕은 마련되었다. 이제 성(姓)은 우리에게 친숙하지만 이름은 아마 처음 들어보았을 인물을 만날 시간이다.

여러분에게 이래즈머스 다윈을 소개한다.

9장
바다에서

>>> 뼈는 이래즈머스 다윈을 사로잡았다. 일반적인, 그렇고 그런 뼈를 말하는 게 아니다. 오래된 뼈 얘기다. 아주 오래된 뼈, 엄밀하게 말하자면 화석이다. 땅을 갈아엎었을 때 매우 자주 발견되는 뼈. 18세기 후반에 발견된 모든 화석은 놀라움과 축하의 대상이었다. 아무도 전에 본 적 없는 이 신기하고 경이로운 동물들은 뭘까? 메리 애닝이 라임 리지스 절벽에서 괴이한 미지의 동물 화석을 발굴하기 시작했을 때 제기되었던 질문도 바로 이것이었다.

이래즈머스로 말하자면 그는 상자 안에 전시된 화석을 보는 정도로 만족하지 않았다. 그는 자연 상태의 화석을 보기 원했다. 땅에 묻혀 있는 화석을. 그는 고고학자가 아니었지만(당시에는 이 단어 자체가 없었다) 어떤 화석이 발견됐다는 소식을 들으면 발굴을 마치고 전시될 때까지 기다리지 않고 당장 영국 리치필드의 자기 집에서 출발을 했다. 화석은 그에게 말을 걸어왔다. 다른 그 무엇도 그렇게 말을 걸어온 적이 없었다.

시골 의사로서의 삶은—제임스 허턴이나 W. C. 웰스도 그랬듯이—의학을 명분으로 아직 탐구되지 못한 과학의 영역들을 살필 수 있게 해주었다. 이래즈머스의 현재는 의무가 차지했지만 화석은 그가 아득한 과거를 관조하게 하는 계기가 되었다. 허턴에게 암석과 광물이 그런 의미였던 것처럼 말이다. 현재 발견되는 뼈들은 그 머나먼 과거의 동물들, 어디서도 본 적 없는 진기한 동물들이 남긴 것 아닌가. 그는 눈을 감고 그 뼈들이 살과 가죽으로 뒤덮이면 어떤 모습일까 상상했을 것이다. 그것들이 어떻게 움직이고 어떤 소리를 내는지 상상했을 것이다. 그 동물들은 무엇을 먹고살았을까? 더 중요한 의문도 있었다. 무슨 일이 일어났기에 그 동물들이 죄다 사라졌을까? 화석들은 대부분 현재 존재하지 않는 동물들의 골격을 보여주고 있었다. 삼엽충이라든가 듣도 보도 못한 수생 동물이라든가. 현재의 상식으로는 이해가 불가능했다. 그렇지만 그 화석화된 골격 중 어떤 것은 현존하는 동물과 굉장히 닮았다. 문제는, 닮기는 해도 일치하지는 않는다는 것이었다. 그러한 화석은 아예 다른 종, 혹은 현존하는 종의 초기 형태로 볼 만큼 확실한 차이가 있었다.

이래즈머스는 자신의 생각을 글로 썼고 상황이 허락할 때면 친구들에게도 이야기했다. 모든 친구가 그의 연구 방향에 열광하지는 않았다. 그들은 이래즈머스가 이상한 데 빠졌다고 생각했다. 교구 목사이자 시인이었던 리처드 기퍼드라는 친구는 이래즈머스가 빠져 있는 그런 주제에 대한 연구는 무슨 수를 써서라도 피해야 할 불경한 것이라고 딱 부러지게 말하기도 했다. 신이 기뻐할 리 없는 일이라나.

그 결과, 이래즈머스는 다소 후퇴해 좀 더 미묘한 방식으로 자신의 견해를 피력하게 되었다. 그는 다윈 가문의 장식 휘장에 가리비 껍데기 문양과 "E conchis omnia(모든 것이 조개에서 왔다)"라는 라틴어 문장을 덧붙였다. 그러고는 이 장식 휘장을 자랑스럽게 그의 마차에 내걸고 편지를 밀랍으로 봉인할 때 쓰는 인장으로도 사용했다.

이래즈머스는 꽤 조심했다고 생각했을지 모르지만 그의 이웃 성직자 토머스 수어드 같은 사람들은 변경된 장식 휘장의 의미를 제대로 간파했다. 수어드는 다음과 같은 풍자시로 그를 저격했다.

> 그 또한 창조주를 저버리고
> 분별없는 것으로써 관념을 만드네.
> 대단한 마법사 아닌가! 주문으로
> 새조개 껍데기에서 만물을 일으킬 수 있다니.

이래즈머스는 간파당했다. 혹은, 적어도 그의 사상은 그렇게까지 비밀에 부쳐지지 않았다. 그는 낙심해서 장식 휘장에 덧칠을 했다. 그는 존경받는 시골 의사였고 의료 행위를 해야만 했다. 그로서는 평지풍파를 일으킬 때가 아니었다. 적어도 아직은. 그런 건 나중의 일이었다.

이래즈머스에게는 그와 생각이 같기 때문에 터놓고 말할 수 있는 친구들도 더러 있었다. 그중 한 명이 우리가 7장에서 보았던 지질학자이자 자연학자 제임스 허턴이다. 두 사람은 지구의 나이에 대해 시간 가는 줄 모르고 얘기했고 그 사실이 생명과 그 미약한 시작에 의미하는 바에 대한 메모를 서로 비교해보았을 것이 분명하다. 세상은 사람들이 흔히 생각하는 것보다 훨씬 오래됐다. 지층과 미지의 생물 화석 들이 그렇게 말해주고 있었다. 문학, 특히 브누아 드 마예나 드니 디드로 같은 프랑스 작가들의 글에는 이미 그러한 생각과 관찰이 꽤 나타나 있었다. 으레 선동적이라고들 하는 생각과 관찰 말이다.

이래즈머스는 기막힌 생각을 했다. 글을 쓰지 못할 이유가 무엇인가? 지구의 나이와 호기심 많은 이들이 더러 찾아내는 화석에 대한 생각을 대놓고 피력할 순 없어도 그 주제를 기록으로 남길 수는 있지 않은가. 그는 책을 쓰고도 남을 만큼의 정보와 식견이 있었다. 지금까지 감히 발표하지 못했던 그 책에 어떤 제목이 붙어야 할지도 알고 있었다. 『주노미아(Zoonomia, 동물생리학)』. 완전한 제목은 『주노미아, 혹은 유기적 생명의 법칙』이다. 당시로서는 신의 법칙 외에 피조물 자체의 법칙이라는 게 있다는 제목의 뉘앙스만으로도 논란이 일어날 수 있었다. 그는 시골 의사 일을 계속하면서 여력이 될 때마다 산발적으로 글을 썼다. 언젠가는 그의 역작이 나올 터였다. 적어도 그의 바람은 그랬다.

이래즈머스는 시를 탐독했다. 어느 시점부터는 자신도 시를 쓰고 싶다고 생각했다. 그는 『주노미아』에 힘을 쏟는 한편, 그가 『식물 사랑』이라고 일컬었던 작품에도 착수했다. 이 작품은 시로 쓴 식물학이다. 성적 암시로 가득한 서사시라고나 할까. 나중에 가서 이래즈머스는 이 책에 대한 생각을 바꾸어 익명 출판을 택했다. 다시 한번 직업적 소임과 지켜야 할 가족을 생각한 결정이었다.

『식물 사랑』은 1789년에 출간되었다. 이래즈머스는 58세였다. 시 자체에서도 저자의 생각이 언뜻언뜻 엿보이지만 좀 더 이단적인 견해를 드러낼 때는 주석을 활용했다. 그는 대부분의 독자가 주석은 꼼꼼하게 보지 않을 거라 생각했다. 어떤 주석은 이렇게 되어 있다. "어쩌면 자연의 모든 산물은 더욱 완벽해지기 위한 과정 중에 있지 않을까?"

이 주석은 의문문의 형태를 취하고 있지만 이래즈머스는 자신이 이미 답을 알고 있다고 생각했다. 그 답은 그의 애정 어린 저작 『주노미아』를 위해 남겨두었다. 그는 첫 번째 시집과 짝을 이루는 두 번째 시집 『초목의 경제』까지 출간한 상태였다. 두 번째 시집은 1792년에 익명으로 출간되었는데 평단의 반응이 좋았다. 이래즈머스는 영리한 사람이었다. 의사 일도 잘해내고 두 권의 시집을 성공적으로 출간했으니 아쉬울 것이 없었다. 그는 이러한 성공을 바탕으로 나이가 들수록 점점 대담하게 자기 생각을 드러냈다. 이미 성공한 작가이니만큼 『주노미아』를 세상에 내놓고 비판적 역풍을 맞더라도 소화할 수 있으리라 여겼던 것이다.

이래즈머스는 그 책을 1794년에 독자들에게 선보였다. 그 안에는 저자 자신과 독자에게 두고 두고 기억날 문장이 포함되어 있었다.

> 지구가 처음 생긴 때로부터 아주 긴 시간에 걸쳐, 어쩌면 수백만 년의 세월 동안 (……) 모든 온혈 동물이 하나의 살아 있는 가닥에서 비롯되었다는 상상은 너무 대담한 것일까?

그는 『주노미아』의 출간이 불러올 격렬한 저항에 대비하기 위해 집으로 물러나 기다렸다. 조바심을 내면서 틀림없이 가혹한 비평이 쏟아지리라 각오하고 이런저런 언론을 찾아보았다.

아무것도 없었다.

그가 기대하고 두려워하기도 했던 반발은 일어나지 않았다. 신경 쓰는 이조차 없었다. 독자들이 알아차리기에는 그가 뿌린 씨앗이 너무 미미했다. 아니, 어쩌면 독자들의 잠재의식에 뿌려진 씨앗이 싹을 틔우고 꽃을 피우기까지는 비옥한 토양에 머무는 시간이 필요했을까?

그러다 반향이 일어났다. 시간이 좀 걸렸지만 1년 후에 이래즈머스는 자기 책의 영향을 확인했다.

1795년에 어느 서평가가 이 책을 비판했다. 최초의 타격이었다. 그리고 한참 있다가 1798년에야 한바탕 난리가 났다. 이때 쏟아진 비판들은 호되고 격렬했다. 토머스 브라운이라는 젊은 작가는 『주노미아』를 정면으로 저격하는 『이래즈머스 다윈의 주노미아에 대한 논평』을 내놓았다. 이 책은 이래즈머스의 관점을 인정사정없이 공격했다.

설상가상으로 이래즈너스의 출판업자 조지프 존슨이 불온서적 출판 죄목으로 감옥에 들어갔다. 존슨이 발행하는 정기 간행물 《애널리티컬 리뷰(Analytical Review)》가 독자들에게 정치 및 종교에 관한 급진 사상을 유포한다는 이유로 고발당했기 때문이다. 이래즈머스가 초조하게 두려움 반 흥분 반으로 기다렸던 폭풍이 마침내 도달했으니 이제 더 큰 비를 내려달라고 춤을 출 때였다. 비구름을 더 불러들여 이 사회의 무지를 싹 씻어버리는 것도 좋지 아니한가? 그는 점점 나이를 먹어가고 있었으므로 더는 지체할 수 없었다. 잃을 것도 없지 않은가?

그의 다음 공격은 또 다른 서사시의 형태를 취했다. 이 작품은 이전 작품보다 의도가 훨씬 더 명백히 보였다. 제목은 『자연의 사원, 혹은 사회의 기원. 철학적 주석을 단 시』였다. 여기서 이래즈머스는 생명의 기원을 자연스러운 발생으로 묘사한다.

> 부모 없는 자발적 탄생으로
> 생명이 깃든 지구의 첫 번째 흔적들이 일어나네.
> 자연의 자궁에서 식물 혹은 곤충이 헤엄치고
> 움트고 숨 쉬고 미세한 사지를 꿈틀거리네.

새로 발생한 생명은 시간이 흐름에 따라 적응하고 변화한다.

> 뒤이은 세대들이 나타나면서 이 생물들은
> 새로운 힘을 얻고 사지가 발달하네.
> 이루 셀 수 없는 초목이 솟아나고
> 지느러미, 발, 날개를 지닌 것들이 숨을 쉬는 곳에서.

생명은 마침내 파도 너머로 고개를 내밀고 육지를 바라본다. 자신의 다음 집이 될 곳을.

> 바다에서 태어난 낯선 생물이 건조한 공기 속에서 두리번거릴 때
> 모든 근육은 빨라지고 모든 감각이 향상되네.
> 차가운 아가미가 호흡하는 폐를 이루고

끈끈한 혀에서 공기가 통과하는 소리가 들리네.

책 뒤에 수록된 주석에서 저자는 유물론적 사상을 명쾌하고 엄밀한 산문으로 피력했다. 그는 『주노미아』에서 모든 생명체가 하나의 동일한 가닥에서 나왔다고 상상한다면 너무 대담한 것이냐고 물었다. 『자연의 사원』에서 그 잠정적 질문은 사라졌다. 그는 대담한 자였고 답을 가지고 있었다. "그러므로 동물의 생명은 바닷속에서 시작됐다고 결론 내려야만 할 것이다."

불행히도 이래즈머스는 이 마지막 저작이 대중 독자를 만나는 것을 보지 못했다. 그리고 그 책이 불러일으킨 비판을 듣거나 읽지도 못했다. 이래즈머스의 뼈는 1802년에 땅에 묻혔다. 『자연의 사원』은 1803년에 나왔다. 평론가들은 그 책이 무신론적이고 부도덕하다고 성토했다. 일부 서평가들은 그 책에 오염될까 봐 두려워 손도 대지 않았다고 한다. 이래즈머스가 알았다면 각별히 기뻐했을 것이다.

어쩌면 그 악의적인 서평을 쓴 자들은 이래즈머스의 지적인 산문을 두려워했는지도 모른다. 그들도 사실은 자기네가 집착하는 기원 이야기에 대한 대안을 생각해보게 되지 않았을까? 특히 그 기원 이야기는 이후 50년간 부상하는 인간 이성에 부딪히게 되니 말이다.

그 싸움에 목소리를 보태고 싶어 하는 다른 이들이 있었다.

10장
눈 어두운 두더지와 도도새

>>> 장 바티스트 라마르크는 1744년에 프랑스 피카르디에서 태어났다. 그는 열여섯 살 때 군인이 되기로 마음먹었다. 부친이 사망하자 그는 말을 사서 독일로 달려가 프랑스군에 합류해 포메라니아 전쟁에 참전했다. 최초의 세계 대전으로 꼽히는 이 전쟁은 분쟁이 일어난 지역에 따라 다른 이름이 붙었다. 가장 널리 알려진 이름은 7년 전쟁이며, 북미에서는 프렌치-인디언 전쟁이라고 한다.[1] 이 전쟁의 중심에는 대영제국과 프랑스의 전 세계에 걸친 권력 다툼이 있었다.

그동안 라마르크는 식물학에 관심을 두었다. 식물은 그의 마음을 사

---

[1] 프렌치-인디언(French-Indian) 전쟁: 1754년부터 1763년까지 영국과 프랑스가 북아메리카에서 벌인 싸움. 프랑스가 인디언 부족과 동맹하여 영국의 식민지를 공격했기 때문에 이런 이름이 붙었다.

로잡았다. 전쟁과 싸움에 둘러싸인 사내에게 식물은 뭔가 다른 것을 안겨주었다. 식물 공부에는 평화가 있었다. 그는 식물 연구에 푹 빠져서 이 주제로 세 권짜리 책을 내고 1779년 프랑스 과학아카데미 회원이 되었다. 게다가 거기서 그치지 않고 파리 자연사박물관의 전신인 프랑스 왕립식물원에서 교수 자리까지 얻었다. 라마르크의 소임 중 하나는 왕립식물원의 식물표본관을 관리하는 것이었다.

라마르크는 미묘한 것을 알아채는 눈이 있었다. 식물의 소리 없는 투쟁, 외력(外力)의 작용 등 생명에는 그의 시선을 사로잡는 작은 것들이 있었다. 특히 그의 상상을 자극한 외력은 달이었다. 그는 달이 대기에 미치는 영향을 연구해서 첫 번째 논문을 써냈다.

라마르크는 이 작업에 자부심을 느꼈지만 그의 마음 한구석에서 어떤 생각이 무르익고 있었다. 처음에는 심란했다. 오랜 시간에 걸친 종의 변화에 생각이 미쳤기 때문이다. 변화가 일어났고 지금도 일어나고 있다는 생각에 사로잡히자 거기서 빠져나올 수가 없었다. 1800년 5월, 그는 박물관 강연 자리에서 이러한 생각을 처음으로 피력했다. 1801년에는 『무척추동물 체계』라는 저작을 발표했다. 라마르크는 진화의 열쇠가 해양 무척추동물 연구에 있다고 보았다. 모든 것은 바다에서 시작되었으니까. 많이 들어본 얘기 같지 않은가?

종이 조금씩 변화한다는 생각을 당시에는 '생물 변이설(transformism)' 이라고 했다. 라마르크는 동물이 변화를 수행하지만 수직적 연쇄에 따라 낮은 형태에서 높은 형태로 나아간다고 보았다. 수백 년 전 아리스토텔레스가 했던 생각과 그렇게까지 다르지 않았다. 라마르크는 종들의 유사성에도 깊은 인상을 받았다.

　라마르크는 동물의 멸종을 믿지 않았다. 동물들은 다른 동물들로 변할 것이다. 따라서 우리가 현재 볼 수 없는 동물은 오랜 시간에 걸쳐 모습이 바뀌었거나 인간의 사냥으로 전멸당했을 것이다. 진짜 멸종은 자연에 대한 인간의 잔혹성이 낳은 부작용일 것이다.

　생명은 정체되어 있지 않다. 생명은 투쟁하고, 발버둥 치고, 적응한다. 이러한 변화의 중요한 원천은 환경 변화와 관련이 있다. 환경이 변하면 동물도 적응하기 위해 변하지 않을 수 없다. 이리하여 저 유명한 라마르크의 '용불용설(用不用說)'이 탄생했다. 어떤 동물이 신체 일부를 과거에 비해 더 많이 쓰게 된다면 그 부분이 확대된 사용에 걸맞게 적응한다. 이해하기 쉽기 때문에 자주 인용되는 대표적 예가 기린이다. 나뭇잎을 뜯어 먹는 기린은 높은 가지에 달린 잎을 먹기 위해 목을 길게 뺀다. 이렇게 목을 계속 늘리다 보니 목이 점점 길어지게 되었다. 그의 이론에 따르면 그러한 길이의 변화는 눈에 띄지 않을 만큼 서서히 일어났지만 분명히 실제로 일어났다. 달라진 목 길이는 기린의 후손들에게 전해졌고 세대를 거듭하면서 기린의 평균 목 길이는 점점 더 길어졌다.

　이것은 '용(用)'의 예다. '불용(不用)'은 쓰이지 않거나 원래의 쓰임새가 차츰 사라진 신체 일부와 관련된다. 도도새의 날개가 그 예다. 도도새는 날지 않기 때문에 날개가 필요하지 않다. 그래서 섬에 상륙한 인간이나 인간이 데려온 동물들에 의해 도도새는 전멸당했다. 날지 못하는 새는 쉬운 사냥감이었기 때문이다.

　라마르크는 환경을 살펴보면서 동물이 변화하는 이유를 다수 발견했다. 달이 대기와 식물에게 미치는 영향과 그리 다르지 않았다. 그가 예로 든 동물은 두더지다. 그는 두더지의 시력이 약한 이유는 이 동물이 생애 대부분을 땅속에서 보내기 때문이라고 보았다. 그 대신 다른 감각들이 생존을 위해 발달했다. 두더지는 촉각이 신기할 정도로 발달했다. 두더지의 피부에는 신경 수용체가 풍부해서 땅의 진동을 감지할 수 있다. 덕분에 두더지를 맛있는 먹잇감으로 여기는 포식자를 피하기에 용이하다.

그렇다면 라마르크는 동물의 존재를 어떻게 설명했을까? 혹은 생명의 존재를 어떻게 설명했을까? 그는 이래즈머스 다윈의 책에서 찢어낸 한 페이지를 그 답으로 삼았다. 그는 생명이 자발적으로 생겨났다고 보았다. 생명은 가장 단순하고 미미한 형태로 마법처럼 나타났다. 그 생물이 환경의 작용으로 어쩔 수 없이 복잡한 생물로 변했다. 라마르크라면 지금의 세계에도 단순한 생물이 있는 것은 생명이 계속 출현하기 때문이라고 할 것이다. 생명이 몇 번이고 출현하기 때문이라고 말이다. 그때부터 사연은 사기 코스를 밟고 생물은 아리스토텔레스의 '생명의 위계'대로 발전해나간다.

이런 질문이 나올 수 있다. 그렇다면 생물이 발달을 중지하는 이유는 무엇인가? 왜 계속해서 변하지 않는가? 라마르크는 이 질문에 대한 답도 가지고 있었다. 우리의 작은 친구 두더지가 그렇듯이 어느 정도 적응에 도달하면 동물은 더 이상 변하지 않는다. 두더지가 어디에서 살고 얼마나 환경의 압박을 받느냐에 따라 다르겠지만 변이가 필요하지 않은 선이 있는 것이다. 두더지의 신경계는 그 상태를 유지할 것이다. 미미한 변화는 있을 수 있지만 근본적 변이는 없다. 동물의 행동 방식이 더 이상 신체의 변화를 요구하지 않기 때문이다. 두더지의 예를 들자면 촉각이 더 발달하거나 더 무뎌질 필요가 없는 것이다. 또한 후손이 물려받아야 할 변화도 더 이상 없는 것이다. 라마르크가 1809년 저서 『동물 철학』에서 진술하기를……

> 신체의 일부분이나 그 형태가 동물의 습관과 생활 양식을 낳는 게 아니라 반대로 습관과 생활 양식과 그 외 환경의 영향이 오랜 시간을 들여 동물의 신체의 부분과 형태를 만든다. 새로운 형태로 새로운 기능을 획득하는 것이다. 자연은 조금씩 조금씩 우리가 현재 보는 것과 같은 동물들을 만들어냈다.

라마르크는 동물의 생존 투쟁이 변화의 원인이라고 보았다. 기린의 목이 그런 것처럼. 기린이 높은 나무의 잎까지 따 먹으려고 힘껏 머리를 들어 올리지 않았다면 기린의 목은 길어지지 않았을 것이다. 두더지가 땅 위에서 살기로 작정하고 주위를 열심히 둘러보았다면 시력이 그렇게 약해지지 않았을 것이다. 도도새가 땅에서 얻을 수 있는 먹거리에 만족하지 않았다면 그 새의 날개가 그렇게 퇴화되지는 않았을 것이다.

라마르크는 1829년에 사망했는데 당시 그는 형편이 매우 어려웠다. 말년의 라마르크는 그가 즐겨 예로 들었던 두더지만큼이나 눈이 어두웠다. 그의 가족은 아카데미의 지원금으로 겨우 살았고 그의 딸은 부친이 평생 모았던 모든 것을 경매에 내놓았다.

라마르크가 죽고 반세기가 지난 1880년대에 아우구스트 바이스만이라는 독일 생물학자가 라마르크의 이론을 반증하려 했다. 바이스만은 동물의 생식 세포가 신체 기능을 담당하는 체세포와 별개라고 생각했다. 그리고 이를 증명하기 위해 쥐의 꼬리를 잘라보았다. 용불용설이 맞다면 짧아진 꼬리라는 형질이 이 쥐의 자손에게도 유전되어야 할 것이다. 여러 세대에 걸친 실험은 그러한 후천적 형질이 유전되지 않는다는 것을 보여주었다. 그러나 바이스만은 중요한 것을 놓쳤다. 라마르크는 부상 및 손상이 자손에게 전해진다고 말한 적이 결코 없다. 요컨대, 실험 방향이 잘못되었고 애먼 쥐만 불쌍하게 됐다.

  식물이 여러 세대에 걸쳐 관찰 가능한 변화를 겪는 모습에서 영감을 얻은 사람이 라마르크만은 아니었다. 라마르크가 사망하고 2년 후, 만약 그가 읽을 수 있었더라면 대단히 좋아했을 법한 책이 세상에 나왔다. 그 책을 끝까지 읽은 사람은 얼마 없었지만 말이다. 위대한 생각이 언제나 유려한 문장으로 표현되는 것은 아니다.

11장
가엾은 초목에 대하여

>>> 패트릭 매슈는 1790년 스코틀랜드의 농가에서 태어났다. 1807년에 아버지가 사망하고 그가 농장을 물려받았다. 그래서 에든버러에서 하던 학업을 더 이상 이어나갈 수 없었다. '공식적인' 공부는 그걸로 끝이었다. 그러나 매슈는 농장 운영을 하는 틈틈이 독학으로 연구에 몰두했다.

매슈는 나무, 특히 영국 해군이 필요로 하는 군함용 목재를 잘 키우는 법에 관심을 두었다. 군함용 목재 없이 대영제국이 전진할 수는 없었다. 해군은 최상의 목재를 요구했다. 이 수요를 맞추기 위해 가장 크고 튼튼한 나무들이 잘려 나갔다. 매슈는 여기에 문제가 있다고 보았다. 숲에서 제일 잘 자란 나무들이 사라지면 부실하고 쓸모가 좋지 않은 나무들만 남는다. 하지만 숲은 다시 자라지 않느냐고? 해군의 수요는 한 차례 나무를 베어 가는 것으로 충족되지 않는다. 군함용 목재는 계속 필요한데 숲에는 품질이 영 탐탁지 않은 나무들밖에 없다. 부실한 나무는 부실한 나무를 낳을 것이다. 숲에서 양질의 나무를 죄다 베어 가면 그 자리는 부실한 나무로 채워진다.

매슈는 숲을 양질의 나무들로만 채우는 방법을 제시했다. 가장 품질이 떨어지는 나무들부터 철저하게 제거해야 좋은 나무들이 숲을 이루게 된다. 삼림을 이런 식으로 오랜 기간 관리해주면 품질이 뛰어난 나무들로 채워질 것이다. 나아가 품질이 뛰어난 '새로운 변종'이 나타날 가능성도 있다. 숲은 강성해질 것이고 영국 해군의 군함도 강성해질 것이다.

매슈는 자신의 생각을 『군함용 목재와 식림(植林)에 대하여』라는 책으로 펴냈다. 이 책은 1831년에 나왔는데 일부 서평가들이 재빨리 지적한 것에 따르면, 나와서는 안 될 책이었다.

《쿼털리 리뷰(Quarterly Review)》는 몇몇 대목을 "당돌한 헛소리"로 치부했다. 명망 높은《에든버러 리터러리 저널(Edinburgh Literary Journal)》은 다음과 같은 말로 서평을 시작했다. "이것은 대단한 가능성을 담고 있으나 우리가 비판적으로 살펴보았을 때 성과는 미미한 출판물이다." 이 정도는 애교다. 평론가들은 이 책에서 깊은 인상을 받지 못했을 뿐 아니라 저자를 연달아 공격했다. "저자는 고집이 상당히 세고 독선적이다. 자신이 그 분야를 가장 잘 안다고 생각하지만 실은 무지하다. 제대로 교육받지 못하고 반만 배웠는데 그나마도 좋지 않은 영향을 미치는 배움이었고 여기에 제멋대로의 독학과 독단적인 자기 생각이 가세했다. 그런 탓에 저자는 과학 전반에 대해서 잘 알지 못하고 식물의 생리나 해부 구조에 대해서는 더더욱 알지 못한다."

11장 가없은 초목에 대하여   **85**

신문에 실린 서평 전문을 읽어보면 기본적으로 책의 내용이 아니라 매슈가 책을 쓸 수 있을 만큼 교육을 받았는지, 혹은 표현을 조리 있게 구사했는지 따진다는 점은 명백하다.

매슈는 무척 상심했다. 호평이 아예 없지는 않았으나 찬사라기에는 뜨뜻미지근했다. 그 책에서 뭔가 다른 점을 발견한 이는 더욱 적었다. 부록 B에 실려 있는 이런 대목이라든가.

> 자연의 보편적 법칙은 번식하는 모든 존재가 주어진 조건에 최대한 잘 맞춰 살게 한다. 그로써 그 종, 혹은 신체적·정신적·본능적 힘을 설계하고자 하는 듯 보이는 유기물은 최대한 완벽에 가까워지기 쉽고, 그로써 계속 살아남을 수 있다.
>
> 사자가 힘이 세고 토끼가 민첩하고 여우가 교활한 것이 다 이 법칙 덕분이다. 생명의 모든 변이에 있어서 자연은 세월의 흐름으로 비게 될 자리까지 채울 수 있도록 필요 이상으로 증대되는 힘을 가지고 있다. 생존에 요구되는 힘, 민첩성, 배짱, 교활함을 지니지 못한 개체들은 자손을 남기지 못하고 사라진다. 자손을 보기도 전에 포식자의 먹이가 되든가 충분한 영양을 취하지 못해 병에 걸리든가 하는 것이다. 그들의 빈자리는 같은 종류의 더 완전한 개체, 생존 수단을 확실히 갖춘 개체들이 차지한다.

맨 처음 등장하는 '자연의 보편적 법칙'이라는 표현이 모두의 주의를 끌어당겼어야 했다. 찰스 다윈이 자연 선택에 의한 진화라는 주제로 그의 역작을 내놓기 28년 전에 매슈는 이미 그 법칙의 윤곽을 제시했다. 그는 자연이 번식하는 존재를 가급적 완벽하게 만든다고 했다. 이러한 신체적·정신적·본능적 힘의 형성은 개체에게 생존에 유리한 이점을 안겨준다. 환경에 잘 적응하지 못해 번식을 할 만큼 오래 살지 못한 개체는 도태되고 "그들의 빈자리는 같은 종류의 더 완전한 개체가 차지한다." 주의력 있는 독자가 이 모든 것에 함축된 의미를 알아차렸다면 당장 자세를 고쳐 앉았을 것이다. 불행히도 당시에는 그렇게 주의력 있는 독자가 없었다. 매슈가 쓴 이 두 단락은 간과되었다. 30여 년간 그의 책은 먼지만 뒤집어썼고 매슈 자신도 그 책에 대해서 거의 생각을 하지 않았을 것이다.

이제 다음 상황을 상상해보자. 1860년 3월의 어느 늦은 밤. 몹시 추운 밤이었다. 매슈는 불을 피우고 자리를 잡고 앉아 그날 아침 배송된 《가드너스 크로니클 앤드 애그리컬처럴 가제트(Gardener's Chronicle and Agricultural Gazette)》 최근 호를 펼쳤다. 브랜디 한잔을 곁들여 내용을 쭉 살펴보던 중, 그의 시선이 어떤 기사에 꽂혔다. 기사 제목은 '다윈의 『종의 기원』'이었다. 매슈는 그 기사를 읽고 이미 30년 전에 피력했던 자신의 아이디어를 발견했다. 그가 만약 군함용 목재에 대한 자신의 잊힌 저작에서 그 아이디어를 드러내지 않았다면 본인의 말 외에는 증거가 없었을 것이다. 다음 날 매슈는—아마도 뜬눈으로 밤을 보낸 후—『크로니클』에 자신의 우려, 그리고 다소간 인정을 받고 싶다는 뜻을 밝히는 편지를 보냈다.

《크로니클》은 매슈의 편지를 1860년 4월 7일 자에 게재했다. 또 다른 인물이, 아마도 비슷하게 추운 밤, 그 책에 실린 매슈의 편지를 읽고서 매슈가 한 달 전에 보였던 것과 동일한 반응을 보였을 것이다.

그 인물은 다름 아닌 찰스 다윈 본인이었다.

그래서 다윈은 어떻게 했을까? 그는 매슈의 편지를 무시할 수 없었다. 이미 출간된 책이 있었고 누구나 볼 수 있었다. 다윈 자신의 책은 출간된 지 6개월밖에 되지 않았다. 이러한 편지에 적절한 조치를 취하지 않는다면 그의 평판에 타격을 입을지도 몰랐다. 다윈은 고결한 사람이었으므로 다음과 같은 글을 썼다.

> 4월 7일 자에 실린 패트릭 매슈 씨의 전언을 흥미롭게 보았습니다. 나는 자연 선택이라는 이름으로 종의 기원에 대한 설명을 제시했는데 이 설명을 매슈 씨가 훨씬 오래전에 예견했다는 사실을 기탄없이 인정합니다. 나 본인이나 다른 자연학자가 매슈 씨의 견해를 접한 적은 없다는 사실에 놀랄 이유는 없다고 봅니다. 그의 견해는 매우 간략하게 피력된 데다가 『군함용 목재와 식림에 대하여』의 부록에 실려 있습니다. 매슈 씨의 저작을 전혀 모르고 있었다는 점 외에는 내가 사과할 것이 없습니다. 내 저작의 개정판을 내게 된다면 이러한 사정을 추가하겠습니다.

여러분이 《크로니클》의 발행인이라면 이러한 서신 교환을 게재할 수 있게 됐다는 사실에 기뻤을 것이다. 런던의 《타임스》가 아니라 《가드너스 크로니클》이 이런 기회를 얻다니. 그래서 바로 다음 호에 다윈의 편지를 실었다. 발행인은 패트릭 매슈의 다음 편지가 오기를 기다렸다.

편지는 왔다.

나는 그가 최근에 펴낸 그 책을 내면서 자신이 처음으로 그 자연 법칙을 발견했다고 생각했으리라 믿어 의심치 않습니다. 그렇지만 어떤 자연학자도 이전의 발견을 알지 못했을 거라는 그의 생각은 잘못되었습니다. 나는 15년 전에 어느 유명 대학의 교수인 자연학자와 토론을 했는데 그 사람도 나의 『함용 목재와 식림에 대하여』를 읽었지만 여러 가지 두려움 때문에 자기 학생들 앞에서 그러한 견해를 지지하거나 공표한 적은 없다고 했습니다.

다윈은 자신의 약속을 지켰다. 1861년에 『종의 기원』 제3판을 내면서 패트릭 매슈의 발견을 인정했기 때문이다. 이 부분은 개정판의 부록에 포함되었다.

1831년에 패트릭 매슈 씨는 『군함용 목재와 식림에 대하여』에서 종의 기원에 대해 월리스 씨와 내가 《린네 서닐(Linnean Journal)》에 피력하고 본서에서 확대한 시각과 정확히 일치하는 견해를 피력했다. 불행히도 매슈 씨의 시각은 전혀 다른 주제를 다룬 책의 부록에서 간략하고 산발적인 방식으로 제시되었기 때문에 매슈 씨 본인이 1860년 4월 7일 자 《가드너스 크로니클》을 통해 알리기 전까지는 주목받지 못했다.

그러니까 이렇게 된 일이다. 패트릭 매슈는 종의 변화가 자연 선택으로 인해 일어난다는 것을 『종의 기원』 출간보다 30년 앞서 알아냈다. 매슈는 다윈과 달리 자연에 전적으로 공을 돌리는 데 만족하지 않았다. 그는 자연의 설계에 또 다른 손이 작용할 것이라 생각했다. 자연이 그런 식으로 나아가게끔 떠미는 어떤 손이.

1871년에 매슈는 다윈에게 편지를 썼다.

> 약간의 예외가 있지만 자연에 넘쳐나는 아름다움을 느낄 때 자연의 구조 속에서 지성과 자애의 증거를 봅니다. 이 아름다움의 원리는 분명히 설계에 의한 것으로 자연 선택으로는 설명되지 않습니다. 사물의 적합성이 장미, 백합, 혹은 제비꽃의 향기를 만들어내지는 못합니다.

일리는 있다. 그러나 다음 장에서 보다시피 모두가 창조자가 무대 뒤에서 일하고 있다고 동의하지는 않았다.

12장
창조자의 부재

>>> 체임버스가의 아이들은 닥치는 대로 책을 읽었다. 동생 로버트는 특히 책을 좋아했다. 이치에 맞는 것이 별로 없는 세상에서 책은 그의 친구였다. 아버지는 열심히 일하는 가장이었고 형제는 집과 먹을 것 걱정은 하지 않아도 되었지만 딱 그뿐이였다. 그들이 누리는 유일한 사치는 아버지가 어느 날 집에 들인 『브리태니커 백과사전』 전질이었다. 이 사전은 로버트 체임버스의 성서가 되었다. 첫 권은 그의 창세기, 마지막 권은 그의 구원, 그사이의 모든 것은 그의 복음이었다.

스코틀랜드에서 살던 형제는 일을 할 수 있는 나이가 되자 서적 판매원이 되었다. 그때가 1818년, 로버트는 16세, 윌리엄은 18세였다. 하지만 로버트는 책을 파는 것으로 만족하지 않았다. 그는 책을 쓰기도 했다. 그것도 끈질기게.

1830년의 로버트는 자신을 둘러싼 상황이 만족스럽지 않았다. 그와 그의 형은 겨우겨우 살아가는 수준이었고 그는 자신이 좀 더 알려지기를 원했다. 그의 글은 더 많은 독자를 만날 자격이 있었다. 그는 할 말이 있었다. 문제는 가족 외에는 말할 상대가 아무도 없다는 것이었다. 1832년에 로버트와 윌리엄은 《체임버스 에든버러 저널(Chambers's Edinburgh Journal)》을 창간했다. 1페니라는 부담 없는 가격 덕분에 누구라도 이 신문을 읽고 싶으면 읽을 수 있었다.

신문 사업은 잘 풀렸고 형제가 찍어내는 부수는 모조리 팔려나갔다. 모두가 그 성공을 반기지는 않았다. 신문의 논조가 교회와 맞지 않았다. 값이 싸다 보니 신문을 사서 읽는 사람은 많았고 체임버스 형제는 신문을 좀 더 품격 있게 만들어달라는 요구를 자주 받았다. 그들의 논조는 파괴적이고 무신론적이라는 평을 들었다.

그래서 그들은 어떻게 했을까? 그들은 논조를 누그러뜨려달라는 요청이나 교회의 입장을 아랑곳하지 않았다.

로버트는 과학을 좋아했고 과학에 대한 글쓰기도 좋아했다. 거의 모든 주제를 다뤘다. 그가 관심을 두지 않고 회피했던 주제가 있다면 그건 바로 종의 변화였다. 가능한 얘기 같지 않았다. 그는 성경에서 이야기하는 창조주 하느님을 믿지는 않았지만 어쨌든 창조자는 있다고 생각했다. 그가 생각하는 창조자는 법칙을 만들고 그것을 작동시키는 것까지만 했다. 창조자가 다시 세상을 들여다보고 상황을 바로잡거나 특정한 인간을 가난이나 죽음에서 구하는 일은 없을 것이다. 로버트의 창조자는 세상을 만들고 잘 돌아가게 한 후 완전히 물러나 지켜보기만 하는 존재였다.

로버트는 배움을 보충하기 위해 철학서와 과학서를 모아들였다. 그는 자신이 배운 모든 것을 하나의 이야기로 엮어냈다. 그것은 일종의 창조설이었다. 그 자신도 놀랄 일이지만 그 이야기에는 종의 변화가 들어와 있었다. 그는 아이디어를 예열하는 중이었다. 어쩌면 라마르크가 옳을지도 몰랐다. 어쩌면 우리는 바다에서 올라와 수백만 년에 걸쳐 점진적 변화를 겪어왔는지도 몰랐다. 지질학자 찰스 라이엘과 제임스 허턴은 지구의 나이가 수십억 살은 될 거라고 가르쳤다. 지질은 그 오랜 시간 동안 서서히 변하여 인간들이 사는 땅덩어리가 되었다. 새로운 종이 형성되고 살아남거나 사멸했을 것이라고 인정하지 않을 수 없었다. 메리 애닝이 라임 리지스에서 지난 수십 년간 발견한 화석들만 봐도 짐작이 가지 않는가? 그는 이래즈머스 다윈이 오늘날 찾아볼 수 없는 동물들의 화석에서 영감을 얻었다는 사실을 떠올렸다. 로버트는 이제 그 이유를 알 것 같았다.

이러한 생각들이 그가 쓰고 있던 책에 남았다. 언제나 변하는 우주에 대한 그의 기술은 세상을 변화시킬 것이다. 그는 1844년에 탈고를 하고 바로 책을 내려고 생각했다. 하지만 문제가 있었다. 그 책을 본명으로 낼 수는 없었다. 그에겐 지켜야 할 가족이 있었다. 로버트와 그의 아내 앤 사이에는 열 명의 자녀가 있었다. 아무리 마음과 영혼을 담은 책이라 해도 가족들을 위태롭게 하면서까지 낼 수는 없었다.

이전에도 조심성 있는 작가 여럿이 그랬듯이 로버트에게도 가능한 선택은 익명 출판뿐이었다. 자기 책에 자부심이 넘치는 로버트로서는 마음 아픈 결단이었지만 가족이 상처 받거나 당황하지 않을 방법은 그것밖에 없었다. 로버트는 절친 알렉산더 아일랜드를 통해 출판사를 알아보았다. 출판계에 인맥이 많은 기자였던 아일랜드는 선뜻 돕겠다고 나섰다. 로버트는 자기 책과 거리를 두기 위해 아내 앤에게 원고를 손글씨로 정서해 달라고 부탁했다. 앤이 동의하고 아일랜드가 주선을 해서 드디어 출판사에 원고를 보냈다. 출판업자 존 처칠이 관심을 표명했다. 처칠은 그때까지 주로 의학과 해부학에 대한 책을 출판했다. 만물의 창조에 대한 이 새로운 원고에는 그의 관심을 사로잡는 뭔가가 있었다.

로버트 체임버스의 책은 『창조의 자연사가 남긴 흔적』이라는 제목으로 출간되었다. 반응은 즉각적이었다. 그 책은 서점의 서가를 떠나 전국의 독자들 손에 들어갔다.

책을 읽은 독자들은 매료되었다. 우주의 탄생, 태양과 행성들의 형성, 그리고 우리의 작은 세계가 만들어지기까지 모든 것이 이 책 속에 있었다. 단순한 것이 오랜 시간에 걸쳐 점차 복잡해진다. 창조의 먼지에서 생명이 솟아났다. 이 책은 생명이 사방으로 퍼져서 우리가 현재 보는 것과 같은 생물들이 되었다고, 그리고 우리 자신도 예외가 아니라고 말한다.

체임버스는 이 모든 반응을 안전하게 숨어서 지켜보았다. 저자의 정체에 대한 소문도 떠돌았다. 그의 이름도 더러 언급되었으나 로버트는 완강하게 부인했다. 세월이 흐른 후 왜 그렇게 익명을 고집했느냐는 질문을 받았을 때 그는 자기 집을 가리키며 답했다. "나에게는 열한 개의 이유가 있거든요."

많은 독자가 그가 던지는 질문들을 불편해했다. 어떻게 아무것도 존재하지 않는 대신 뭔가가 존재하게 되었는가? 아무것도 존재하지 않는 편이 더 쉽지 않나? 무야말로 사물의 기본 상태일 것 같은데? 어떤 자연법칙으로 우주의 돌연한 출현을 설명할 수 있을까? 더욱이 우주가 출현하기 전에는 무한한 진공이 전부였을까? 창조주를 원인으로 지목하기는 쉽다. '어떤 것'이 우주가 존재하기를 원했어야만 했다고. 그게 맞을 것 같은 '느낌'이 든다. 그러나 체임버스는 그 정도로 만족하지 않았다. 우주와 생명의 존재를 설명하는 이전의 시도들은 생물들이 어떻게 변해왔는가에 초점을 맞추었다. 그중 어떤 시도들은 창조주가 개입할 여지를 남겼으되 필연적이라고 보지는 않았다. 모든 것이 뒤죽박죽인 미스터리였다. 생물이 특정 형질을 발전시킬 수 있다는 라마르크의 '용불용설'조차도 어디까지나 추정에 근거해 있었다. 체임버스의 책은 진짜 과학이었다. 로버트 체임버스는 과학자가 아니었지만 아무도 하지 못했던 방식으로 퍼즐을 맞추기에 충분한 과학적 지식을 지니고 있었다. 적어도 그렇게 글로 써낼 수 있었던 사람은 아무도 없었다.

자기 마음에서 일어난 자연법칙을 수립하는 것만으로 이 무수한 세계를 일으킨 존귀한 존재가 어떻게 새로운 갑각류나 파충류가 세계에 나타날 때마다 일일이 개입한다고 가정할 수 있는가? 확실히 그러한 생각은 잠시 품는 것조차 심히 우스꽝스럽다.

이 모든 것의 배후에 신이 있고 그 신이 그때그때 한 번씩 나서서 개입한다면, 그의 창조가 완전하지 않았다는 뜻이다. 신이 세계를 창조하면서 몇 가지 실수를 저질렀기 때문에 세계는 조정될 필요가 있다고 인정한다는 의미 아닌가.

신이 개입했다면 어디까지나 최초의 입법자로서다. 우리는 그냥 실험의 산물이었다. 우주는 신이 자랑스럽게 태엽을 감아놓고 알아서 돌아가게 놓아둔 시계와도 같다.

그렇다면 종의 기원은 무엇인가? 체임버스는 이 문제도 생각해보았다. 그는 이전에 있던 종이 진화해 새로운 종이 된다고 했던 이들에게 동의했지만 그 변화가 그렇게 점진적이라고 보지 않았다. 체임버스는 변화가 비교적 돌연히 일어난다고 생각했다. 사자가 어느 날 하이에나를 닮은 동물을 낳는다. 그 하이에나의 자손도 자기 부모를 닮지 않을지도 모른다. 변화는 비약적으로 일어난다. 역사는 돌연한 출현들로 점철되어 있다. 그렇지만 체임버스는 이러한 출현은 창조주의 개입을 필요로 하지 않는다고 부연하기를 원했다. 설계자는 그러한 과정이 작동할 수 있도록 법칙만 수립하면 된다.

대중은 이 책에 매료되었지만 학계는 등을 돌렸다. 익명 출판된 저작을 학자들이 진지하게 받아들일 필요는 없었다. 과학자들은 학문적으로 어떤 부분은 양호하나 또 어떤 부분은 턱없이 미흡하다고 재빨리 지적했다.

교회는 이 책과 아무런 관련이 없기를 원했고 편집을 요구했다. 또한 저자의 정체를 밝히고 공개적으로 고발하기 원했다. 런던 트리니티 칼리지 부학장이자 존경받은 지질학자 애덤 세지윅은 이 책을 "고약한 유물론"이라고 비판했다. 이 책은 지식의 나무에 매달린 금단의 열매였고 그 안에는 아름다운 글로 위장한 벌레가 숨어 있었다.

1845년에 로버트는 그 비판들에 대한 답변을 책으로 냈다. 『설명: 창조의 자연사가 남긴 흔적 속편』 역시 처칠의 출판사에서 나왔다. 이번에도 익명 출판이었다.

한 남자가 먼 곳에서 폭풍을 지켜보면서 종의 변화에 대한 자신의 생각을 철저하게 단속하고 있었다. 그 남자가 바로 찰스 다윈이었다. 체임버스의 책을 둘러싼 폭풍은 그와도 무관하지 않았다. 다윈은 보수파, 교회, 학계가 그 책을 어떻게 생각하는지, 그 익명의 저자에 대해서 어떻게 생각하는지 똑똑히 보았다. 확실한 증거 없이는 감히 입도 벙긋할 수 없었다. 『창조의 자연사』 출간과 그 이후의 사태는 입 다물고 있으라는 경고였다.

그래도 그 책 덕분에 이후 몇 년간 다윈이 조금이나마 안전해지리라는 것은 분명했다. 체임버스는 창조라는 물에 맨 먼저 발을 넣어보고 뜨겁다고 말해준 인물이었다. 그냥 뜨거운 게 아니라 델 수도 있었다. 그러나 그가 깊이 들어갈수록 그의 생각은 널리 퍼졌다. 점점 더 많은 이들이 거부감 없이 그 생각을 따를 수 있는 기반이 만들어졌다.

다윈도 그 점을 인정했다. 『종의 기원』 제4판 부록에는 『창조의 자연사』의 저자에 대한 감사가 나타나 있다. "나는 그 책이 이 주제에 주의를 끌어당기고, 편견을 물리치고, 비슷한 생각들이 받아들여질 수 있는 토대를 마련함으로써 이 나라에 큰일을 해주었다고 생각한다."

로버트 체임버스는 1871년에 죽었다. 나중에 형 윌리엄이 그의 평전을 썼다. 윌리엄은 밝혀야 할 사실 하나를 빼놓았다. 그것은 로버트가 『창조의 사연사』의 실제 지자라는 시실이었다. 비밀은 1883년에 윌리엄이 사망할 때까지 지켜졌다. 1884년, 무려 40년 전에 로버트에게 출판업자를 소개했던 알렉산더 아일랜드가 마침내 『창조의 자연사』 제12판에서 저자의 정체를 밝혔다.

씨앗은 오래전에 뿌려졌다. 이제 수확에 나설 때였다. 다음 장에서 보겠지만 수확해야 할 작물 중에는 완두콩도 있었다.

13장
정원사의 완두콩

> 과학 연구는 나에게 커다란 만족감을 주었다. 그리고 나는 머지않아
> 온 세상이 내 연구 성과를 인정하게 되리라 확신했다.
>
> — 그레고어 멘델 —

>>> 그레고어 멘델은 1822년에 오스트리아의 한 농가에서 태어나 요한이라는 이름을 얻었다. 그의 집안은 100년 넘게 농장을 운영해왔지만 부유하지는 않았다. 소년 멘델은 이것저것 호기심이 많았고 벌을 연구하거나 정원을 가꾸는 일로 시간을 보내곤 했다. 그는 능숙한 양봉가였고 벌의 활동을 살펴보느라 시간 가는 줄 몰랐다. 그를 농장에서 떼어놓는 것은 학교 공부밖에 없었다. 그는 자신이 집안 정원을 가꾸는 것보다 더 큰 일을 할 사람이라는 것을 알고 있었다.

멘델은 학업에 애착이 컸기 때문에 재정적 수단을 찾아야 했다. 그래서 성 토마스 수도원에 들어가 아우구스티누스회 수사가 되었다. 그레고어(그레고리우스)라는 이름은 이때 받은 것이다. 애초에 수사가 되기로 결심한 이유는 신앙적이지 않았지만 일단 입회를 한 후에는 아무도 그의 신심이나 수도회에 대한 헌신을 문제 삼을 수 없었다. 멘델은 다른 모든 일에 그랬듯 수도회 생활에 몸과 마음과 정신을 바쳤다. 그는 신학을 배우지 않을 때는 늘 방에서 책을 붙잡고 살았다.

수도원장은 멘델이 학문을 선택한 사람이고 원예에 매우 과학적으로 접근한다는 사실을 알아차렸다. 그는 수도원에서 멘델을 지원하면 그만큼 멘델도 수도원에 도움이 되는 인물이 될 것이라 생각했다. 그의 노력이 결실을 맺는다면 수도원에서 생산하는 포도를 비롯한 여러 작물의 품질이 향상되어 수도원의 재정이 다시 채워질 터였다. 지불해야 할 청구서들이 있었다.

멘델은 지상의 자연이 던지는 미스터리에 덧붙여 하늘이 던지는 대답 없는 질문들에도 사로잡혀 있었다. 그는 구름과 날씨 패턴을 추적했고 결국 1865년에 오스트리아 기상학회를 공동 창립하기에 이른다. 이 모든 일을 하는 동안에도 그를 끊임없이 끌어당기고 당혹스럽게 하는 자연의 또 다른 측면이 있었으니, 그것은 바로 유전이었다.

유전의 발현을 이해하는 것은 날씨를 예측하는 것만큼이나 알쏭달쏭할 뿐 아니라 그 자체의 장애물이 있었다. 멘델이 폭풍을 추적하고 유전이라는 주제에 대한 생각을 명료히 하고자 노력하던 바로 그 시기에 찰스 다윈은 유전에 제뮬(gemmule, '작은 씨' 혹은 '싹'이라는 뜻)이라는 형질 입자가 관여할 것이라고 했다. 제뮬은 부모에서 아이에게 전달되며 신체의 부분들이 어떻게 형성될 것인가에 대한 정보를 담고 있다. 손에 관여하는 제뮬, 발에 관여하는 제뮬이 따로 있다. 그 밖에도 눈 색깔, 코 모양, 피부색이 다 이런 식으로 결정된다. 아이는 아버지와 어머니에게 눈 색깔의 제뮬을 하나씩 받는다. 그중 하나는 발현이 되고 다른 하나는 아이의 혈액 속에 잠자고 있다가 다음 세대에 전달될 것이다. 그래서 특정 형질은 한 세대를, 나아가 여러 세대를 뛰어넘어 한참 뒤에 발현되기도 한다. 이것을 범생설(汎生說, pangenesis)이라고 하는데 다윈은 평생에 걸쳐 이 이론을 연구했다.

다윈이 영국에서 연구에 매달리는 동안 오스트리아의 멘델에게는 약간의 행운이 따랐다.

당시 생물학자들에게는 '혼합(blending)' 개념이 유력했다. 혼합설도 부모로부터 형질을 물려받는다고 보지만 다윈의 범생설과 달리 그 형질이 그대로 발현된다고 보지 않는다. 예를 들어 아버지는 발이 크고 어머니는 발이 작다고 치자. 다윈의 이론대로라면 발의 특정 형질에 대한 제뮬이 있다. 각각의 발에는 각각의 제뮬이 있을 것이다. 아이의 발이 크다면 아버지의 제뮬이 발현된 것이고, 반대로 발이 작다면 어머니의 제뮬이 발현된 것이다. 혼합설은 자녀의 형질은 아버지의 형질과 어머니의 형질이 한데 섞여서 나온 것이라고 본다. 나의 큼지막한 발은 아버지나 어머니 어느 한쪽에게 물려받은 것이 아니라 둘의 형질이 혼합된 결과다. 이 혼합은 나에게만 있다. 언젠가 내 아이에게 이 형질을 물려주겠지만 내 배우자의 형질과 혼합되어 내 아이만의 형질로 나타날 것이다. 그래서 우리 한 사람 한 사람은 유일무이하다.

멘델의 생각은 달랐다. 혼합설은 그의 관찰과 맞지 않았기 때문에 그는 더욱더 연구로 많은 시간을 보냈다. 처음에는 쥐로 실험을 했지만 수도원장은 수사가 동물의 교배에 매달리는 것을 좋게 보지 않았다. 게다가 수도원장은 쥐가 불결한 미물이라고 생각했다. 멘델은 수도원장의 눈 밖에 나지 않기 위해 안전한 길을 택해야 했다. 그게 완두콩이었다.

완두콩은 쥐보다 쉽게 용인되었다. 쥐만큼 공간을 많이 차지하지 않고 신경을 덜 써도 된다는 장점도 있었다. 수도원의 묘판은 멘델의 연구를 진행하기에 완벽한 장소였다. 완두콩이 이 실험에 적합한 점은 또 있었다. 완두콩은 뚜렷한 차이를 보이는 두 형질 중 하나의 발현을 관찰하기가 쉬웠다. 묘판의 완두콩은 키가 크든가 작든가 했고, 보라색 꽃이 피든가 흰색 꽃이 피든가 했으며, 노란 콩이 열리든가 초록 콩이 열리든가 했고, 콩이 동그랗거나 주름지거나 둘 중 하나였다. 이 형질들은 혼합되지 않았다. 콩은 노란색이거나 초록색이거나 둘 중 하나였지 그 중간 색깔로 나오지 않았다. 멘델은 몰랐지만 오늘날 우리는 아는 사실은, 그리고 완두콩이 이상적 연구 대상이었던 이유는, 이 차이가 하나의 유전자에서 비롯된다는 것이다. 하나의 유전자, 즉 우성 유전자가 색깔을 결정한다. 당시에는 아무도 몰랐다. 유전자라는 개념도 없었다.

멘델이 괜히 오늘날 유전학의 아버지 소리를 듣는 게 아니다. 멘델의 별이 떠오르려 하고 있었다. 비록 그 별은 때맞춰 하늘을 쳐다보지 않으면 볼 수 없는 별똥별과도 같았지만 말이다. 그때를 맞춘 사람은 아무도 없었다.

완두콩이 연구 대상으로서 완벽했던 또 하나의 이유는 같은 꽃 안에

암술과 수술이 함께 있기 때문이다. 요컨대, 다른 식물 없이도 자가 수분이 가능하다. 멘델은 자가 수분을 통해 순종 완두콩을 생산하고 그 후에 타가 수분을 시도했다.

그는 한 번에 한 가지 형질에만 주목하면서 그 형질이 여러 세대에 걸쳐 어떻게 발현되는지 추적했다. 콩의 모양을 예로 들겠다. 처음에는 동그란 완두콩을 자가 수분해 순종의 동그란 완두콩을 얻었다. 주름진 완두콩도 똑같이 자가 수분해 순종의 주름진 완두콩을 얻었다. 동그란 콩을 자가 수분하면 동그란 콩만 나오고 주름진 콩을 자가 수분하면 주름진 완두콩만 나온다. 이 과정을 몇 세대에 걸쳐 진행해도 동그란 콩 아니면 주름진 콩만 나온다. 멘델은 이 토대에서 출발했다. 그다음은 동그란 콩과 주름진 콩을 교배할 차례였다.

타가 수분으로 얻은 첫 세대에서는 동그란 완두콩이 열렸다. 이로써 동그란 것이 우성 형질임을 알 수 있었다. 멘델은 이 콩을 마찬가지로 동그란 콩과 주름진 콩의 교배에서 얻은 동그란 콩과 자기 수분으로 교배했다.

그러자 이 두 번째 세대에서 처음으로 주름진 콩을 볼 수 있었다.

멘델은 이로써 주름진 콩이라는 형질이 바로 다음 세대에 발현되지 않았을 뿐 남아 있었음을 확인했다. 교배 실험을 거듭할수록 어떤 패턴이 보였다. 그래서 그 결과를 하나하나 집계해보았다.

그는 도합 5,474알의 둥근 콩과 1,850알의 주름진 콩을 얻어냈다. 비율로 따지면 2.96 대 1이다. 실험을 여러 번 반복해도 몇 세대 이후는 늘 비슷한 비율이 나왔다. 2.96 대 1일 때도 있고 2.98 대 1일 때도 있었지만 어쨌든 늘 3 대 1에 가까웠다.

이것이 황금 비율이 되었다. 3 대 1은 유전학에서 (우성과 열성의) 표준 비율이다.

그래서 멘델은 재능 있는 과학자라면 당연히 할 법한 일을 했다. 이 모든 것을 잘 모아서 논문을 쓰고 1865년에 동료 학자들에게 선보인 것이다. 그의 완두콩과 유전 실험을 다룬 논문이었다. 여기에도 황금 비율이 있었고 이것을 끌어낸 것은 수학이었다.

그들은 그의 이야기를 들었고…… 잊어버렸다.

멘델은 『식물의 잡종에 관한 실험』이라는 이 논문을 40부 발행하고 반응을 기다렸다.

그의 실험 결과를 검증해보려는 사람은 아무도 없었다.

멘델은 어둠 속으로 사라졌다.

완전한 어둠은 아니었다. 그 후에 이어진 침묵 속에서 멘델은 서서히 완두콩 실험에서 손을 뗐다. 둥근 콩이든 주름진 콩이든, 노란 콩이든 초록 콩이든, 더 이상 중요하지 않았다. 멘델은 수도원장이 되었고 수도회에 온 신경을 집중했다. 그래서 너무 바빴고 완두콩에 마음 쓸 겨를이 없었다. 멘델이 수도원장이 된 지 6년째인 1874년, 오스트리아 정부는 모든 수도원의 비과세 자격을 폐지했다. 세속의 여느 기관들과 마찬가지로 수도원 가치의 10퍼센트를 정부에 세금으로 내야 했다.

멘델은 어떻게 했을까? 그는 버티고 나서서 납세를 거부했다.

당국 관리들이 수도원 자산을 압류하려고 왔을 때 멘델은 그들을 문간에 세워놓고 문을 잠근 채 수도원에 들어가려면 자기 주머니에서 열쇠를 빼앗아야 할 거라고 엄포를 놓았다.

그들은 차마 그러지 못했다. 멘델은 그 싸움에서 이겼지만 다른 싸움에서 패했다. 1884년에 그는 장기 손상으로 인해 예순한 살에 사망했다.

멘델이 20년만 더 살았더라면 놀라운 일을 보았을 것이다. 그는 유전학 연구를 그만두었지만 그를 제외한 나머지 세상은 그러지 않았다. 과학자와 열광적 지지자 들은 유전의 숨은 기제를 밝혀내기 위해 나아가고 있었다. 멘델이 이미 발견한 것을 그들은 재발견했다. 19세기에서 20세기로 넘어갈 무렵, 세 명의 생물학자가 각자 별개로 멘델을 접했다. 1866년에 40부를 찍었던 멘델의 논문을 기억하는가? 수도원은 멘델 사망 후 그의 원고 상당수를 태워버렸지만 남은 몇 부가 계속 떠돌고 있었다. 마치 멘델이 배후에서 손을 쓰기라도 한 것처럼 그 논문이 거의 비슷한 시기에 각기 다른 세 명의 손에 들어갔다.

그 세 명이 네덜란드의 식물학자 휘호 더 프리스, 독일의 식물학자 카를 코렌스, 그리고 미국의 식물학자 윌리엄 제스퍼 스필먼이었다.

그들은 모두 황금 비율을 발견할 가능성이 있었다. 더 프리스가 가장 근접했을 것이다. 그는 비율의 미스터리를 연구하다가 형질이 작은 입자에 의해 전달된다는 결론을 내렸다. 이것들은 부모로부터 자녀에게 전해지고, 비슷한 특징에는 늘 우세한 것이 있다. 그는 딱 적당한 때에 멘델의 논문을 만났다. 더 프리스는 이 주제에 대한 논문을 발표하면서 멘델이 자기보다 먼저 그러한 결론에 도달했다는 언급을 하지 않았다. 독일의 식물학자 카를 코렌스도 멘델의 논문을 재발견하고 더 프리스의 저작에도 그 논문이 이바지했다고 밝혀준 것은 멘델에게 참으로 다행스러운 일이었다. 더 프리스는 코렌스의 재촉으로, 아마도 마지못해, 멘델이 먼저 그러한 발견에 이르렀음을 인정했다. "정원사는 준비된 토양에 묘목을 심는다. 토양은 식물의 종자가 잘 자랄 수 있도록 물리적·화학적 영향력을 행사해야 한다." 멘델이 1847년 부활절 강론에서 했던 말이다.

멘델과 그의 완두콩은 모든 후학들에게 길을 밝혀주었다. 그는 씨앗을 심었고 그 싹이 트는 데 필요한 것은 시간뿐이었다. 메리 애닝과 그의 화석, 제임스 허턴의 지구 변화에 대한 연구, 그리고 한때 무시당했던 패트릭 매슈의 식림 관련 저작과 함께 이 모든 아이디어가 하나의 태피스트리로 엮여 모든 것을 설명할 터였다.

14장
다윈의 등장이 예고되다

>>> 윌리엄 찰스 웰스, 패트릭 매슈, 로버트 체임버스…… 그들은 모두 뭔가를 발견했다. 어떤 원리가 작동하고 있었다. 우리와 함께 지구에 사는 다채로운 종의 우주를 설명할 수 있는 원리가. 특히 웰스와 매슈는 보이지 않는 힘이 작용하고 오랜 시간에 걸쳐 종의 형태를 바꾼다는 것을 알아차렸다. 체임버스가 익명으로 저작을 발표했을 때에도 교회는 여전히 그 "보이지 않는 힘"은 수수께끼가 아니라고 했다. 머리맡의 성경을 펼쳐보면 그 안에 답이 있다나. 모든 것은 이미 있었다. 호기심 많은 이들은 성경만 잘 들여다보면 답을 찾을 수 있을 것이다.

'호기심 많은 이들'은 다른 곳을 보았다. 과학으로서의 천문학과 물리학 역시 과거에 복음이라고 믿었던 것에 도전하고 있었다. 1,000년 넘게 태양이 지구 주위를 돈다고들 생각했지만 사실은 그렇지 않았다.

우리의 태양이 우주의 중심이라는 믿음 또한 사라졌다. 뉴턴 물리학은 천문학에 영향을 미쳤고 1846년의 해왕성 발견을 이끌었다. 과학의 예측력은 수수께끼의 자물쇠를 따고 먼지가 내려앉은 오래된 무지의 문을 열어젖혔다.

생물학은 신생 과학이었다. 다른 과학들이 발전하는 동안, 생물학은 포름알데히드에 보존된 표본을 해부하고 땅에서 발굴한 화석을 경이롭게 바라보면서 분투하고 있었다. 생물학이 놓치고 있는 것, 종교가 안다고 주장하는 것은 생명과 그 무한한 형태들 이면의 진실이었다.

이게 다 무슨 뜻일까? 웰스와 매슈는 그 의미를 우연히 만났지만 그것을 글 몇 줄 이상으로 알리지는 못했다. 더 많은 것이 필요했다. 생물학에도 갈릴레오와 뉴턴 같은 인물이 등장해야 했다. 기폭제가 필요했다. 패러다임의 변화가 일어나야 했다.

그 변화가 곧 일어날 터였다.

2부

다원의 등장

15장
비글호 항해 전

>>> 찰스 다윈은 지구상의 생명이 공통 조상으로부터 진화했고 그 원동력 혹은 이면에서 작용하는 기제가 자연 선택이라는 빛나는 아이디어를 제기한 인물로 영원히 기억될 것이다. 진화는 지난 30억 년 동안 그랬던 것처럼 오늘날에도 변함없는 신실이다.

스물두 살의 청년 다윈이 HMS 비글이라는 작은 배를 타지 않았다면, 그가 전 세계를 돌면서 표본을 수집하고 자기 생각을 노트에 기록하지 않았다면, 우리는 결코 그의 아이디어를 누리지 못했을지도 모른다.

그의 아이디어를 제대로 가늠하기 위해 시곗바늘을 조금 뒤로 돌려보자. 수백 년까지는 아니고 수십 년 정도만. 이미 1부에서 만났던 인물에 돌아가사. 찰스 다윈의 할이비지 에레즈머스 다윈을 다시 한번 소개한다.

찰스 다윈은 할아버지를 본 적이 없다. 찰스는 1809년에 태어났다. 내과의사이자 시인이었고 자연과 그 안에서 인간이 차지하는 위치에 관하여 사유하기를 즐겼던 이래즈머스 다윈은 그보다 7년 전인 1802년에 사망했다. 이래즈머스는 1794년에 『주노미아』라는 제목의 작은 책을 출간한 작가이기도 했다.

이런 상상은 너무 대담한 걸까? 지구가 처음 생긴 때로부터 아주 긴 시간에 걸쳐, 어쩌면 인류의 역사가 시작되기 수백만 년 전에, 모든 온혈 동물이 하나의 살아 있는 가닥에서 비롯되었다는 상상은 너무 대담한 것일까?

이 마지막 줄을 주목하라. "모든 온혈 동물이 하나의 살아 있는 가닥에서 비롯되었다." '하나의 가닥' 대신에 '공통 조상'이라는 표현을 쓴다면 그의 손자가 수십 년 후 쓰게 될 글의 전조나 다름없다. 이래즈머스는 개의치 않고 자신의 생각을 이 페이지에서 드러냈다. 우리는 하나의 생물에서 나왔다. 단 하나의 생물에서. 자기 복제 능력이 있는 하나의 살아 있는 가닥에서.

찰스 다윈이 이 책을 읽었다면—그는 확실히 젊은 시절에 한 번은 이 책을 읽었을 것이다—그의 상상력이라는 비옥한 토양에 안착해 싹을 틔웠을 것이 분명한 또 다른 문장이 있다. 그 문장은 꽃을 피울 때를 기다렸다. "가장 강하고 활동적인 동물이 종을 퍼뜨려야 하고, 그다음에 그 종은 개선되어야 한다."

아이디어를 심은 지 반세기 후에야 비로소 그의 상상력이라는 비옥한 토양에서 꽃이 피어날 것이다.

찰스의 아버지 로버트 워링 다윈도 아주 빠릿빠릿한 사람이었다. 그는 슈루즈베리에서 존경받는 의사였고 아내와 여섯 자녀를 두었다. 아내 수재나는 조사이아 웨지우드의 딸이었다. 웨지우드와 이래즈머스 다윈은 친구 사이였고 이 아버지들끼리 진즉부터 사돈을 맺기로 했다고 한다. 진실이 무엇이든 간에 그 아들딸은 부부의 연을 맺고 행복하게 잘 살았는데 1817년에 그만 수재나가 세상을 떠난다. 찰스는 겨우 여덟 살이었다. 그는 어머니를 잃었지만 외가인 웨지우드가는 그의 인생에 줄곧 중요한 역할을 할 것이다.

찰스는 1809년 2월 12일에 슈루즈베리에서 태어났다. 그는 훗날 모친의 때 이른 죽음을 제외하면 매우 행복한 어린 시절을 보냈노라 회상한다. 그는 아버지 로버트를 우러러보았고 어머니를 여읜 후에는 누나들의 보살핌을 받았다.

찰스가 학업에 두각을 나타내는 학생은 아니었다고 해야 할 것이다. 그는 쉽게 산만해졌고 자기가 배우는 것들이 전적으로 몰두할 가치가 있다고 생각하지 않았다. 나중에 자서전에서 밝힌 바로는 혼자서 한참을 걸어 다니기 좋아했다고 한다. 그는 이 산책과 사유 취향을 평생 간직했다. 나이를 먹고 자기 집을 사게 되었을 때도 그는 인근 땅 3에이커(3,600여 평)를 사들여 개인 산책로로 이용했다. 지금도 그 산책로가 남아 '다윈스 샌드워크(Darwin's sandwalk)'로 불린다. 이 산책의 결실은 그의 책에 가득할 것이다.

찰스가 과학계를 하루아침에 바꿔놓게 될 거라고는 아무도 생각하지 못했다. 특히 그의 아버지는 꿈에도 생각하지 않았을 것이다. 그는 아들이 공부를 잘하기 바랐지만 찰스는 번번이 그 바람을 저버렸다. 찰스의 성적은 특별히 내세울 것이 없었다. 찰스는 새 사냥을 하거나 온갖 벌레를 수집했다. 그에게는 그러한 활동이 학교에서 배우는 어떤 것보다 흥미로웠다.

결국 아버지는 찰스에게 다니던 학교를 그만두게 하고—불행히도 이 그만두기는 습관이 될 터였다—의사 조수 역할을 맡겼다. 찰스는 한동안 그렇게 지내다가 정리를 하고 에든버러 대학교에 가게 되었다. 에든버러 대학교는 아버지와 할아버지의 모교로, 찰스도 그곳에서 의학을 배우기로 되어 있었다.

로버트가 아들이 잘하고 있구나 마음 놓을 성싶으면 금세 또 아들 때문에 걱정할 일이 생기곤 했다. 찰스는 의사 일이 자기와 맞지 않다고 선언했다. 아버지가 얼마나 실망했을지는 안 봐도 훤하다.

로버트는 다시 한번 찰스를 자퇴시켰다. 아버지나 아들이나 그 고약한 '그만두기' 습관대로 하지 않았으면 좋았을 텐데 말이다. 로버트는 찰스에게 무엇을 시켜야 할지 몰랐다. 찰스가 머리가 좋고 명사수라는 것은 알고 있었다. 하지만 영리하고 운동 능력이 뛰어나다고 다른 사람에게 도움이 될 것 같지는 않았으므로 성직자라도 되라고 케임브리지 대학교 크라이스트 칼리지에 보냈다. 찰스는 아버지를 따라 의사가 되고 싶지는 않다는 결심이 확고했고 시골 목사가 된다는 생각에는 차라리 덜 부정적이었다. 그래도 목사의 삶은 조용하고 평화롭지 않겠는가. 목회 활동을 하지 않을 때는 유유히 산책을 즐기고 자연사 연구라는 새로운 취미에 빠져 지낼 수 있을 것 같았다. 케임브리지에서 이 관심사는 찰스를 붙잡고 미래로 끌어당겼다.

이 시점에서 언급되어야 할 인물이 있으니 그는 바로 존 스티븐스 헨슬로 교수다. 식물학자 헨슬로는 모든 면에서 훌륭한 사람이었다. 그는 젊은 찰스의 마음에 이때까지 덜 창의적인 활동에 밀려나 있던 흥미의 씨앗을 심었고 이 청년을 그가 충분히 가늠하지 못했던 세계로 끌어들였다. 찰스가 지금까지 둘러싸여 있으면서도 눈여겨보지 못했던 세계로. 헨슬로의 신뢰가 없었다면 찰스가 스물두 살 되던 그해는 그냥 조용히 넘어갔을 수도 있다. 그런데 어떤 일이 일어났다.

노스웨일스에서 짧게 지질학 탐사를 하고 돌아왔더니 헨슬로의 편지가 와 있었다. 피츠로이 선장이 '비글호' 항해에 자원할 자연학자가 있다면 보수는 없지만 선실을 기꺼이 내어줄 의향이 있다는 내용이었다. 나는 당장 그 제안을 받아들이고 싶었지만 아버지가 깅경하게 반대했다. 하지만 이 말을 덧붙인 것이 나에게는 천만다행이었다. "그 배를 타는 게 좋겠다고 조언하는 분별 있는 사람이 한 명이라도 있다면 내가 허락을 하마." 그래서 일단 나는 그날 저녁 편지를 써서 그 제안을 거절했다. 다음 날 아침, 9월 1일을 준비하기 위해 매어에 갔는데 사격을 할 때 외삼촌(조사이아 웨지우드)이 나를 슈루즈베리에 있는 집까지 데워다주고 아버지와 얘기해보겠다고 했다. 외삼촌은 내가 항해를 떠나는 것이 현명한 선택이라고 생각했기 때문이다. 아버지는 외삼촌을 세상에서 가장 분별 있는 사람 중 한 명으로 꼽았으므로 당장 흔쾌히 허락했다.

그리하여 찰스의 삶은 그 자신에게나 과학사라는 관점에서나 더없이 예기치 않은 방향으로 흘러가게 되었다.

16장
HMS 비글

>>> 　　1831년, 찰스는 그를 미래로 끌고 갈 여정의 출발점에 섰다. 혹은, 이 경우에는 배에 오르기 위해 건널 판자 아래 섰다고 해야 하나. 스물두 살의 찰스는 배를 타본 적이 없었다. 그래서 항해나 선장에 대해서 무엇을 기대할 수 있는지 잘 몰랐다.

　선장은 스물여섯 살의 로버트 피츠로이였다. 피츠로이가 비글호를 타는 것은 이번이 두 번째였다.

　첫인상으로 따지자면 피츠로이는 자기 배에 타게 된 젊은 자연학자에게 압도되지 않았다.

　피츠로이는 골상학자였다. 골상학자는 몇 가지 특징, 이를테면 이목구비의 비율이니 머리통의 모양, 튀어나온 부분 따위를 관찰함으로써 사람의 성격이나 기질을 확실히 알 수 있다고 생각했다. 피츠로이는 사람의 코 모양을 중요하게 보았는데 찰스의 코는 별로였던 모양이다. 찰스는 자신의 코가 한 배의 동료로서 의무를 다하고 능력을 발휘하는 데 지장이 되지 않는다는 것을 증명해야 했고 피츠로이도 결국은 그를 인정했다.

찰스는 공책, 장비, 소총, 트렁크를 챙겨서 비글호의 갑판에 올라 영국에 작별 인사를 했다. 1831년 12월 27일이었다. 항해를 시작한 지 얼마 안 되어 찰스는 뱃멀미를 심하게 하여 선장을 놀라게 했다. 뱃멀미는 만성이 되었고 결과적으로 찰스는 보급품을 마련하거나 지역 주민과 친숙해지기 위해 정박할 때마다 가급적 오랜 시간을 육지에서 보내게 되었다. 그는 뱃멀미를 서둘러 다시 만나고 싶은 마음이 전혀 없었다.

찰스는 남미의 여러 정박지에서 말을 타고 돌아다녔다. 그는 열대 우림과 야생의 자연에 경탄했고 벌레·새·조개 표본을 보는 눈을 길렀다. 그것들을 수집할 기회를 가급적 많이 누렸다. 몇 가지는 배에 가지고 가서 연구했고 나머지는 영국 집으로 보내놓았다. 그가 발견하고 포장해서 영국에 보낸 것 중에는 멸종된 대형 나무늘보의 일종인 밀로돈의 턱뼈 화석도 있었다. 능히 짐작하겠지만 이 화석, 동물상, 조류, 곤충 표본은 공간을 엄청나게 차지했다. 그것은 선장이 골머리를 앓게 되는 또 다른 문젯거리였다. 선장과 찰스가 사이가 좋았을 리 없다고 생각하겠지만 그들은 무척 잘 지냈다. 그들은 서로를 존중했고 바다에 나가 있을 때 찰스는 뱃멀미로 고생했지만 가까이 있으면서 각자의 최선을 다했다.

1835년에 비글호는 에콰도르 먼바다에 위치한 갈라파고스 제도에 상륙해 5주를 보내게 되었다. 이 작은 제도에는 열여섯 개 섬이 한데 모여 있었는데 찰스는 그중 네 개를 둘러보았다. 찰스는 갈라파고스 총독과 대화를 나누던 중에 거북의 모양, 색깔, 등딱지 문양만 보면 어느 섬의 거북인지 알 수 있다는 말을 들었다. 바로 이 통찰이 찰스의 아이디어에 불을 붙였을 것이다. 그것은 참으로 경이롭고 위험한 아이디어였다. 그는 전에 본 적 없는 것들을 보았다. 갈라파고스에는 흉내지빠귀가 많았는데 이 새의 형태도 섬에 따라 조금씩 달랐다. 그러한 차이는 육안으로 구별 가능했다. 어떤 것은 부리가 넓적했다. 흉내지빠귀의 먹이도 섬에 따라 조금씩 달랐다. 찰스는 젊고 열정적인 자연학자가 할 법한 일을 했다. 그는 표본을 수집하고 공책에 기록을 잔뜩 남겼다.

1836년 10월 2일, 비글호는 영국 팰머스 부두에 들어왔다. 5년의 항해가 끝났고 찰스와 피츠로이는 친구로서 헤어졌다. 피츠로이는 뉴질랜드 부총독이 되었고 찰스는 또 다른 종류의 역사를 쓰려 하고 있었다.

찰스는 뜻밖에도 동료 학자들 사이에서 유명인이 되어 있었다. 그것은 그가 영국으로 보낸 표본들, 특히 밀로돈의 턱뼈 덕분이었다. 그가 보낸 표본은 알코올에 보존한 것이 1,529점, 건조 표본이 3,907점이었다.

집에 돌아온 찰스는 자신이 발견하고 보았던 모든 것을 낱낱이 심층적으로 연구했다. 그의 회상으로 채워진 새 공책들이 비글호에서 아이디어를 기록했던 공책들과 나란히 놓였다. 당시 서가에서 그의 공책 'B'를 꺼내어 36쪽을 펼쳐보면 아주 흥미로운 스케치를 발견할 것이다. 처음에는 대충 그린 나무인가 생각하겠지만 자세히 뜯어보면 그 나무가 특이하다는 것을 알아차릴 것이다. 나무에 잎이 없다. 나뭇가지만 있다. 그 가지들이 이야기를 들려준다. 이것이 맨 처음 등장한 다윈의 '생명의 나무'다.

거북, 새, 따개비 연구로 공책을 가득 채우는 동안 찰스의 머릿속에서 아이디어는 점차 모양새를 갖추었다. 거북들이 저마다 자기가 사는 섬의 환경에 적응했기 때문에 갈라파고스 총독은 그것들을 구별할 수 있었을 것이다. 어떤 섬에 사는 거북은 등딱지에서 목을 세울 수 있어서 눈높이의 잎들도 뜯어 먹을 수 있다. 하지만 다른 섬에 사는 다른 거북은 그러한 특징을 지니고 있지 않다. 그 이유는 그 섬에서 자라는 식물, 혹은 적어도 거북이 즐겨 먹는 식물이 땅에 몇 센티미터 이상 자라지 않기 때문일 것이다. 만약 이 거북들이 하나의 조상에서 나와 여러 섬으로 흩어진 것이라면? 배나 폭풍에 의해 그렇게 되었다면? 그들이 각기 다른 환경에 처해 어느 시점에서 변하지 않을 수 없었을 것이다.

찰스는 이게 가능한 이야기라는 것을 알고 있었다. 인간도 수백 년 동안 개와 식물에 대해 같은 일을 해오지 않았나? 인간은 심혈을 기울인 선택과 교배를 통해 늑대에서 치와와를 끌어내고, 야생 양배추에서 브로콜리를 만들어냈다.

인간이 더 얌전하고 털이 짧은 개나 크기가 더 크고 건강에 좋은 옥수수를 선택했다는 말은 얼마든지 할 수 있었다. 그러나 자연이 그러한 선택을 한다고 말하는 것은 완전히 다른 문제였다.

그래서 찰스는 한동안 심란했다. 어느 날 마음을 가라앉히기 위해 서재에서 그동안 눈여겨보지도 않았던 책 한 권을 뽑아 들었다. 그 책을 읽으면서 그의 눈이 휘둥그레지는 장면을 상상해보라.

> 1838년 10월, 내가 체계적인 조사를 시작한 지 15개월쯤 됐을 때 재미 삼아 『맬서스 인구론』을 읽게 되었다. 동식물의 습성을 오랫동안 지속적으로 관찰한 덕분에 도처에서 일어나는 생존 투쟁을 평가

할 준비가 되어 있던 나는 그러한 상황에서 생존에 유리한 변이는 보존되고 불리한 변이는 사라지는 경향이 있음을 단박에 깨달았다. 그 결과는 새로운 종의 형성일 것이다.

오래전, 어쩌면 할아버지의 『주노미아』에서 뿌려졌던 씨앗이 오후 한나절 동안에 싹을 틔웠다.

세상은 결코 이전 같지 않을 것이다.

17장
폭풍 전야

>>> 찰스는 비글호 항해에서 돌아와 몇 년간 자연학자로서 평온한 삶을 살았다. 개인적으로나 직업적으로나 상황이 잘 따라주었다. 그는 런던 왕립학회 회원으로 지명되는 기쁨을 누렸다. 그보다 좀 더 기쁜 일은 바로 닷새 후에 에마 웨지우드와 결혼식을 올린 것이다. 이보다 더 행복한 한 주는 있을 수 없었다. 젊은 부부는 지체하지 않고 식구를 만들었다. 열한 달 만에 첫아들 윌리엄 이래즈머스가 태어나면서 두 식구는 세 식구가 되었다. 이 아들의 미들네임은 할아버지이자 『주노미아』의 저자에게 표하는 존경의 의미였다. 윌리엄은 찰스와 에마의 삶에 행복을 더해준 열한 남매의 장남이었다. 예외가 두 명 있긴 하지만 그 아이들은 모두 오래 살았다. 가장 오래 산 다섯 번째 아들 호러스 다윈은 1928년에 사망했다.

결혼하고 3년이 지났을 때 부부는 그때까지 태어난 두 아이를 데리고 켄트주 다운 근처 집으로 이사를 갔다. 다운 하우스라고 불렸던 이 집에서 다윈은 평생을 보내게 된다. 그는 5년의 여행에서 수집한 표본과 공책을 붙잡고 하루하루를 보냈다. 오랜 시간 산책을 하면서 생각을 정리했고 모임에 참석할 때가 아니면 다운 하우스를 떠나지 않았다.

그와 가까운 친구 중에는 지질학자 찰스 라이엘이 있었다. 앞에서 언급했듯이 찰스 라이엘은 로버트 체임버스의 저작에 영향을 미쳤던 인물이다. 라이엘은 지질학회 회장이었고 찰스 다윈에게 상당한 영향을 주었던 『지질학의 원리』의 저자이기도 했다.

찰스가 긴 시간에 걸친 작은 변화 개념을 접하게 된 것도 라이엘의 『지질학의 원리』를 통해서다. 지질학에 초점을 맞춘 이 개념을 찰스는 생물학에 적용했다.

찰스의 사유와 기록이 라이엘의 긴 시간에 걸친 작은 변화 개념에서 추진력을 얻어 어떤 이론의 얼개로 발전했다. 그 얼개는 35장짜리 글이 되었다. 다윈이 자기 사유의 방향을 처음으로 밝힌 글이다. 이것이 1842년의 일이고 1844년까지 원고는 230장으로 불어났다. 그 원고는 점점 더 불어날 터였다.

찰스는 변화에 대해서 쓰고 있었다. 환경에 적응하는 생물의 능력이 불러오는 아주 느린 변화에 대해서. 어떤 생물의 자손이 부모와 살짝 다르게 변했고 그 변화가 생존에 도움이 된다면 새로운 형질은 그다음 대 후손에게도 전달될 것이다. 변화가 여러 대에 걸쳐 충분히 쌓이면 그 생물은 조상과 그리 비슷해 보이지 않을 것이다.

찰스가 처음에는 자신의 견해를 공표할 생각이 있었더라도 1844년에

『창조의 자연사가 남긴 흔적』이 출간되면서 그 생각을 한쪽으로 제쳐두었을 것이다. 이 책은 익명 출판되었는데 찰스는 책을 읽어보고 그 이유를 알 수 있었다. 『창조의 자연사』는 모든 생명이 오랜 시간에 걸친 종의 변화에서 비롯되었다는 생각을 드러냈다. 엄밀히 말해 완전히 새로운 생각은 아니었다. 메리 애닝이 발견한 화석들은 지구의 나이와 지금은 사라진 동물들에 대한 의문을 불러일으켰다. 찰스의 할아버지도 『주노미아』에서 비슷한 생각을 드러냈다. 『창조의 자연사』의 저자는 자신이 변화의 증거로 여기는 것들을 추가함으로써 한 발 더 나아갔다. 앞 장에서 보았듯이 나중에 그 저자는 로버트 체임버스로 밝혀진다.

체임버스는 우주의 모든 것은, 그야말로 '만물'은 이전 형태에서 발전했다는 생각을 제안했다. 우주는 행성을 낳았고, 행성은 암석을 낳았으며, 암석은 결국에 가서 생명을 낳았다. 생명은 어느 날 갑자기 생겨났다. 체임버스는 해명을 할 수는 없지만 전기 실험에서 저절로 파리가 생겼다고 주장했다. 체임버스에 따르면 우주의 수많은 변화가 유일무이한 종의 생성으로 귀결되었다. 그 종이 바로 인간이다.

체임버스는 또한 화석 기록(당시의 화석 기록은 매우 빈약했다)으로 수많은 설계 결함과 멸종의 사례를 알 수 있음을 알아차렸다. 어떤 지고의 존재가 그 결함투성이 생물들을 직접 만들었다 치자. 어째서 그 생물들은 빅토리아 시대의 인간들과 공존할 수 없는가? 어째서 런던 동물원에서 털매머드(Woolly Mammoth)를 볼 수 없는가? 체임버스는 창조주가 모든 것을 작동시킨 다음 어떻게 흘러가는지 뒤로 물러나 지켜보기 때문이라고 주장했다. 마치 태엽 장난감을 가지고 노는 어린아이처럼 말이다. 창조주는 우주의 태엽을 감고 내려놓은 후 어디 부딪히거나 말거나 그냥 지켜보는 것이다. 창조주는 일단 존재하게 된 생물에 간섭하지 않으므로 생물의 결함은 창조주 탓이 아니다. 말할 필요도 없겠지만 논리적으로 따지자면 생물의 성공적 생존 역시 창조주의 공으로 돌리지 않아야 한다. 이 모든 것의 요점이 궁극적인 인간의 창조가 아니라면 말이다. 체임버스의 기술은 성경과 모순되었다. 그의 주장은 유치하고 타락한 신학에 근거해 있었다.

그 책에 불어닥친 역풍은 찰스가 자신의 생각을 공표하는 일을 재고하게 했을 것이다. 적어도 당장은 아니었다. 생각을 좀 더 발전시켜야만 했다. 그가 찾아야 할 것은 명백하고도 확고한 변화의 메커니즘이었다. 그래서 향후 몇 년간 따개비 연구에 집중했다.

날이면 날마다 따개비를 연구하다 보면 그럴 수밖에 없듯이 찰스는 따개비만 들여다보는 게 지겨워졌다. 그래서 좀 더 흥미로운 동물인 바위비둘기를 주목하게 되었다. 영국의 사육사들은 오랫동안 비둘기를 키웠는데 그들의 선택 과정에 따라 다양한 형태의 비둘기가 출현했다. 찰스는 의문을 품었다. 만약 인간이 몇 년 사이에 새를 대상으로 할 수 있는 일을 자연이 수백만 년, 아니 수십억 년에 걸쳐서 하는 거라면? 그렇게 오랜 시간이 흐르고 난 후에 출현한 생물은 원래의 생물과 자못 다를 것이다.

찰스는 비둘기 연구를 따개비 연구만큼 심도 있게 밀고 나갔다. 철저히 파고들었다. 사육사들에게 자문을 구하고 본인이 직접 사육을 하기도 했다. 그렇게 해서 웬만큼 전문가가 되었다. 그가 진화에 대한 이론을 외면하고 비둘기를 계속 기르기로 작정했다면 그럴 수도 있었을 것이다. 그가 그러지 않은 것이 우리에겐 다행이었다. 혹자는 연구에 전적으로 매달리려는 그의 열망이 삶의 비극을 잊기 위한 대응 기제가 아니었을까 궁금할 것이다. 1848년에 부친이 세상을 떠났고 2년 후인 1850년에는 더 끔찍한 비극이 있었다. 딸 애니가 폐결핵으로 세상을 떠난 것이다. 찰스는 이 딸의 죽음을 결코 완전히 극복하지 못했다. 애니는 겨우 열 살이었고 찰스가 가장 사랑했던 자식이라는 말도 있다. 그 말이 사실인지 아닌지는 중요치 않다. 확실히 말할 수 있는 것은 이 무렵 찰스가 만성 위장병으로 고생했다는 것이다. 그를 오랫동안 고생시킨 위장병은 아마도 불안감에서 비롯됐을 것이다. 자식을 잃었다는 개인적 비극뿐만 아니라 그가 밝혀낸 자연의 비밀도 어느 정도 이유가 되지 않았을까. 찰스는 자신이 전개하고 있는 이론이 얼마나 인기 없을지 알고 있었다. 그래서 혼자 끙끙 앓았다.

비둘기만으로는 부족했는지 찰스는 식물도 끌어들였다. 그는 갈라파고스에서 다양한 식물종을 보았고 그 식물들이 어떻게 이 섬에서 다른 섬으로 퍼졌는가라는 의문에 시달렸다. 물론 이론적으로 새들이 식물 종자를 옮겼을 수 있지만 실제로 그랬을지는 알 수 없었다. 차라리 물에 떠내려가 다른 섬들에 상륙했다고 보는 게 나았다. 하지만 그렇게 되기까지는 며칠, 어쩌면 몇 달의 시간이 걸릴 것이다. 그러면 식물의 종자는 오랫동안 비바람과 바닷물에 노출된다. 찰스는 종자를 몇 주 동안 바닷물에 담그고 그러한 여행에서 살아남을 수 있는지 시험했다. 종자는 살아남았다. 이것은 주목할 만한 발견이었고, 관찰 결과는 그의 공책에 추가되었다. 찰스가 몇 년 더 그런 식으로 연구를 계속하는 것은 얼마든지

가능한 일, 그럴 만한 일이었다. 가설을 검증하고, 공책을 채우고, 비둘기를 기르면서 시간을 보낼 수 있었다.

사실, 혹자는 찰스가 출간을 서두르지 않았다고 생각할 것이다. 실제로 그랬다. 자신의 이론을 확실히 뒷받침하는 증거를 충분히 찾고 싶어서이기도 했지만 출간 후의 역풍이 예상되었기 때문이다. 그는 로버트 체임버스가 책을 내놓았을 때 일어났던 일을 가벼이 여기지 않았다. 그 책은 작은 파문을 일으켰고 저자는 비록 익명이긴 해도 상당한 멸시를 받았다. 생명이 진화했다는 생각을 피력했기 때문이었고 다른 이유는 없었다. 체임버스는 적어도 신을 이 과정에 시동을 거는 존재로 인정했는데도 말이다. 인간을 진화 과정의 최정상에 놓았는데도 파장이 없지 않았다. 찰스의 이론에는 그런 양보가 없었다. 그래서 사람들에게 그 점을 알리는 게 내키지 않았다.

그렇지만 생명은 쥐와 인간의 계획을 좌절시킬 줄 아는 법[1], 찰스가 원하든 원치 않든 간에 그의 이론은 세상의 무대에 오르고 말 터였다.

---

[1] 로버트 번스의 「쥐에게(To a Mouse)」의 한 대목인 "쥐와 인간의 가장 잘 짠 계획도 종종 꼬여버리니까(The best laid schemes of mice and men/Go often awry,"를 패러디한 표현.

18장
『종의 기원』

>>> 1859년 11월 24일은 우리에게 별 의미가 없을지 모르지만 찰스 다윈과 그 시대 사람들에게는 매우 중요한 날이었다. 1859년보다 조금 더 과거로 가서 이야기를 시작해보자. 정확히 4년 전, 그러니까 1855년이다. 찰스가 비둘기 인위 선택의 결과와 식물 종자가 바닷물에서 생존할 가능성을 연구하느라 한창 바쁠 때였다. 그는 어떤 종을 오랜 시간에 걸쳐 다른 종으로 변이시키는 자연의 방법을 알아내고자 노력했다. 아마도 자신이 사육하는 비둘기에서 보기 원하는 형질을 선택함으로써 변화를 일으킬 수 있었을 테지만 자연 선택은 그것과는 별개였다. 그가 노리는 것, 혹은 설명하고자 하는 것은 자연이 어떻게 최종 목표나 목적 없이 오랜 기간에 걸쳐 그런 일을 하느냐였다. 찰스는 자연이 그렇게 한다는 것은 의심하지 않았지만 방식을 몰라서 심란해했다. 당시 그는 유전학에 대해 전혀 몰랐다. 아무도 몰랐다. 유전학(genetics)이라는

단어도 없었다. 이 단어는 1905년에 영국의 생물학자 윌리엄 베이트슨이 처음으로 사용했다. 그는 당대 생물학자들의 공동 목표였던 다윈의 이론을 검증하기 위해서가 아니라, 과학자이자 사제였던 그레고어 멘델의 작업을 검증하기 위해 이 단어를 썼다. 찰스는 자연의 메커니즘이 배후에서 작용한다는 것을 알았다. 그것은 마법도, 신의 개입도 아니었다. 그래서 열심히 연구를 하면서 공책을 맹렬하게 채워나갔다.

찰스는 유전의 원동력을 밝혀내진 못했어도 그 수수께끼의 메커니즘이 세상에 어떻게 답하는가에 대한 강력한 이론을 수립했다. 답은 간단했다. 아니, 어떤 이에겐 간단했지만 운 나쁜 이에게는 간단하지 않았다.

그 답은 생존이었다.

찰스는 생물이 후손을 많이 남길수록 그 종이 살아남을 확률이 높다는 것을 알았다. 번식을 하면 달라진다. 완전히 똑같은 두 개체는 없다. 특히 부모와 자녀는 다르다. 닮은 점은 있지만 클론 같지는 않다. 만약 부모와 똑같은 자손이 태어난다면 그 종은 사형 선고를 받은 거나 다름없다. 왜냐고? 생물의 생존에 유리한 이점은 차이와 변이에서 나오기 때문이다. 번식 과정이 복제에 불과하다면 그 종의 모든 개체가 똑같은 병에 걸리거나 동일한 운명을 맞이할 확률이 그만큼 높아진다. 장기적으로 종의 생존 확률은 0에 가깝다. 검은 쥐는 흰 쥐보다 어두운 밤에 포식자에게 잡아먹힐 확률이 낮다. 그래서 검은 쥐는 흰 쥐보다 오래 살아남아 후손을 볼 확률이 높고, 그에 따라 검은 털 유전자가 전달될 확률도 높아진다. 어느 시점에 이르면 색소가 없는 털 유전자는 거의 볼 수 없고 검은 털 유전자만 넘쳐날 것이다. 찰스는 이미 자기 이론에 이름까지 붙여

놓았다. 자연 선택설. 어떤 형질이 개체에게 유리한지 자연이 선택한다. 그것은 마법이 아니라 살기 위한 궁여지책이다.

찰스는 친구들, 특히 지질학자 찰스 라이엘과 이러한 이야기를 나누곤 했다. 1855년의 어느 날, 어떤 논문이 라이엘의 관심을 끌었다. 라이엘은 바쁘고 유명한 인물이었으므로 자기에게 도착하는 논문 대부분을 그냥 흘려보곤 했지만 그 논문은 그의 시선을 붙잡았다. 《자연사 연감 잡지》 1855년 9월 호에 실린 그 논문 제목은 「새로운 종의 출현을 조절하는 법칙에 대하여」였다. 논문 저자는 찰스 라이엘이 모르는 사람이었다. 그가 바로 앨프리드 러셀 월리스다. 보르네오 섬에서 활동하는 젊은 자연학자이자 탐험가인 월리스는 로버트 체임버스의 책에 매우 큰 영향을 받았다. 물론 저자가 체임버스라는 것은 모르고 있었지만 말이다. 체임버스의 책은 진화에 대한 논쟁을 불러일으키기는 했지만 진화의 작동 방식을 실제로 설명하지는 않는다. 월리스는 그 방식을 다르게 보았다. 어떤 종의 개체들이 흩어지면 서로 다른 방향으로 진화할 가능성이 있다. 월리스도 찰스처럼 변화의 메커니즘은 몰랐지만 생물이 만들어지는 과정 속에 변화의 메커니즘이 숨어 있다는 것은 알았다.

라이엘은 찰스와 친했지만 찰스의 이론에는 원래 회의적이었다. 하지만 월리스의 논문에 깊은 인상을 받았고 찰스에게도 그 논문을 읽어보라고 권했다. 라이엘은 월리스의 논문이 찰스의 저작을 능가할까 봐 걱정했던 것 같다. 일단 월리스는 자신의 생각을 논문으로 발표하지 않았는가. 찰스는 그리 우려하는 것 같지 않았다. 그는 20년 전 비글호에서 내린 후로 줄곧 자신의 이론을 작업하고 있었다. 찰스와 월리스는 상당히 비슷한 논리를 따르기는 했지만 두 사람의 이론이 겹치지는 않았다.

찰스는 자신이 뭔가 대단한 것을 붙잡고 있다는 데 만족했고 자연 선택이 우리 주위의 많은 종과 생명의 형태를 설명해준다는 생각을 더욱 발전시켰다. 이제 필요한 것은 결정적 증거뿐이었다.

3년 후, 모든 것이 변했다. 1855년에 자신의 생각을 처음 발표한 월리스도 그동안 맬서스의 『인구론』을 탐독했다. 월리스는 찰스와 동일한 결론에 도달했다. 이제 그도 우리를 둘러싼 변화의 원동력을 알았다. 그 원동력은 자연이었다. 어느 종이 살아남을지는 자연이 선택하고, 모든 것은 형질과 변이로 요약된다. 그의 연구와 관찰은 이론을 확증해주었다. 월리스는 다윈의 작업을 잘 알았고 그의 견해를 존중했다. 그래서 「원형에서 무한히 이탈하는 변종의 경향에 대하여」라는 논문을 작성하고 다윈에게 보내어 의견을 구했다. 찰스 다윈이 그 논문 속의 아이디어가 타당하다고 생각한다면 발표를 도와줄 터였다.

찰스는 1858년 6월 18일에 월리스의 논문을 읽었다. 그가 빋은 충격은 의자에서 떨어질 뻔했다는 말로도 부족했다. 라이엘이 옳았다. 월리스의 아이디어는 찰스의 아이디어와 일치했다. 그 정도가 아니라 월리스가 사용한 용어 몇 가지는 찰스의 책에서 장 제목으로 써도 될 법했다.

찰스 다윈이 고결한 사람이었다는 점은 짚고 넘어가야겠다. 그는 수십 년 앞선 자신의 연구가 밀려날지라도 이 젊은이의 논문 발표를 돕는 것이 도의적으로 옳은 일이라는 것을 알았다. 그는 월리스의 논문을 라이엘과 또 다른 신뢰할 만한 친구 식물학자 조지프 후커에게 보여주었다. 라이엘은 "내가 뭐랬어" 같은 말을 하는 대신, 찰스에게 그의 연구와 월리스의 논문을 다음번 린네 학회에 함께 발표하라고 권했다. 린네 학회는, 지금도 그렇지만, 세계에서 가장 유서 깊은 자연사 학회였다.

2주 후인 1858년 7월 1일, 찰스 다윈은 연단에 서서 두 논문을 소개하고 두 편 모두 출판될 수 있도록 힘을 썼다. 찰스가 고결한 사람이었다고 했는데 월리스도 그건 마찬가지였다. 월리스는 찰스의 지원에 진심으로 고마워했고 자신의 연구가 찰스의 연구와 나란히 발표된 것을 명예로이 여겼다. 그는 찰스가 이미 20년 전부터 그 주제를 연구해왔다는 사실을 알고 이해해주었다. 찰스의 말이 그의 말보다 간발의 차이로 결승선을 먼저 통과한 것이다. 찰스가 자연 선택에 의한 진화론을 뒷받침하기 위해 수집한 증거 자료도 월리스에 비해 압도적으로 풍부했다.

찰스는 논문 발표 후 그동안 써놓은 원고, 아이디어, 스케치를 한데 모아 1859년 11월 24일에 책으로 출간했다. 제목은 『자연 선택에 의한 종의 기원, 혹은 생존 투쟁에 유리한 종의 보존에 대하여』다.

이 저서가 파문을 일으켰다는 말은 부족하다. 이 책은 세상을 바꿔 놓았다.

찰스의 역작은 추앙과 저주를 함께 받았다. 세상과 만물이 「창세기」에 기록된 대로 만들어졌다고 믿는 자들이 대표적으로 이 책을 비방하고 나섰다. 신이 세상과 만물을 엿새 만에 창조하고 일곱째 날에는 쉬었다. 그때로부터 6,000년밖에 지나지 않았다. 찰스의 이론에 필요한 수십억 년도, 그가 기술한 방식도 다 허튼소리다. 인간이 유인원에서 나왔으리라는 암시는, 사실 그런 암시는 있지도 않았지만, 터무니없다.

논쟁은 신성한 강의실과 거리에서 벌어졌다. 런던뿐만 아니라 전 세계에서 말이다. 찰스 다윈은 단 한 권의 책으로 너무 많은 사람의 주목을 받게 되었다. 그의 이론은 단순하고 강력하며 명쾌했다. 게다가 완벽하게 말이 되었다. 일단 이 모든 것의 이면에 방향이나 목적이 없음을 인정하고 나면 금세 그 시적인 아름다움을 알아볼 수 있었다.

1860년 6월 30일, 옥스퍼드 대학교에 열린 치열한 토론은 지금까지도 회자된다. 영국 과학발전협회에서 마련한 이 토론의 주재자는 과거 찰스의 멘토였던 존 헨슬로였다. 옥스퍼드 주교 새뮤얼 윌버포스와 영국의 생물학자 토머스 헉슬리가 이 토론에서 팽팽하게 맞섰다. 윌버포스는 헉슬리에게 그의 조상이 원숭이일 텐데 그 원숭이는 부계 조상인가 모계 조상인가라고 조롱 섞인 질문을 한 것으로 유명하다. 이에 대한 헉슬리의 답변은 완벽했다.

> 나는 원숭이가 내 조상이라는 사실은 부끄럽지 않지만 이처럼 뛰어난 재능을 가지고도 신실을 왜곡하는 사람과 혈연관계라면 부끄러울 것입니다.

헉슬리가 찰스의 맹목적인 추종자는 아니었다는 말을 해두어야겠다. 그는 찰스의 주장에 모두 동의하지는 않았다. 헉슬리는 자기 나름의 생각을 자연 선택이라는 틀에 적용했다. 그는 이론이란 모름지기 그것의 타당성을 입증할 증거가 있어야 한다고 생각했다. 헉슬리는 경험론자였고 자기 눈으로 보아야만 완전히 믿을 수 있는 사람이었다. 자연 선택의 마법은 수백 년이 걸리기 때문에 헉슬리와 과학은 화석 기록을 연구해 증거를 종합하는 수밖에 없었다. 그것도 괜찮기는 했지만 헉슬리는 그 이상을 원했다. 그는 하나의 종이 두 갈래로 나뉘어 더 이상 상호 교배가 안 되는 수준까지 진화된 경우를 보고 싶었다. 그는 또한 진화가 비약적으로 일어날 수 있다고 생각하는 입장이었다.

오래전 찰스와 함께 비글호를 탔던 선장 로버트 피츠로이가 참석한 것도 기억할 만한 일이다. 신앙심이 두터웠던 피츠로이가 찰스가 자신과 함께 한 여행에서 그러한 발견을 했거나 아이디어를 얻었다는 말을 듣고 얼마나 충격을 받았을까. 토론이 진행되는 동안 피츠로이의 낙심은 더욱 커져만 갔다. 그가 성경을 머리 위로 쳐들고 좌중에게 인간보다는 하느님을 믿으라고 호소했다는 말도 있다.

당시에 녹음기가 있었다면 얼마나 좋았을까. 헉슬리는 1895년 심장 마비로 사망할 때까지 30여 년 동안 변함없이 진화론을 옹호했다.

오늘날 옥스퍼드를 방문하면 이 논쟁을 기념하는 비석을 자연사박물관 밖에서 볼 수 있다.

찰스의 반대파는 종교계뿐만 아니라 학계에도 있었다. 찰스는 자기가 처음에 지지를 부탁하려 했던 생물학자 리처드 오언의 반응에 특히 놀랐다. 오언이 용납할 수 없었던 것은 하나의 종이 다른 종으로 '변이'한다는 개념이었다. 그는 『종의 기원』에 대해서 인간이 유인원에서 나왔다는 발상은 부조리하다는 서평을 썼다. 심지어 과학의 남용이라는 표현까지 썼으니 상처에 소금을 뿌린 격이었다. 이제 그와 찰스는 더 이상 서로 할 말이 없었다.

찰스는 단념하지 않고 연구를 계속했다. 자신의 생각과 이론을 밝히고 책을 내놓으면 세상이 끝날 줄 알았건만 그런 일은 일어나지 않았다. 그 사실에 기뻐한 찰스는 자신의 책을 읽은 사람들이 불편해하는 바로 그 주제에 주목했다. 그 주제는 바로 인간의 유래였다.

> 많은 자연학자가 종의 진화라는 원칙을 수용하는 것을 보고서, 내가 가지고 있던 기록들을 정리하여 인간의 기원을 다룬 특별한 논문을 출판하는 것이 좋겠다고 생각했다.

찰스가 『종의 기원』을 보완하기 위해 쓴 이 논문은 1871년에 출간되었다. 제목은 적절하게 『인간의 유래』로 정해졌다. 인간의 조상은 아프리카에서 나타나 전 세계로 퍼졌을 것이다. 아프리카 대륙에 고릴라나 침팬지 같은 영장류가 풍부한 것을 보면 그럴싸하다. 찰스의 이러한 연구가 네안데르탈인이나 그 밖의 원시 인류 화석이 발견되기 이전의 일이라는 것을 잊어선 안 된다.

찰스는 편안히 앉아 느긋하게 휴식을 취하는 사람이 아니었다. 그는 계속 책을 내고 추종자나 동료 들과 편지를 주고 받았다. 그러다가 1881년 크리스마스에 건강 문제로 드디어 펜을 놓기로 결심하기에 이르렀다. 그는 아내에게 흉통을 호소했는데 그 후로도 통증은 가시지 않았다. 1882년 4월 18일, 찰스 다윈은 심장 마비를 일으켰고 바로 다음 날 숨을 거두었다. 그의 무덤을 방문해 그의 넋을 기리고 싶다면 웨스트민스터 사원을 찾기 바란다. 그곳에서 찰스는 몇 발자국 떨어져 묻혀 있는 아이작 뉴턴경과 영원한 대화를 나누고 있으리라.

여기서부터 찰스를 '다윈'으로 지칭하겠다. 『종의 기원』 출간 이후로 온 세상이 그를 다윈으로 알게 되었으니 말이다.

그렇다면 앨프리드 러셀 월리스는? 그는 어떻게 됐을까? 이제 알아보자.

19장
앨프리드 러셀 월리스

>>> 앨프리드 러셀 월리스는 1813년에 9남매 중 일곱째로 태어났다. 그의 집안은 상상을 초월할 정도로 가난했다. 부모는 자식들을 먹여 살리기 위해 최선을 다했다. 월리스는 어릴 때부터 측량사 보조로 일했기 때문에 집 밖에서 보내는 시간이 많았다. 자연은 월리스를 사로잡았고 그렇게 자연에 매료된 청년이 또 한 사람 있었으니 그가 바로 곤충학자 헨리 베이츠였다. 월리스는 레스터 칼리지에잇스쿨에서 학생들을 가르치는 일을 하면서 헨리 베이츠를 알게 되었다. 두 사람은 금세 친해졌다. 베이츠는 곤충에 대한 관심을 이 새로운 친구에게 전해주었고 월리스도 딱정벌레 수집이라는 취미가 생겼다. 월리스는 측량 일을 할 때가 아니면 식물을 관찰하곤 했는데, 딱정벌레는 다른 어떤 것보다 그를 사로잡았다.

자연학자와 탐사 여행에 대한 이야기는 월리스의 상상력을 부채질했다. 그가 가장 좋아했던 책 중 하나는 1839년에 『일지와 기록』이라는 제목으로 발표된 찰스 다윈의 『비글호 항해기』였다. 1848년에 월리스는 마음을 정했다. 자신도 탐사를 다니는 자연학자가 되고 싶었다. 그는 곤충 수집과 분류를 위해 헨리 베이츠와 함께 브라질로 떠났다. 두 사람은 울창한 열대 우림에서 찾을 수 있는 것을 모두 찾아 영국으로 보내기로 했다.

월리스는 아마존에서 4년을 보냈다. 영국으로 돌아갈 때가 되자 표본과 기록을 모두 모아 헬렌호를 탔다. 딱하게도 월리스에게는 하늘의 뜻이 따르지 않았는지 헬렌호에 화재가 나서 모두 배를 버리고 탈출해야만 했다. 월리스가 피땀 흘려 수집한 표본들, 자신을 자연학자로서 증명하기 위해 열심히 썼던 기록들이 모두 불타버렸다.

월리스는 그 후 8년을 동인도로 알려진 말레이 군도를 돌아다니며 보냈다. 여전히 표본을 수집하고 일지에 자신의 생각을 기록하면서. 다윈이 비글호 항해를 하면서 그랬던 것처럼 월리스는 자신이 수집한 생물들에서 뭔가를 발견했다. 특히 딱정벌레들에서. 그는 온갖 종류의 딱정벌레를 8만 점 수집했고 그때까지 전혀 알려지지 않은 종도 있었다고 한다. 그는 딱정벌레 종들의 차이를 기술하면서 유사성도 눈여겨보았다. 종에 고유한 형질이 있어서 구분이 가능했지만 그것들은 다 같이 놓고 보면 그렇게 다르지만도 않았다. 서로 다른 종의 딱정벌레들도 동일한 형질을 상당수 나타냈고 거의 알아차리기 어려운 미미한 변화만 있었다. 많은 이에게 엄청난 영향을 준 맬서스의 저작 『인구론』을 읽고 나니 그러한 변화의 이유가 확실하게 다가왔다.

앞에서 나는 이 영향력 있는 저작이 다윈의 사상에도 기폭제 역할을 했다고 말한 바 있다.

나는 이러한 의문이 떠올랐다. 왜 어떤 것은 죽고 어떤 것은 사는가? 그 답은 분명했다. 전반적으로 가장 적합한 생물이 살아남는다. (……) 수집가로서의 경험이 내게 보여준 개체들의 어마어마한 변이를 고려하건대 모든 변화는 필연적으로 변화하는 환경 조건에 적응하기 위해 일어나는 것이다. (……) 이런 식으로 동물 구조의 모든 부분이 정확히 요구에 맞게 변형될 수 있고, 바로 이 변화의 과정에서 변하지 못한 것은 사멸하므로 새로운 종의 뚜렷한 특성과 고립성이 설명될 수 있다.

패트릭 매슈가 1831년 저작 『군함용 목재와 식림에 대하여』에서 했던 작업을 맬서스는 이미 1798년에 했던 것이나. 두 사람 모두 어떤 동물이 살아남는 이유는 그것들이 생존에 '가장 적합'하기 때문이라고 보았다. 동물은 자기가 사는 환경 조건이 변하기 때문에 변한다. 맬서스는 이 변화 덕분에 동물이 적응하고 살아남는다고 보았다. 변하지 못한 동물들은 죽어서 사라지고 만다.

이제 종의 변화 이면에서 작용하는 방법을 염두에 두고 월리스는 그의 생각을 논문으로 정리했다. 그리고 그 논문의 가치를 알아보고 발표될 수 있도록 영향력을 발휘해줄 인물에게 보냈다. 그때가 1858년이었고, 다윈은 이 논문을 받았기 때문에 자신의 작업에 대해 결단을 내리게 된다. 20년의 연구 끝에 다윈도 동일한 결론에 도달해 있었으니까. 말 그대로 현장과 정글에서 활동한 앨프리드 러셀 월리스가 그와 똑같은 생각을 하고 있었다. 다윈은 월리스와 나란히 논문을 발표한 지 1년 만에 『종의 기원』을 출간함으로써 종은 진화하며 처음부터 지금과 같은 형태로 창조되지 않았다는 위험한 생각을 표명했다. 진화 과정에는 아주 긴 시간이 걸린다. 사실상 수십억 년의 시간이.

『종의 기원』 출간 이후 월리스는 이 책의 가장 강력한 옹호자가 되었다. 1862년에 영국으로 돌아간 월리스는 편지와 초청 강연 등을 통해 자연 선택이 얼마나 아름답고 우리 주위에서 볼 수 있는 무수한 종과 생명의 다양성을 가장 잘 설명할 수 있는지 역설했다. 월리스와 다윈의 우정은 계속되었고 그들이 주고받은 대화나 편지는 그들이 따로 연구했으되 함께 발전시킨 이론에 대한 열정을 보여준다.

두 사람의 의견이 일치하지 않는 영역도 다소 있었다. 성 선택이 그런 영역이었다. 성 선택은 짝 선호와 관련이 있다. 이 선호가 잠재적 짝을 매력적으로 보이게 하는 변이를 선택한다. 암컷 공작을 유혹하기 위해 화려한 깃털을 과시하는 수컷 공작이 완벽한 예다. 다윈은 성 선택이 자연 선택만큼 확고한 변경 인자라고 생각했다. 월리스는 이에 동의하지 않고 다윈이 성 선택에 원인이 있다고 보았던 여러 현상에 대해 다른 설명을 제시했다.

또 다른 불일치 영역은 더 심오하고 형이상학적이었다. 다윈의 이론은 창조자를 상정하지 않았지만 월리스는 달리 생각했다. 그는 인간 의식을 설명하려면 창조자가 필요하다고 보았다. 진화나 자연 선택이 어떻게 인간 의식을 설명할 수 있단 말인가? 물리적 원인은 부적절할뿐더러 참다운 원인일 수 없었다. 다윈은 진화에는 목적이 없다는 생각을 굳건히 고수했다. 우리 인간이 의식을 지니는 것도 우연의 문제이며, 이는 장차 설명될 수 있을지도 모르는 문제다. 월리스는 강경하게 고개를 저었다. 그가 보기에 인간 의식만큼은 목적이 있어야만 했다. 이 생각을 밀고 나가면 결국 모든 것의 배후에는 목적이 있고 인간은 그 중심 혹은 최종 목적일지도 모른다. 무대 뒤에서 무엇이 작용하든, 그것이 신이든 보이지 않는 영이든, 월리스는 세 가지 영역에서 그 증거를 보았다.

1. 무기물로부터 생명의 창조.
2. 동물의 왕국에서 표현되는 의식.
3. 오직 인류에게서만 볼 수 있는 한층 더 복잡한 의식.

1864년에 월리스는 인간 진화에 대한 생각을 『인류의 기원과 자연 선택설에 의한 인간의 유래』라는 논문으로 정리했다. 이것은 다윈이 인간 진화에 대한 자신의 생각을 『인간의 유래』로 출간하기 7년 전의 일이다. 1869년에 월리스는 자신의 여행과 모험 이야기를 『말레이 군도』로 펴내어 대중적으로 큰 성공을 거두었다. 그는 이 책을 젊은 날의 자신에게 영감을 주었던 인물, 바로 찰스 다윈에게 헌정했다. 다윈의 기쁨은 이루 말할 수 없었다.

월리스가 다른 행성에도 생명체가 있을 수 있는지 생각해보았다는 점도 기억할 만하다. 1904년에 출간한 『우주에서 인간이 차지하는 위치』

는 지구가 생명을 떠받칠 수 있는 유일한 행성일지도 모른다는 결론을 내린다. 단, 태양계 안에서는 말이다. 가장 큰 이유는 물이 풍부한 행성이 지구뿐이기 때문이다. 월리스는 지구를 아주 특별한 경우로 보았고 지구와 같은 행성이 다른 태양계나 다른 은하에 있을 가능성에 대해서도 회의적이었다.

하지만 의심은 있었다. 월리스는 깊이 성찰하는 시간에 의심을 품곤 했고, 다윈 역시 의심으로 괴로워했다. 월리스가 등장하지 않았더라면 다윈은 그 의심으로 인해 끝내 입을 다물었을지도 모른다. 이제 그 의심에 대해 살펴보자.

20장
다윈의 의심

>>> 누구나 의심을 품는다. 의심은 극복하고 나아가는 것 말고는 처리할 방법이 없다. 그렇게 하면 위대한 일이 이루어질 수 있다.

1867년 5월은 이상한 달이었다. 적어도 영국의 날씨는 그랬다. 월초에는 이상하게 더웠고 월말에는 늦봄이 무색하게 눈이 내렸다. '샌드워크'로 알려진 다윈의 사유지 내 오후 산책은 종잡을 수 없는 날씨 때문에 자주 무산되었다. 결과적으로 그는 며칠을 실내에서만 보냈다. 다른 일이 없으면 이럴 때 그는 8년 전 『종의 기원』이 출간된 이래로 끊이지 않는 편지들을 읽고 답장을 썼다. 그중 한 통은 그의 친구이자 지지자인 에른스트 헤켈이 보낸 것이었다. 헤켈은 독일의 생물학자이자 철학자였는데 다윈의 책에 크게 감명받았다. 둘은 좋은 친구가 되었는데 헤켈이 1867년 5월 12일에 이런 편지를 보냈다.

당신의 위대한 저작이 얼마나 부당하고 그릇되게 심판당하는지를 보고 (……) 심지어 당신을 인격적으로 비방하는 것을 보고, 자연학자들의 거대한 무리에 대한 나의 존경심이 싹 사라졌습니다. 당신의 빼어난 겸손은 약점이 되었고 당신의 놀라운 자기비판은 확신의 결여로 해석되었습니다. 물론 선하고 이해심 깊고 생각 있는 사람들은 당신의 말을 경청했지만 (……) 불행히도 그들은 소수입니다. (……) 팔팔한 공격과 가차 없는 타격은 모든 곳에서 필연이었습니다.

정말 그랬다. 다윈은 늘 공격당하는 기분이 들었다. 그는 우편물을 매우 많이 받았는데 그게 모두 그를 지지하는 편지는 아니었다. 사실, 어떤 편지는 그를 근심스럽게 했다. 새로울 건 없었고, 다윈은 익숙한 일이라고 생각했을지 모른다. 심지어 예상했을 수도 있다. 그것이 『종의 기원』 출간에 대해 다윈이 자기 자신과 논쟁을 벌이게 된 주요한 이유였다. 그는 자신 있는 견해만 내놓을 수 있었고 강력한 증거를 필요로 했다. 틀림없이 쏟아질 공격을 견뎌내고 물리치기 위해서.

증거가 강력하더라도 공격을 저지하지는 못했다. 공격이 성직자에게서 오든, 동료 학자에게서 오든, 독자에게서 오든, 모든 적대적인 편지는 그를 향해 날아오는 독화살 같았다. 찬사와 격려가 아무리 넘쳐나도 다윈을 그 화살들로부터 보호해주진 못했다.

다윈은 건강 문제에도 시달렸다. 세계 무대에 오르기 전부터도 위장병과 그에 따른 통증으로 고생을 많이 했다. 1849년에 다윈은 수치 요법(水治療法, hydropathy)이라는 새로운 치료법을 시도하기 위해 가족과 함께 잠시 영국 맬번으로 거처를 옮겼다. 수치 요법은 제임스 걸리라는 의사가 개발했다. 이 치료는 땀을 낸 후 냉찜질을 하고 냉수 족욕을 하게 되어 있었다. 엄격한 식이 요법도 병행해야 했다. 아침은 비스킷과 물, 저녁은 주로 생선을 먹었다. 그리고 휴식을 충분히 취해야 했는데 그건 확실히 다윈에게 필요한 조치였다. 그는 건강이 차츰 회복되고 기력이 돌아왔다. 잘 쉬어서 좋아진 건지 걸리의 수치 요법이 효과가 있었는지는 따져봐야 할 일이지만 말이다. 다윈이 일에 복귀하자 증상이 다시 나타났다. 그는 구토, 신경과민, 사람 잡는 두통을 겪었다. 그는 항상 피곤했고 이따금 현기증이 났다. 1848년에 그는 절친 조지프 후커에게 편지를 썼다.

> 실은 이번 겨울은 줄곧 끔찍했네. 매주 토하고 신경계에 영향을 미쳐서 손이 덜덜 떨리고 머리가 빙빙 돌고 난리도 아니었어. 사흘에 하루꼴로 아무것도 할 수가 없는 날이 있다네. 정신이 나가서 자네에게 편지를 쓸 수도 없었고 꼭 해야 할 일 아니면 아무것도 하지 못했어. 난 내가 죽어가고 있구나 생각했지.

무엇이 문제였을까? 우리는 세상을 떠난 지 160년도 더 된 환자 얘기를 하고 있으니 확실히 알 도리는 없다. 우리가 판단 근거로 삼아야 할 것은 그가 기록한 증상들뿐이다. 혹자는 그가 비글호 항해 중에 샤가스병(Chagas disease)에 걸렸을 것이라 추측한다. 이 병은 열대 지방의 벌레(벤추카)를 통해 감염되는데, 그가 항해 중에 크고 시커먼 벌레에게 물린 적이 있기 때문이다. 두통, 피로, 구토 같은 샤가스병의 여러 증상이

20장 다윈의 의심 **145**

다윈의 기록에 나타나 있다. 이 병은 심부전과도 연결되는데 발병하기까지 몇 년이 걸린다. 그럴싸한 얘기지만, 다윈이 73세에 죽었고 당시로는 꽤 장수한 편임을 고려하면 신빙성이 떨어진다. 게다가 나이가 들면서 증상이 완화되었는데 샤가스병 환자들에게 흔한 일은 아니다. 또한 신경과민이나 피로 같은 일부 증상은 비글호 항해를 떠나기 전부터 있었다.

당시 찰스 다윈의 삶은 녹록지 않았다.

어쩌면 그의 심란함이 건강에 영향을 미쳤다는 설명이 더 적절할 것이다. 다윈은 자신의 이론을 뇌리에서 떨칠 수 없었다.

우리가 앞에서 살펴보았듯이 젊은 날의 다윈은 시골 목사가 되려고 했다. 그것은 그의 아버지가 아들이 의사가 되기는 글렀다고 생각했을 때 제안한 직업이었다. 다윈도 시골 목사의 삶에 그 나름대로 좋은 점이 있다고 생각했다. 어쨌거나 유유자적 살 수 있지 않겠는가. 교구민들의 요구에 부응하고 나머지 시간은 신의 작품인 자연을 연구하며 살면 어떨까. 어쨌든 청년 다윈은 기독교인이었다. 그는 자연을 열정적으로 충분히 살피기만 하면 그 속에서 신을 발견할 수 있다는 가르침을 받으며 성장했다.

시골 목사 노릇을 할 일은 없었다. 그의 발은 교회의 마루판이 아니라 비글호의 널빤지를 밟고 있었다. 그가 여행에서 보았던 다양한 종을 신의 창조로 설명할 수 있다는 생각 또한 시간이 흐르면서 사라졌다. 뭔가가 작용하긴 하지만 신은 아닐 것이다. 자연은 신의 도움이 필요하지 않다. 자연이 알아서 생명을 다양하고 멋진 형태로 형성했다.

그러한 생각은 이단적이었기에 다윈은 괴로웠다. 그 연구가 자신을 어디로 끌고 갈지 보였다. 결국은 교회에서 이탈해 공인받지 못하는, 나아가 신성 모독적인 영역으로 떨어지고 말 터였다.

다윈은 절친 식물학자 조지프 후커에게 쓴 편지에서 이렇게 말했다. "악마의 사제나 쓸 법한 꼴 사납고 소모적이며 실수투성이에 저속하고 끔찍하리만치 잔인한 자연의 소행에 대한 책 아닌가. 신이시여, 내가 얼마나 오래 이 죄를 씻어야 속이 편해질 수 있을지."

여기서 말하는 책이 『종의 기원』이다. 다윈은 자신이 그랬듯 독자들도 이 책의 아이디어를 따라가다 보면 결국 인간의 기원을 의문시하게 될 거라는 걸 알고 있었다. 원죄는 없으며 그 죄를 지을 아담과 이브도 없다. 단순한 생물의 진화가 인간의 등장까지 이어졌다. 우리의 아담은 지느러미가 있었고 에덴동산이 아니라 바다를 3억 년 전에 떠났을 것이다.

책은 기대 이상으로 성공을 거두었고 구대륙과 신대륙 모두에서 격렬한 논쟁을 낳았다. 신자들의 눈에 찰스 다윈은 교회에 맞서 일어난 자였다.

그의 아내 에마는 독실한 기독교인이었기에 안 그래도 심란한 다윈은 속이 편할 수가 없었다. 자신의 사상, 혹은 그 결과로 불어닥칠 폭풍에 아내가 상처 받는 건 싫었다. 에마는 남편 곁을 지켰고 상처는 받았겠지만 잘 견뎌냈다. 그녀는 끝까지 남편의 생각을 지지했다.

다윈의 병 이야기로 잠시 돌아가자. 나는 일종의 사회 불안 장애가 작용한 탓도 있지 않을까 생각한다. 사회 불안 장애는 나이가 들면서 완화되는데 다윈도 그런 경우였던 것 같다. 그는 평생 불안을 안고 살았고 홀로 생각을 정리하기 위해 자주 장시간 산책을 나갔다. 일은 완벽한 도피처였으므로 그는 기회가 되는 대로 일에 파고들었다. 그러나 일이 자기를 어디로 데려갈지를 알았기에 불안증은 전혀 나아지지 않았다. 1859년에 『종의 기원』을 내놓을 때까지, 그리고 그 후 몇 년 동안 다윈은 거의 두문불출했다. 위장병으로 인한 불편을 자주 호소했고 그 핑계로 여행을 피했다. 아내가 가까이 있지 않으면 불안하고 초조해했다.

그는 1876년에 이렇게 썼다.

> 우리 부부는 가까운 사람들 집에 잠깐 들르거나 가끔 해변 같은 데 나가는 것 빼고는 아무 데도 가지 않는다. 여기 처음 살기 시작했을 때는 우리도 조금은 사교 생활을 했고 집으로 친구들을 초대하기도 했다. 그렇지만 흥분을 만끽하고 나면 건강에 이상 신호가 오기 일쑤였다. 몸이 마구 떨린다든가, 발작적으로 구토가 일어난다든가 하는 식으로 말이다. 그래서 디너파티는 아예 포기하고 산 지 오래됐다. 나는 그런 파티에서 쾌활해지는 사람이기 때문에 박탈감이 없지 않았다. 같은 이유로 우리 집에 과학계 지인을 초대하는 일도 거의 없었다.

마음 다해 절절히 사랑했던 가족을 제외하면 다윈은 일을 사랑했다. 에마 다음으로 그의 신경을 가라앉힐 수 있는 것은 오직 일이었다.

다윈의 작업 때문에 불안에 시달렸던 사람은 다윈 본인만이 아니다. 그 작업은 심란하기 짝이 없는 의문을 제기했다. 자연에서 분명하게 볼 수 있는 설계가 창조주의 솜씨가 아니라고? 어떻게 그럴 수 있나? 그럼, 이게 다 무슨 의미가 있는데? 앞으로 보겠지만 그러한 의문은 타당하고 결코 쉽게 답할 수 없다.

21장
설계의 문제

>>> 다윈은 거의 평생 건강 문제에 시달렸다. 젊어서 무슨 병에 걸려서 그랬을 수도 있고 일종의 사회 불안 장애였을 수도 있다. 안타깝지만 우리가 알 도리는 없다. 우리가 그를 더 잘 이해하는 데 도움이 될 수 있는 것은 그가 쓴 책과 편지 들이다. 우리는 그가 쓴 글에서 그가 자기 작업과 사상이 대중이나 학계에 어떻게 받아들여질지 불안해했다는 것을 알 수 있다. 그의 작업은 좀체 사라지지 않는 특수한 논쟁을 불러일으켰다. 그 논쟁은 영영 사라지지 않을지도 모른다.

19세기 초의 어린 다윈은 교회에서 우주와 그가 보고 만지고 맛보는 모든 것이 창조주의 작품이라고 배우며 자랐다. 태초부터 사과는 사과였고, 말은 말이었다. 지상의 사과와 말은 완벽한 사과와 말의 불완전한 표현일지도 모른다(플라톤과 아리스토텔레스에 대한 2장을 떠올려보라). 하지만 그러한 세계관은 인간이 완전한 창조주의 이미지대로 지음받은 불완전한 존재라는 교회의 시각과 잘 맞아떨어졌다.

그 창조주는 물론 신이다.

자연도 그러한 시각을 뒷받침하는 듯 보였다. 멀리 가서 찾을 것도 없다. 애벌레가 번데기가 되었다가 나비로 거듭나는 것을 보면 무슨 마법 같지 않은가. 자연 자체가 우리의 존재, 우리의 기쁨을 위해 설계된 것만 같다. 나무는 우리가 숨 쉬는 산소를 만들고 개울은 우리가 살아가는 데 꼭 필요한 물과 먹거리를 만든다. 그리고 인간의 눈을 보라. 눈을 자세히 관찰하면 그것이 얼마나 환상적인 생물 기계의 부속물인지 알게 될 것이다. 설계자의 작업이 아니고서야 어떻게 설명할 수 있을까. 우리가 보는 모든 것이 장인의 솜씨를 증명한다. 인간이 만든 구성물에서부터 자연에 이르기까지 세계는 설계되어 있기에 모든 것이 서로 맞아떨어지는 것이다. 때때로 고장이 나기도 하지만 그 경우조차 우리가 헤아릴 수 없는 이유로 그렇게 설계된 것인지 모른다. 수리공은 뭔가 할 일이 필요하다, 그렇지 않으면 세계는 굉장히 지루한 곳이 될 것이다.

자연, 과학, 신의 작업의 조화는 다윈이 태어나기 7년 전에 출간된 책에서 규명되었다. 그 해는 1802년, 저자는 영국의 성직자이자 기독교 변증론자 윌리엄 페일리였다. 그 책의 제목은 『자연신학, 혹은 신성의 존재와 속성의 증거(Natural Theology; or, Evidence of the Existence and Attributes of the Deity)』다. 제목의 마지막 부분에 포함된 '신성(神性, Deity)'이라는 단어로 얘기는 끝난다. '신성'은 신이다. 유일한 신. 기독교의 신. 페일리는 『자연신학』에서 신 존재 증명을 개괄했는데 모든 증명은 자연에서 찾을 수 있었다. 뒤뜰에만 나가봐도 알 것이다. 꿀벌을 예로 들어보자. 꿀벌이 벌집을 떠나 화밀을 따가지고 벌집에 돌아와 꿀을 만든다. 꿀벌이 정교하고 완벽하게 설계된 벌집에 저장한 꿀은 먹거리로 쓰인다. 벌집을 한 조각 떼어 그 육각 구조를 살펴보면 설계 없이 무작위로 형성된 것이라고는 도저히 믿을 수 없다. 페일리는 자연 전체에서 이러한 현상을 볼 수 있다고 말했다.

페일리가 지적했듯이 들판의 돌을 볼 때는 그렇게 생각하지 않을 수도 있다. 그 돌이 어떻게 거기에 있는지 묻는다면 여러분이 아는 한 늘 거기 있었다고 답할지도 모른다. 어쨌든, 그건 그냥 돌이다. 바위를 본 다음 시계를 발견한다면 어떨까? 그 시계도 그냥 거기 있었다고 생각하지는 않을 것이다. 시계를 만든 사람이 분명히 있을 테니까. 정교한 사물은 설계의 결과라고 생각할 수밖에 없다. 페일리는 우리가 바로 이러한 결론에 도달하기를 바랐다.

설계자 없는 설계는 있을 수 없다.

젊은 다윈은 케임브리지 재학 시절 페일리의 책을 탐독했다. 페일리가 옳아야만 했다. 시계를 보면서 그것이 그냥 자연의 과정에서 나왔다고 말할 사람이 있겠는가. 시계는 시계공이 존재한다는 증거다. 자연도 마찬가지다. 혹은, 인간의 몸도 마찬가지다. 우리 모두는 얼마나 놀라운 구조물인가! 우리 신체의 징교힘은 획실히 설계자의 증기인가? 이를테면 우리의 눈은 어떠한가? 설계자가 존재하지 않는다고 믿기에는 지나치게 정교한 설계 아닌가? 페일리가 이러한 결론에 처음으로 도달한 사람은 아니었다. 페일리 이전에도 여러 사람이 설계자 없는 설계는 있을 수 없다고 주장했다. 달리 생각하는 건 말이 안 된다. 다윈도 이에 동의했다. 그는 자기 할아버지가 생명이 단 하나의 가닥에서부터 진화했다고 생각했던 것을 알고 있었다. 할아버지는 『주노미아』에 그러한 시각을 내비쳤다. 또한 할아버지의 시적 작품에도 이러한 견해에 대한 힌트가 있었는데, 그는 이를 식물에 대한 글로 위장했다. 이래즈머스 다윈의 글이 흙 속에서 비를 기다리는 아주 작은 씨앗이었다면 페일리의 글은 문 앞까지 배달된 다 자란 식물 화분이었다. 게다가 그 식물이 얼마나 아름다웠는지. 페일리의 글은 모든 것을 설명했다. 자연을 연구한다는 것은 신의 작업을 살피고 그 위대한 설계에 경탄하는 것이리라.

아니면 뭘까?

다윈이 태어나기 15년 전에 출간된 할아버지의 책 속 씨앗이 드디어 물을 만났다. 그때부터 자연을 바라보는 다윈의 시각은 그를 어둠의 영역으로 끌고 갔다. 할아버지는 그저 넌지시 비추기만 했던 그 영역으로.

다윈은 자연에 대해서 배울수록 자신이 안다고 생각했던 모든 것이 의문스러워졌다. 종이 불변한다면 사육사들은 어떻게 개나 비둘기의 형질을 바꿀 수 있었단 말인가? 어떤 변화는 매우 미묘하지만 또 어떤 변화는 급격했다. 그러한 변화는 사육사가 어떤 형질을 선택하며 얼마나 많은 세대를 거치는가에 달려 있었다. 만약 그 비슷한 과정이 자연에서 일어난다면?

다윈은 장 바티스트 라마르크가 제안한 이론을 의식했다. 라마르크 역시 종의 불변에 관한 입장을 180도 바꾼 바 있다. 그는 한때 종이 변하지 않는다고 생각했지만 세기가 바뀔 때 그 생각이 바뀌었다. 라마르크는 이전에 있던 종이 변해서 현재의 종이 되었을 거라고, 모든 종이 결국은 역사에 묻힌 단 하나의 생물에서 나왔을 거라고 암시했다. 다윈의 할아버지도 그렇게 암시했다. 하지만 그 방식은 어떤 것이었을까? 어떻게 그런 일이 일어났을까? 자연이 그 놀라운 일을 수행할 시간은 충분했을까? 지질학의 최신 연구에 따르면 시간은 충분하다 못해 넘쳐흘렀을 성싶었다. 다윈의 동시대인들은 지구의 나이가 6,000살이라고 믿었지만 실제로는 훨씬 오래되었을 것이다. 지구가 그렇게 오래됐다고 가정해야만 화석들이 엉뚱한 곳에서 발굴되는 이유가 설명된다. 조개와 해양 동물 화석이 산속에서 발견되는 이유가 뭔가. 대홍수가 일어났거나 땅 자체가 오랜 시간에 걸쳐 변했다고 해야만 말이 된다. 현재의 산은 과거에 바닷속에 있었는데 물이 빠졌든가 어떤 지각 변동으로 산이 융기했을 것이다. 모든 것이 지구가 아주 오래되었음을 암시했다. 인간의 정신이 가늠힐 수 없을 만큼. 시간은 문제가 아니었다. 화석은 어떻게든 그곳에 도달해야 했다. 인간에게 지구가 아주 오래됐다고 속이려고 신이 직접 화석을 산속에 쑤셔 넣었다면 모를까. 하지만 르네 데카르트도 기만하는 신은 사악한 신이라고 말하지 않았던가? 설마 신이 사악한 건 아니겠지?

그게 아니라면…… 신이 방정식의 일부였을까? 자연이 이 모든 것을 홀로 해낸다는 게 가능한가?

다윈은 밤마다 이러한 생각에 시달렸다. 흥분되지만 사람들에게 인기는 없을 것 같은 생각에. 그에게 동조하는 동료 학자나 조언자도 더러 있겠지만 대중은 비웃거나 먼지 뭉치 치우듯 얼른 내치기 바쁠 것이다.

그래서 다윈은 말 그대로 속이 아팠다. 과거의 사고방식으로 돌아가면 편해지지 않을까? 윌리엄 페일리처럼 생각할 수 있으면 얼마나 좋을까? 페일리는 자연에 설계자가 있게 마련이라고 했다. 다윈은 자연이 곧 설계자임을 깨달았다. 어떤 목적도 염두에 두지 않는 맹목적인 설계자.

다윈은 신에게서 설계자 역할을 박탈할 책을 두려워했다. 그는 그 책의 저자를 '악마의 사제'라고 불렀다. 악마의 사제란 다름 아닌 그 자신이었다.

다윈은 페일리의 개념들을 잠시 내려놓고 5년간 세상을 둘러보기 위해 비글호에 몸을 실었다. 그는 불안해하면서도 표본을 수집하고 생각을 기록하면서 앞으로 나아갔다. 그가 비글호 선장 로버트 피츠로이와 나누었던 토론은 그가 장차 감내하게 될 논쟁의 예습이 되었다.

어느 우울한 날에 다윈은 페일리의 사상에 작별을 고했다. 『종의 기원』 출간으로 그렇게 되고 말았다. 이제 페일리와 그의 사상뿐만 아니라 페일리의 설계자도 포용할 수 없었다.

> 페일리가 제시했던 자연에 설계가 있다는 오래된 주장은 과거의 나에게 설득력 있게 보였지만 자연 선택의 법칙이 발견된 이상 유효하지 않다. 생물의 가변성과 자연 선택의 작동에는 바람이 부는 방향과 마찬가지로 설계가 있는 것 같지 않다.

폭풍에서 살아남으려면 확실해야만 했다. 그를 비방하는 자들에게 조금도 의혹의 빌미를 주어서는 안 되었다. 혼자만의 일이 아니었다. 에마와 아이들을 생각해야 했다. 에마는 그를 지지해주고 있었지만 얼마나 오래, 어디까지 그럴 수 있을까? 그는 자기 자신과 자기 아이디어에 확신이 필요했다. 그러나 그는 다른 설명을 찾을 수 없었다.

노력이 부족했던 것은 아니었다. 다윈은 자기 이론을 반증하고 자신의 믿음을 반박하려 애썼다. 자기에게 쏟아질 반론과, 증거를 내놓으라는 외침을 예상해야만 했다. 그의 할아버지 이래즈머스는 급진적 사상을 시와 산문으로 녹여냈지만 다윈은 그렇게 하지 않을 터였다. 그는 과학자였다. 시대가 변했고 좀 더 이성이 통하는 사회가 되었다. 아침에 해가 뜨면 다윈은 자연의 내밀한 작용을 살펴보기 위해 침대에서 몸을 일으켰다. 해가 지고 의심이 되살아나면 그는 이성의 불빛에 의지했다.

만약 다윈이 장원의 영주가 신이라는 증거를 찾고 있었다면 무척 실망했을 것이다. 모든 증거가 영주는 존재하지 않는다고 말하고 있었으니까.

다음 장에서 이 길을 조금 더 걸어가보자. 영주가 과연 존재하는지 아니면 그렇지 않은시라는 질문으로 다윈을 이끌었던 길을.

22장
신

>>> 찰스 다윈은 종의 기원과 지구상의 생명 진화에 관한 모든 것에 의문을 품었다. 그 의문은 그를 몹시 어두운 곳으로 데려갔다. 우리는 대부분 무엇을 발견할까 두려워 발 들이기 싫어하는 곳으로. 때때로 그는 자기가 찾던 바로 그것을 찾아냈다. 따개비의 껍데기나 흉내지빠귀의 부리 모양에서 말이다. 질문은 더 많은 질문을 끄집어냈다. 그의 삽이 표면 바로 아래에서 가장 거대한 질문과 부딪쳤을 때까지. 그는 그 질문이 거기 있다는 걸 알았지만 피하고 싶었다.

다윈인가, 설계인가? 찰스 다윈의 『종의 기원』이 출간된 후로 모두가 이 문제를 두고 왈가왈부했다. 다윈은 자기 대신 다른 사람들이 싸우는 쪽을 선호했다. 어쨌든 그는 조용한 사람이었고 우리가 보았듯이 대체로 집돌이였다. 그는 강연보다 조용히 혼자 연구하고 책 쓰기를 좋아했다. 가족과 지내고 에마의 피아노 연주를 들으면서 쉬는 게 좋았다. 앨프리드 러셀 월리스와 다른 사람들이 그를 대신해 그의 저작의 타당성을 역설했다. 그의 위대한 이론에 대한 모든 반론의 토대에는 하나의 진정한 관심사가 있었다. 어쩌면 유일하게 진정한 관심사일지도 모른다. 다윈 말대로 복잡다단한 생물들이 수십억 년 전 작은 연못에서 출현한 공통 조상으로부터 진화했다면, 신은 어떻게 되는 건가? 이 모든 것에 신의 손은 어디 있는가? 신이 미미한 생명의 전구체를 끄집어낸 것밖에 한 일이 없다고? 자연 선택을 약간의 신적 선택으로 대체해서 신이 무대 뒤의 마법사처럼 진화를 도왔다손 치더라도 이미 수립된 기원 이야기와는 맞지 않는다. 성경의 첫 책 「창세기」에 나와 있는 이야기 말이다. 거기에는 신이 하늘과 땅, 인간을 포함하는 해 아래 모든 것을 엿새 만에 창조했다고 분명하게 쓰여 있다. 어떻게 되는 건가? 신이 땅을 만들었는데 그가 보기에 좋았더라는 구약의 첫머리는 또 어떻게 되는 건가? 그래서 많은 이가 도달한 결론은 찰스 다윈이 틀렸다는 것이었다. 흉악하고 이단적으로 틀려먹었다. 그런 자를 믿어서는 안 되었다.

확실한 다윈 편이었던 월리스조차도 창조주에 관해서는 동의하지 않았다. 월리스라면 딱정벌레를 예로 들 것이다. 그것들은 딱정벌레로서 살기에 완벽하게 설계되었다. 위험을 막을 수 있는 껍데기가 있고, 필요하다면 껍데기를 들어 올린 다음 날개를 펼치고 날아서 도망갈 수 있다. 자연이 과연 신의 도움 없이 이렇게까지 할 수 있을까? 다윈은 마지못해 들어선 길이었지만 그 길을 따라 자연에 워낙 깊이 들어갔기에 일이 어떻게 진행되는지 알 수 있었다. 모든 것이 연결되어 있었다. 모든 것이 살려고 몸부림치고 있었고, 생존을 보장하는 유일한 길은 적응이었다. 모든 적응 혹은 변화는 시험을 당했다. 시험을 통과하면 후손을 볼 수 있다. 시험에 실패하면 미지의 생물이 되어버린다.

다윈은 자연이 신의 도움 없이 다양하고 풍부한 생물을 만들 수 있다고 확신할수록 그 주제에 대해서 발언하기가 두려워졌다. 그는 변이를 동반한 유전이 유기체의 생존을 어떻게 돕는지 말했다. 그러한 변이가 후손에게 전달되는 방식에 대해서도 말했다. 그러나 그게 무슨 의미인지는 말하지 않았다. 그는 아담과 이브 이야기를 대놓고 반박하지는 않았다. 하지만 그의 저작에서 분명히 암시했다. 그는 아무도 그 암시를 알아차리지 못하기를 바랐다.

편지들이 날아왔다. 찬사의 편지, 저주의 편지였다. 어떤 이들은 그저 호기심을 보였다. 수학자 메리 불이 보낸 편지가 그러했다. "자연 선택설을 주장하면서 신이 인격적이며 한없이 선하다는 믿음을 유지한다는 건 (…) 말이 안 된다는 거 알아요?" 다윈이 책상 앞에서 백지를 마주하는 모습을 상상해보라. 틀림없이 한참 종이를 노려보다가 답장을 쓰기 시작했을 것이다.

> 내 의견이 그 주제에 대해서 생각한 적 있는 다른 사람의 의견보다 딱히 귀할 건 없습니다. (……) 나의 시각이 당신의 마음을 어지럽힌 것 같아 유감스럽지만 당신의 판단과 내게 베풀어준 영광에 감사드립니다. 신학과 과학은 각자의 길을 가야 하고, 이 경우 그것들의 접점이 아직 한참 멀었을지라도 그것은 나의 책임이 아닙니다.

그의 답장에 메리 불이 만족했는지는 알 수 없다. 다윈은 불안해하면서도 편지 속에서 세상의 고통과 아픔에서 자연이 우리 삶을 지배하는 증거를 보았노라 말했다. 비록 고통은 전지전능한 신과 반대되지만 그는 신이 존재하지 않는다는 식으로 말할 수 없었다. 적어도 대놓고 말할 수는 없었다. 편지에도 쓸 수 없었다. 그러나 자기 자신에게는, 어쩌면 사랑하는 에마에게는, 만약 신이 존재한다면 신의 역할은 시초에만 못 박아야 한다는 두려움을 털어놓았을지도 모른다. 어쩌면 신은 지구를 태양 주위로 몇 바퀴 돌려주고는 손을 놓았을지 모른다.

신이 창조를 시작만 하고 더 이상 관여하지 않았다는 사상이 바로 이신론(理神論, deism)이다. 이신론 혹은 그 비슷한 생각은 수백 년 동안 있었다. 특히 16~17세기에 계몽주의와 과학적 지식이 부상하면서 뜨겁게 달아오르기도 했다. 한때 인류와 그의 집은 우주에서 특별한 중심을 차지했건만 과학은 우리가 그렇게 특별하지 않다는 것을 보여주었다. 우리는 우주의 중심도 아니고 보잘것없는 행성에서 무명인 채로 살아간다. 그 행성은 보잘것없는 별 주위를 도는 흙덩어리에 불과하고, 그 별은 보잘것없는 은하의 나선 팔에 존재한다. 우리는 중심과 한참 멀리 있고 미미하기 짝이 없다. 우리가 신의 생각 속에 어떤 자리를 차지한다면 그 자리는 뒤늦게 추가된 것일지도 모른다.

다윈은 더 많이 배우고 연구에 몰두할수록 인류가 이 행성의 빈약한 생물권에서 살아가는 동물 중 한 종에 불과하다는 확신이 깊어졌다. 우리도 살아 있는 다른 것들과 마찬가지로 훨씬 더 단순한 생물로부터 진화했다.

『종의 기원』이 출간되면서 도전은 시작됐다. 코페르니쿠스, 케플러, 갈릴레오가 지구가 우주의 중심임을 부정했다면 다윈은 인간에 대해서 같은 일을 했다. 다윈이 옳다면, 다들 그가 틀렸음을 증명하지 못해 쩔쩔맨다면, 인류는 결국 하나도 특별하지 않다는 얘기다. 우리는 이 행성에서, 어쩌면 우주 전체에서, 유일하게 의식이 있는 종이라는 점은 특별하다. 우리 자신의 기원에 의문을 품게 하는 바로 그 의식 말이다. 우리는 또한 그 의문에 대해 나올 수 있는 대답에 움찔하는 유일한 종이다. 원시 연못에서부터 꿈틀거리는 박테리아로, 포식자를 피해 마음 편히 먹고살고 싶은 원시 물고기로, 우리는 수많은 시대를 거쳐 현 단계에 이르렀다. 그리고 어디로 나아갈지는 아무도 모른다. 불행히도 우리가 얼마나 멀리 갈 수 있는지에는 시간제한이 걸려 있다. 태양은 영원하지 않을 것이다. 태양은 다 타서 소멸되든가 폭발할 것이다.

인류의 미래는 제쳐놓자. 그건 다윈의 관심사가 아니었다. 그의 관심은 과거와 우리의 기원에 있었다. 그는 신과 사람 앞에서 이토록 대담하게 군 대가를 자기 가족이 치르지 않을까 우려했다. 이전에도 은둔 취향이었지만 책을 출간한 후에는 더 그렇게 되었다. 불안과 위장병에도 여전히 시달렸다. 여전히 질문에는 서면 답변을 선호했고 자기가 런던으로 나가는 것보다는 친구나 동료가 다운으로 자기를 보러 와주는 편이 좋았다. 그는 에마와 아이들이 있는 집에서 다음 질문에 착수하거나 자연 선택이라는 성채의 벽돌을 쌓는 편이 좋았다.

그러면 신은? 다윈은 프랑스 수학자 피에르 시몽 라플라스가 그의 위대한 책에는 왜 신이 언급되지 않느냐는 나폴레옹의 질문을 받았을 때

취했던 입장을 자신도 취하고 싶었다. 라플라스가 뭐라고 대답했느냐고?

폐하, 저는 그러한 가설이 필요하지 않습니다.

다윈의 가설은 계속 발전했다. 젊을 때는 이신론에 가까웠지만 1879년에 생각이 바뀌었다. 그가 『회의론의 면모들』(1883)의 저자 존 포다이스에게 쓴 편지를 보자.

나의 판단은 자주 변동을 겪었습니다. (……) 어떤 사람을 유신론자라고 할 만한지 아닌지는 그 단어의 정의에 달려 있습니다. (……) 가장 극심한 변동 속에서도 나는 신의 존재를 딱히 부정하지 않았다는 의미에서 결코 무신론자는 아니었습니다. 항상 그렇다기보다는 대체로(그리고 나이가 들면서 점점 더) 그랬는데, 나의 정신 상태는 불가지론자(不可知論者)라는 표현이 가장 잘 들어맞을 겁니다.

다윈의 친구이자 지지자 토머스 헉슬리가 1869년에 불가지론자라는 단어를 만들었다. 기본적으로 이 단어는 신의 존재에 대해 우리가 알 수 없다는 입장을 의미한다. 불가지론자는 신 존재를 믿는 것도 아니고 안 믿는 것도 아니다.

그것이 다윈이 생애 마지막 3년 동안 견지한 입장이었다.

앞에서 언급했듯이 다윈은 논쟁을 남들의 몫으로 남겼다. 자연 선택의 개념이나 작동 방식을 설명하는 것은 남들의 일이었다. 어떤 이들에게는 쉽지 않은 과제였다. 생명이 오죽 복잡한가? 어떤 설명의 시도든 굉장히 까다롭고 이해하기 어려워질 법했다. 겉핥기만 한다고 해도 도서관을 채울 만큼 많은 책이 필요했을 것이다. 『종의 기원』이 아무리 야심찬 저작이라고 해도 쉽고 단순한 설명을 제시할 수 있을 리가 없다. 그렇지 않은가?

아니, 잘못 생각한 거다.

자연 선택은 쉽게 풀어서 설명할 수 있다. 책 한 권을 다 읽을 필요도 없다. 장(章) 하나면 충분하다.

한번 해보자.

23장
단순한 형태의 자연 선택

>>> 자연 선택에 의한 진화. 이게 정확히 뭘 말하는 건가? '진화'는 쉽다. 'evolve'라는 단어는 자주 쓰인다. 아이디어가 진화한다, 자연에 대한 우리의 이해에 진전이 있다, 최근 몇 년 사이에 자동차 디자인이 발전했다ㅡ모두 같은 뜻사 'evolve'를 쓴다. 이 단어는 무엇인가가 변해간다는 뜻이다. 주로 더 좋은 방향으로 변해가지만, 꼭 그렇지는 않다. 최초의 자동차 모델, 논란의 여지는 있지만 1894년형 벤츠, 혹은 최초의 시판형 자동차인 1908년형 포드 모델 T를 생각해보라. 요즘 차와 비교하면 그 차들은 자못 달라 보인다. 카를 벤츠의 첫 번째 작동 프로토타입과 프리우스를 비교하면 차이점은 이루 셀 수 없을 정도다. 숱한 모델과 제조사가 나타났다 사라졌다. 자동차광이 아니고서야 들어본 직도 없는 차들도 많지만 세월이 지나도 남는 차들도 있다. 폭스바겐 비틀이 딱 그런 예다. 이 차는 이런저런 변화를 겪었지만 최초 설계자가 최신 모델을

보더라도 자신의 원안에서 유래한 차라고 인정할 것이다. 가장 최근의 형태에서도 동일한 차체 디자인과 둥근 헤드라이트를 볼 수 있으니 말이다.

시골길을 달리던 초기 모델은 오늘날 고속도로를 질주하는 자동차로 진화했다. 심지어 연식이 몇 년 차이 나지 않는 모델들에서도 어떤 점이 발전했는지 볼 수 있다. 자동차는 매년 조금씩 달라진 외형과 기능으로 출시된다.

그렇다면 왜 매년 자동차는 이렇게 조금씩 달라진 모습으로 시장에 나오는가? 자동차 회사가 그렇게 해야 팔린다고 생각하기 때문이다. 마케팅 때문이고 소비자가 원하기 때문이다. 제조사는 헤드라이트나 전면 그릴을 수정해서 차를 조금 더 많이 팔 수 있다. 수정된 것은 설계의 영구적인 부분이 된다, 적어도 몇 년 동안은. 요즘 차는 대부분 GPS 장치가 설치된 채 나온다. 특정 회사의 스테레오 시스템이나 아이폰 거치대가 고객들에게 인기가 있다면 다른 차들도 그런 기능을 갖추게 될 것이다. 이것이 선택이다. 이 선택은 구매력 있는 대중이 추진한다. 자동차의 디자인과 기능은 '시장의 선택'이 결정한다. 이 개념은 스마트폰에서부터 믹서기까지 무엇에든 적용할 수 있다. 어떤 기기든 점점 발전하는 모델들을 비교해보면 알 것이다. 시험을 해보고, 실패를 확인하고, 계속 가져가야 할 기능을 남긴다.

이것이 다윈이 자연에서 발견한 바다. 이것이 그가 말하는 자연 선택이다. 자연 선택도 자동차의 발전과 크게 다르지 않다. 변화의 방향을 결정하는 것이 구매력 있는 대중이 아니라 자연이라는 차이가 있을 뿐. 다윈은 생물이 오랜 시간 속에서 변화하는 이유를 알았다. 그 이면의 메커니즘이 보였다. 단지 '방식' 혹은 메커니즘의 세세한 면모만 모르고 있었다. 나는 차가 달리려면 기름을 넣어야 한다는 것을 안다. 내가 가속 페달을 밟으면 엔진이 차를 앞으로 나가게 한다는 것을 안다. 하지만 이 모든 것이 어떻게 작동하는지 설명하지는 못한다. 후드를 열고 내부를 보여 준다 한들 내가 무슨 말을 하겠는가.

다윈은 그의 책에서 무엇을 했나? 변화의 과정을 개괄하고, 사실들을 수집하고, 점들을 연결했다. 데이터에서 추론한 것들을 조합해 대단히 중요한 이론을 만들었다. 그의 이론은 왜 세상에 새, 물고기, 곰이 오직 한 종만 있지 않고 여러 종이 존재하는지 그 이유를 설명하고자 했다. 작은 풀잎에서 거대한 고래까지 지구상의 모든 생물이 그렇다. 생명의 가장 초기 형태부터 가장 복잡한 형태까지 그는 변화의 과정을 개괄했다. 생물을 진화하게 하는 변화와 어느 형질을 남기고 어느 형질을 없앨지 결정하는 선택 과정을. 그 과정이 때로는 어느 한 종을 모조리 사멸케 한다. 그것이 멸종이다. 지금은 멸종된 도도 에스펠이나 북엽기 같나고 할까.

그렇다면 다윈이 수집한 사실들은 무엇인가? 종이 존속되려면 생식 능력이 있어야 한다. 후손이 이 과정을 이어나가면 그 종의 개체 수는 늘어난다. 쉬운 얘기 아닌가? 왈가왈부할 것은 별로 없다. 생식력 있는 동물은 번식하고 그 후손도 번식한다. 그것들을 손쓰지 않고 놓아두면 개체 수가 마구 불어날 것이다. 토끼를 예로 들어보자. 토끼는 새끼를 많이 낳는다. 한 번에 열한 마리까지도 낳는다고 한다. 토끼 한 쌍을 들에 풀어놓고 그것들이 계속 새끼를 치게 내버려둔다 치자. 개체 수는 어마어마하게 불어날 것이다.

이것이 첫 번째 사실이다. 생물은 번식하고, 그로써 개체 수를 늘린다.

두 번째 사실은 자원이 한정되어 있다는 것이다. 동물이 한없이 번식할 수 있을 만큼 먹거리가 충분하지 않다. 들에 풀어놓은 토끼를 보라. 토끼가 빠르게 번식하면 뜯어 먹을 수 있는 풀은 그만큼 빠르게 줄어든다. 주위에 먹음직스러운 나뭇잎도 많지만 토끼에겐 닿지 않는다. 토끼들은 풀이 남아 있는 동안, 풀이 점점 늘어나는 토끼 개체 수를 지탱할 수 있는 한, 그렇게 풀을 뜯어 먹고살 것이다.

이제 두 가지 사실이 있다. 동물은 번식하고, 자원은 한정되어 있다. 한정된 풀과 배고픈 토끼들, 이제 무슨 일이 일어날까? 토끼들은 살려고 아등바등할 것이다. 모든 생물에게는 생존 본능이 있다. 가만히 앉아 굶어 죽는 동물은 없다. 먹을 수 있는 풀이나 잎이 있으면 어떻게든 먹으려고 한다. 하지만 그건 다른 개체도 마찬가지다. 제일 먼저 도착하는 놈, 제일 빠른 놈이 먹거리를 차지하는 운 좋은 놈이다.

생존 투쟁은 추론에 해당한다. 그것을 사실이라고 부를 수는 없지만 그런 일이 일어나는 것은 알 수 있다. 먹거리가 제한되어 있다면 생물 또는 동물은 먹거리를 차지하기 위해 싸운다.

이 시나리오에 적용해야 할 중요한 사실이 두 가지 더 있다. 첫째, 새로 태어나는 토끼들은 모두 조금씩 서로 다르다. 번식은 복제가 아니다. 일란성 쌍둥이조차 서로 다른 점이 있다. 알아보기 어렵지만 차이는 분명히 있다. 사람들로 북적이는 방에 들어가도 아는 얼굴은 딱 보인다. 우리는 모두 다르다. 나는 매일 러닝을 하지만 내가 빠른 편이라고 생각하진 않는다. 내 아들은 빠르다. 내가 직선 코스를 달리는 동안 그 애는 내 주위를 몇 바퀴는 돌 수 있다. 아들은 나와는 체형이 다르다. 다리가 나보다 훨씬 길다. 외탁을 해서 그렇다. 덕분에 나는 또 다른 중요한 사실을 깨닫는다. 내 아들의 긴 다리처럼, 대부분의 형질은 유전될 수 있다. 앞에서 말했듯 다리가 긴 것은 외가의 내력이다. 나는 내 아버지를 많이 닮았다. 나의 파란 눈은 어머니에게서 물려받은 것이다. 동생과 내가 어디에 함께 가면 다들 우리가 형제인 줄 안다. 우리는 똑같지 않고 내가 동생보다 두 살이 많다. 그렇지만 둘 다 아버지를 많이 닮아서 비슷한 느낌이 있다.

  토끼들이 새끼 치고 살아가는 들판을 돌아다니다 보면 개체들의 색, 크기, 속도가 각기 다르다는 것을 알게 될 것이다. 이로써 우리는 다윈이 책에서 내렸던 것과 동일한 결론에 도달할 수 있다. 토끼는 널리고 널렸는데 자원은 한정되어 있다. 덩치가 너무 작거나 속도가 떨어지는 토끼는 크고 빠른 놈에게 치여서 먹이를 구하기 힘들다. 그런데 특히 덩치 큰 토끼는 뒷다리로 몸을 일으키면 낮은 가지에 매달린 나뭇잎도 먹을 수 있다. 나뭇잎은 덩치 작은 개체는 접근할 수조차 없는 새로운 먹거리다. 얼마 후 작은 토끼들은 풀을 뜯어 먹을 경쟁력도 없고 잎에는 접근도 못하니 굶어 죽게 되고 그들의 번식 능력도 떨어진다. 어떤 토끼들은 번식의 기회를 얻기 전에 죽을 것이다. 반면, 덩치 큰 토끼들은 사정이 나쁘지 않다. 작은 토끼를 밀치고 풀을 뜯어 먹어도 되고 용을 쓰면 나뭇잎도 뜯어 먹을 수 있다. 큰 토끼들은 배가 부르다. 결과적으로, 그것들은 오래 살아남고 번성한다. 후손은 부모의 형질을 물려받는다. 그들을 더 빠르고 더 크게 만드는 유전자가 대대손손 전해진다.

  몇 달 정도 그 들판을 떠났다가 돌아오면 상황이 어떻게 되어 있을까?

이제 대부분의 토끼가 나뭇잎을 따 먹을 수 있고 자그마한 토끼는 코빼기도 보이지 않을 것이다. 작은 토끼는 먹이 확보 경쟁에서 밀려나 도태되었다. 이것이 자연 선택이다. 생존에 가장 유리한 형질을 누군가가 선택한 게 아니다. 자연이 한 일이다. 그것은 끝없는 생존과 번식 투쟁이다. 변이가 이점이 되고 변이가 일어난 개체가 더 오래 살고 더 많이 번식한다고 가정해보자. 그럴 경우, 덩치 큰 토끼밖에 남지 않았던 것처럼 변이는 더 많은 개체로 확산된다. 그러나 이제 모든 토끼가 크고 빠르기 때문에 모든 토끼가 덩치가 작았을 때보다 딱히 유리할 것도 없다. 그리고 이제 누구나 따 먹을 수 있는 낮은 가지의 나뭇잎은 다 사라졌다. 조금 더 높은 가지의 잎은 그들이 따 먹을 수 없다.

하지만 잠깐! 그 가지의 잎을 따 먹을 수 있는 토끼가 딱 한 마리 있었다. 덕분에 그 토끼는 다른 토끼들이 굶어 죽어갈 때도 좀 더 배를 채울 수 있었을 것이다. 그래서 한동안 살아 있을 것이다.

그다음에는 무슨 일이 일어날 것 같은가?

이제 자연 선택이 어떻게 개체군에 작용하여 덩치 큰 토끼들을 생산해냈는지 알았으니 상황을 바꿔보자. 이 토끼들의 절반을 좀 더 넓고 풀과 잎이 풍부한 곳으로 옮긴다. 그리고 나머지 절반은 어두컴컴한 숲속으로 데려다 놓는다. 위험을 더하기 위해 여기에 늑대 몇 마리를 풀어놓는다.

두 집단은 살기 좋은 들과 어두운 숲이라는 두 환경으로 분리되었고 두 번 다시 만나지 못했다. 결과를 확인하기 전에 여러분이 생각해야 할 것이 있다. 우리는 이미 들에서 어떤 일이 일어났는지 보았다. 큰 토끼는 나뭇잎을 먹을 수 있었기 때문에 시간이 경과하자 높은 확률로 큰 토끼가 남았다. 좀 더 시간이 흐르면 큰 토끼들만 남을 것이다. 풀만 먹을 수 있었던 원래 살던 토끼들에 비해 훨씬 큰 토끼들만.

숲속의 토끼는 어떻게 되었을까? 그들이 살아남으려면 무엇이 필요할까? 늑대에게 잡아먹히지 않으려면 빠르게 도망칠 수 있어야 할 것이다. 또한 눈에 잘 띄지 않게 주위 환경에 묻히는 털 색깔도 도움이 될 것이다. 늑대가 쫓아올 수 없는 좁은 틈새에 숨어서 새끼를 낳고 돌보려면 몸집이 작은 편이 나을지도 모르겠다. 이 모든 일이 일어났다 치자. 숲에 사는 토끼를 몇 마리 잡아 들에 사는 토끼와 비교하면 어떻게 보일까?

서로 다른 두 종의 토끼가 되어 있을 수도?

여러분이 누군가에게 이런 설명을 했다면 자연 선택을 잘 설명한 것이다. 이로써 자연이 토끼의 다양한 종을 만들 수 있을 뿐 아니라, 수십억 년의 세월이 흐른다면, 아예 다른 동물을 등장시킬 수도 있다는 주장이 이해가 된다.

3부

진화 이야기

24장
시초

>>> 태초에 아무것도 없었다.

음, 정확히는 모른다. 태초에 뭐가 있었을지는 모르는 거다. 이것을 '특이점' 혹은 '진공 속의 양자 사건'이라고 부르자. 아니면, t=0(t는 시간)이라고 하자. t=0에서 무슨 일이 일어났는지 우리는 알 수 없다. 그러나 t=1은 다른 얘기다. 우리는 그다음에 무슨 일이 일어났고 그 후로 어떻게 되었는지는 안다고 자신한다.

이게 다 무슨 얘기인지 모르겠다고? 나는 만물의 시초를 말하는 것이다. 다윈과 그의 위대한 사상보다 한참 전에, 그 누구도 생각이라는 것을 하기 전에, 그때는 아무것도 없었다. 여러분이 로켓을 타고 계속 멀리 나아간다면 언제쯤 우주의 경계에 다다르게 될까? 경계가 있기는 할까? 그렇게 영원히 나아가면 어떻게 될까? 우주의 끝에는 더 넓은 우주 말고 무엇이 있을 수 있을까? 그렇다면 우주의 시초는 무엇인가? 수백 년 동안 인류는 이 문제를 붙들고 씨름했다. 이 모든 것은 어떻게 시작되었나? 문제를 더 어렵게 만들자면, 시작 이전에는 무엇이 있었는가?

약 137억 년 전에, 10억쯤 왔다 갔다 할 수 있겠지만, 무슨 일이 일어났다. 그 일을 지금은 빅뱅이라고 부르지만 늘 그랬던 것은 아니다. 1927년 이전에는 명칭이 존재하지 않았다. 벨기에의 사제이자 학자인 조르주 르메트르가 만물의 시초에 대한 이론을 내놓았고, 천문학자 프레드 호일이 그 이론에 이름을 붙였다. 그래서 지금까지 빅뱅 이론으로 통한다. 씨앗처럼 응축되어 있던 물질이 재채기 한 번 할 시간에 우주 전체로 급격히 팽창했다. 엄청난 열이 그러한 팽창을 일으켰고 온도가 떨어지자 입자들이 한데 뭉쳤다. 이 입자 무더기는 중력을 통해 서로 영향을 미쳤다. 빅뱅 이후 수십억 년 동안, 이 입자 무더기들은 우주의 춤을 추며 서로의 주위를 돌았고 어느덧 시간과 물리학에 의해 천체가 되었다.

거의 91억 년이 소요된 이 과정 중에 우리가 특히 주목하는 천체가 생겨났다. 우리는 지금 그것 위에 서 있거나, 앉아 있거나, 누워 있다. 그것이 지구다. 지구는 46억 년 전에 태어났다. 4,600만 세기 전이라고 해도 좋고.

탄생 직후의 지구는 살 만한 곳이 아니었다. 뜨거웠고 화산 활동이 활발했고 산소가 희박했다. 생명이라고 할 만한 것은 없었다. 기체, 물, 폭풍이 전부였다.

이제 질문은 이것이다. 이러한 조건에서 어떻게 생명이 출현했을까? 안타깝게도 우리는 정확히 알 수 없다. 그렇지만 여러 이론이 있었고 찰스 다윈은 그중 하나를 제시해보려 했다.

하지만 만약 (오, 그 얼마나 엄청난 만약인지) 온갖 종류의 암모니아, 인산염이 풍부한 따뜻한 작은 연못에서 — 빛, 열, 전기 등이 발생하여 — 단백질 화합물이 만들어지고 더 복잡한 변화를 맞이할 준비가 되었다고 가정해보자. 지금 같으면 그러한 물질이 금세 잡아먹히거나 흡수되겠지만, 생물들이 형성되기 전에는 그렇지 않았을 것이다.

다윈이 제시한 이 "따뜻한 작은 연못"이 답일지도 모른다. 만약 그렇다면 39억 년 전 이 원시 연못에서 일어난 어떤 일이 무대를 마련했고 그 무대에서 모든 것이 따라왔다. 이 무렵 최초의 자기 복제 유기체가 눈을 떴을 것이다. 아니, 실은 그렇지 않았다. 그것에게 눈이라고 부를 만한 것은 없었을 테니까. 어쨌든 그건 유기체였다. 그것은 오늘날 극호열균(極好熱菌)이 그렇듯 오래전의 화도(火道, 화산 통로) 근처에서 발생했을 것이다. 그 미세한 박테리아는 열을 좋아하는 데다가 매우 위험한 조건에서 생존 가능하다는 점에서 호극성균(好極性菌) 또는 극한생물(極限生物)이라고 할 수도 있을 것이다. 어떤 극호열균은 섭씨 100도(화씨 212도)에 가까운 바닷속 화도 근처에서 번성한다!

1953년에 시카고 대학교의 젊은 대학원생이 지구의 초기 구성 요소들이 생명에 필요한 원소들을 제공할 수 있을지 시험했다. 그의 이름은 스탠리 밀러다. 그는 두 개의 플라스크를 써서 모든 것이 시작되었을지도 모르는 원시 연못을 조성했다. 플라스크 안에 수소, 수증기를 넣고 메탄, 암모니아를 더했다. 그다음에 프랑켄슈타인 박사라도 된 것처럼 전기 스파크를 일으켜 번개와 같은 효과를 냈다.

그런 다음 기다렸다.

그가 어떤 결과를 얻었을 것 같은가? H. P. 러브크래프트의 소설에 나오는 것 같은 괴생물이 플라스크에서 출현하진 않았지만 그 플라스크 안에는 지방산, 아미노산, 그리고 몇 가지 유기 화합물이 가득했다. 생명의 조립 블록이 거기 있었다. 이제 10억 년의 시간만 있으면 무슨 일이 일어나는지 볼 수 있을 터였다.

밀러는 45억 년 전과 같은 조건이 주어지면 생명의 출현이 가능할 뿐 아니라 불가피할지도 모른다는 것을 보여주었다.

진화생물학자 스티븐 제이 굴드는 1996년도 《뉴욕 타임스》 인터뷰에서 스탠리 밀러가 재현한 조건에서 생명이 출현하기란 어려운 일이 아닐지도 모른다는 생각을 밝혔다. 굴드는 박테리아의 출현에 대해서 말한 것이다.

생명의 시작에 대해서는 번개와 기체 외에도 다른 아이디어들이 있었다. 엄청나게 유명한 영국의 물리학자 켈빈 경은 이 문제가 제기되자 구름 너머를 바라보았다. 그는 1871년 영국 과학발전협회에서 "생명의 배아는 어떤 운석에 의해 지구에 도달했을 것이다"라고 말했다.

켈빈 경이 뭔가 굉장한 것을 잡아냈는지도 모른다. 생명이 지구 밖 어딘가에서 왔다는 생각은 그렇게 억지스럽지 않다. 수십억 년 전에 생명의 씨앗이 우리 행성에 도달했다는 개념을 범종설(汎種說, panspermia)이라고 한다. 이 멋진 이론에는 켈빈 경 외에도 놀라운 지지자들이 있었다. DNA 분자 구조의 공동 발견자 프랜시스 크릭도 범종설을 지지했다. 심지어 그는 한 걸음 더 나아가 의도적으로 그렇게 할 수 있다고, 우리도 직접 우주에 씨를 뿌릴 수 있다고 했다. 이 경우는 '유도된 범종설'이라고 해야 할 것이다. 공상과학소설처럼 들리겠지만 이 모든 것이 어떻게 시작되었는지 알고자 할 때 공상과학소설 같지 않은 얘기가 무에 있겠는가?

다 제쳐놓고, 생명이 대기 밖에서 왔다는 켈빈 경의 생각을 지지하는 몇 가지 증거가 있다. 1969년, 오스트레일리아 빅토리아주 머치슨 근처에 운석이 떨어졌다. 그 운석의 나이는 45억 살이었고 아미노산이 풍부했다. 그중 일부는 지구에서 발견된 단백질 합성에 반드시 필요한 것이었다. 머치슨에서 발견된 것 같은 운석이 45억 년 전 지구의 대기권에 반복적으로 진입했을 가능성은 얼마든지 있다. 운석이 땅에, 원시 연못에 떨어졌을 때 운석 안에 함유된 성분이 퍼졌을 것이다. 그 아미노산 침전물은 번갯불을 만나 흥미진진한 일이 벌어지기만 기다렸을 것이다.

이것은 추정이고 재미있는 이야깃거리이지만 과거를 볼 수 있는 망원경이 없으니 앞으로도 그럴 수밖에 없을 것이다. 우리가 무슨 일이 일어났는지 알 수 있고 외계의 운석이 지구의 내양에 아미노산을 뿌렸다고 증언할 수 있더라도, 그건 생명의 기원을 다른 곳으로 돌리는 것밖에 되지 않는다.

35억 년 전에는 여러 가지 활동이 일어났다. 그 활동으로 무엇인가가 일어났다.

퍼즐의 윤곽이 나오기 시작했으니 다른 조각들도 살펴보자.

25장
남세균

>>> 스탠리 밀러를 기억하는가? 플라스크에 몇 가지 기체와 화학 물질을 집어넣었던 시카고 대학교의 젊은 대학원생 말이다. 그가 투입했던 메탄과 암모니아는 초기 지구에 차고 넘쳤으며 이러한 혼합물이 번갯불을 만나 지방산, 아미노산 같은 유기 화합물이 만들어졌다. 그러한 화합물은 무슨 의도가 있어서가 아니라 화학적으로 잘 결합하기 때문에 만들어진 것이다. 그런 식으로 화합물은 조금씩 더 복잡해지면서 주위의 유기 물질을 흡수했다. 그리고 나중에 가서는 갈라졌다. 이렇게 분기된 것을 후손이라고 생각해보자. 갈라져 나간 미생물은 원래의 미생물과 완벽하게 똑같지 않았을 것이다. 아니, 자못 달랐을 것이다. 어느 쪽이 더 유리한지 판단할 수 있을 만큼 충분한 차이가 있었을 것이다. 어쩌면 가끔 주위에서 만나는 유기 물질과 더 잘 결합하거나 그러한 물질을 더 잘 흡수한다는 차이가 있었을 것이다.

혹시 여러분이 짐작하지 못했을 수도 있지만, 이게 바로 자연 선택이다. 얼추 비슷하지만 서로 다른 두 생물이 있다면 바로 그 차이 때문에 더 유리한 쪽이 있다. 체질이 튼튼하고 건실하다고 항상 더 좋은 것은 아니다. 어떤 것이 '더 좋은' 이유는 극도로 주관적이다. 어떤 차이가 생존에 도움이 되어 생물이 스스로 복제할 수 있을 만큼 오래 살 수 있고, 복제 덕분에 환경에서 살아남는 데 유리하게 작용하는 그 독특한 차이도 계속 후세에 이어진다고 가정해보자. 그럴 경우, 자연이 그 생물이 번성하게끔 '선택'했다고 말할 수 있다. 때가 되면 그 생물의 후손들이 전체 개체 수의 상당 부분을 차지할 것이다. 성장이나 에너지원을 확보하는 능력이 밀리는 생물들은 사멸하든가 자기네들의 차이가 유리하게 작용할 수 있는 다른 환경으로 이동한다. 이러한 과정이 끝없이 반복된다. (23장에서 들었던 토끼의 예를 생각해보라.)

자연이 생물이 번성하게끔 '선택'했다고 하면 그러한 선택 과정이 의식 저이거나 목적이 있다는 말처럼 들릴 수 있는데 그렇지 않다. 그런 게 아니다. 어떤 환경에서 살아남기에는 어떤 생물이 다른 생물보다 유리하다는 말을 그렇게 한 것뿐이다. 이 선택은 행위가 아니라 과정이다. 내가 깔때기에 다양한 크기의 대리석 조각을 통과시킨다면 작은 조각은 쏙 빠져나가지만 큰 조각은 걸릴 것이다. 이 깔때기가 자연이라고 생각해보자. 잘 통과하는 작은 조각에 대해서나, 중간에 걸리고 마는 큰 조각에 대해서나, 깔때기는 아무 생각이 없다. 깔때기는 대리석 조각들이 통과해야 하는 환경이고, 작은 조각이 이 환경에는 맞는 것이다.

그리하여 35억 년 전에 미생물들은 결합하고 갈라지고 다시 결합하기를 반복해 세균과 단세포 조류(藻類)가 되었다. 이 생물은 아주 작았다. 너무 작아서 고성능 현미경 없이는 보이지도 않는다. 이러한 단세포 조류 중 하나가 남세균이었다. 이 작은 친구들은 어떤 환경에서나 생존에 능해서 매우 빠르게 불어났다. 여기서 말하는 '매우 빠르게'는 수백만 년에 해당한다. 남세균은 자신의 소임을 어찌나 잘해냈는지 오늘날 우리 주위에서도 볼 수 있다. 연못에서 뭉텅이로 자라는 남조류를 본 적이 있는가? 그렇다면 그것을 본 것이다.

남세균이 그토록 잘해낸 소임이란 에너지원을 얻기 위해 분투하는 미생물들의 세계에서 가장 중요한 에너지원을 이용하는 방법을 찾은 것이다. 그 에너지원은 햇빛이다. 지구 초기에는 언제나 폭풍이 몰아쳤으니 햇빛이 비치는 시간이 짧았을 것이다. 남세균은 자기가 취할 수 있는 것을 취했다. 다른 미생물들은 햇빛을 이용하는 법을 잘 몰랐기 때문에 남세균은 그들을 훌쩍 앞질렀다. 그들에겐 안됐지만 남세균에겐 잘된 일이었다. 남세균이 단세포 생물이라는 점을 잊지 말자. 이 생물의 세포에는 핵이 없고 에너지 센터도 없어서 '원핵생물(prokaryote)'이라고 한다. 이 얘기는 나중에 살펴볼 '진핵생물(eukaryote)'과 구별하기 위해 미리 해두는 것뿐이다. prokaryote에서 pro는 '이전'을 뜻하는 그리스어다. karyote 혹은 karyon은 '견과, 알갱이'를 뜻한다. 그래서 남세균은 최초의 알갱이다.

이 남세균이라는 원핵생물은 태양을 좋아했다. 햇빛에서 힘을 얻어 증식해나갔다. 이 활동의 부산물 중 하나가 산소였다.

이때부터 상황이 아주 재미있어진다.

햇빛을 에너지원으로 쓰고 산소를 대기 중에 배출하는 과정이 바로 광합성이다. 식물은 광합성 전문가다. 광합성의 기원은 남세균이라는 작은 생물이 할 수 있었던 일까지 거슬러 올라간다.

과학자들이 채취해서 살펴볼 수 있는 증거가 남아 있다는 사실이 놀라울 수도 있겠다. 30억 년 묵은 남세균이 그대로 남아 있다는 뜻은 아니다. 남세균이 한데 뭉쳐 층을 이루었고 이 층이 스트로마톨라이트라는 구조로 광물화되었다. 이런 일은 지금도 일어난다. 35억 년 된 스트로마톨라이트가 발견됐다는 사실 자체가 당시 남세균이 존재했다는 특별한 증거다.

경이로운 산소 생성으로 다시 돌아가보자. 산소가 없다면 우리는 어떻게 될까? 아무튼 지금 같지는 않을 것이다. 인간을 비롯한 고등 생물들은 산소가 필요하다. 당시에는 그러한 고등 생물들이 없었지만 광합성은 산소가 전혀 없던 곳에 산소가 충분히 돌게 했다. 이제 그 산소를 써먹을 누군가만 등장하면 되는 상황이었다. 마침내 누군가가 행동에 나섰다.

이후의 10억 년도 크게 달라진 것은 없었다. 남세균은 계속 산소를 만들어 대기 중에 배출했다. 그러던 어느 날, 적어도 우리 인간 기준에서는 역사상 최고의 날로 기록될 만한 그날에, 무슨 일이 일어났다. 그때는 대수롭지 않게 넘어갔을지 몰라도 지구의 역사에서 가장 중요한 사건으로 꼽힐 만한 일이었다. 아, 물론 애초에 지구가 생겼다는 사건은 빼고 말이다.

그날에, 어느 모험심 넘치는 단세포 원생생물, 일명 원시 고세균이 떠다니다가 지나가던 다른 단세포 박테리아를 만나 그것을 붙잡았다. 이제 돌이킬 수 없었다. 이 원생생물과 거기에 붙잡힌 박테리아는 그들이 단독으로 살 때보다 그렇게 결합해 사는 것이 더 낫다는 것을 알게 되었다. 그들은 최초의 한 팀이었다. 둘이 만나 이제 하나가 되었다. 다음번에 원생생물이 분열할 때는 거기 들러붙은 박테리아도 함께 분열할 것이다. 그들이 누구보다 왕성한 식욕으로 흡입한 것은 남세균이 생산한 산소였다. 그들은 산소를 에너지로 바꾸었다.

하나의 세포가 다른 세포를 만나 상호 의존하는 이 과정을 세포 내 공생이라고 한다. 한편, 하나의 세포가 두 개의 세포로 갈라지는 과정은 유사 분열이라고 한다. 이제 그것은 더 이상 원핵생물이 아니었다. 다른 무엇이 되었다. 새로운 것. 그것은 진핵생물이었다.

내가 지금까지 기술한 내용은 복합 세포의 출현을 설명하기 위해 제시된 모델이다. 이것을 '키메라 모델'이라고 한다. 이 모델은 세포 내 미토콘드리아, 일명 세포의 발전소의 존재를 설명해준다. 원생생물에게 붙잡힌 박테리아가 미토콘드리아가 된 것은 아닐까. 사실 여부가 어떻든, 진핵생물은 번성하고 널리 퍼졌다. 이 생물의 새로운 세포는 기본적으로 모세포와 동일하다. 새로운 세포는 단세포 생물이었던 때보다는 훨씬 복합적이었지만 분열에 의해 그 상태를 유지했기 때문에 다양성이나 변화는 없었다. 이렇게 별다른 일 없이 산소 소비와 세포 분열이 다시 10억 년쯤 이어졌다. 이 과정이 오늘날까지 계속되었을지도 모른다. 최초의 진핵생물은 약 21억 년 전에 등장한 것으로 보인다. 지구의 역사 가운데 절반이 흘러갔다. 내가 '계속되었을지도 모른다'라고 말한 이유는 또 다른 사건이 일어났기 때문이다. 자연 선택이 마법의 힘을 발휘하기 위해서는 뭔가가 더 필요했다. 진핵생물은 자기 소임을 잘해냈지만 그저 똑같은 세포들로 갈라지기만 했기 때문에 자연이 손을 쓸 여지가 없었다. 자연은 10억 년간 이 생물들이 지루하게 똑같은 모양으로 증식하는 것을 멀거니 바라보며 하염없이 기다렸다.

자연이 그 상황을 한 단계 끌어올리기 위해서는 뭔가가 필요했다.

그건 바로 성(sex)이었다.

26장
생식

>>> 상상해보라. 어떤 클론이 바다에서 떠내려가다가 다른 클론을 만났다. 클론들은 그렇게 곧잘 만나서 인사를 나누고 각자 갈 길을 갔다. 그게 세상의 방식이었다. 그들의 삶은 몹시 지루했다. 떠다니고, 먹고, 분열했다. 하지만 어느 날—아무도 기록할 사람이 없던 날, 하지만 우리가 기억해야 할 날—무슨 일이 일어났다. 사랑을 찾거나 잃은 사연은 많고 많지만 지금 이 사연에 비견할 만한 것은 없다. 로미오와 줄리엣은 적어도 따라 할 본보기라도 있었다. 그들은 사랑이 뭔지 알았고, 본 적도 있었다. 단지 사랑이 자기들을 완전히 휩쓸어가기 전까지 그것이 얼마나 강력한지 몰랐을 뿐이다.

그러나 우리의 두 진핵생물에게 일어난 일은 듣도 보도 못한 충격적인 일이었다. 폭풍이 몰아치는 어두운 밤, 그들이 바다에서 마주쳤을 때 마법 같은 일이 일어났다. 그 순간에는 몰랐지만 둘 사이에 뭔가가 오갔고,

헤어질 때는 너무 늦어버렸다. 일은 이미 벌어졌다. 둘은 조금 달라진 채로 헤어졌다. 둘 사이에 오간 것은 약간의 유전 물질이었다. 그런데 이 만남이 세상을 바꾸었다. 다음번에 분열할 때 그 세포들은 주위의 다른 세포들과 다를 테니까. 두 세포가 만나서 유전 물질을 교환했기 때문에 이후에 발생하는 새 세포는 그 두 세포의 유전 물질을 조금씩 갖게 되었다. 이제 그들을 부모라고 부를 수 있겠다. 그들이 한 일이 부모가 하는 일이기 때문이다. 비록 그들은 자신들이 무슨 일을 했는지 전혀 모르겠지만 말이다. 그들의 딸세포는 유전 물질 교환이 나쁜 일은 아니었다는 것을 알게 되었다. 세포들이 만나서 일어나는 일은 통제할 수 있는 것이 아니었다. 세포들은 자기네 부모가 했던 대로 유전 물질을 주고받으면서 이전에는 존재하지 않았던 다양한 세포를 만들어냈다.

그런 일이 어떻게, 무슨 이유로 일어났는지는 모른다. 10억 년도 더 된 과거의 일이다. 우리는 그저 그런 일이 일어났고 그 덕분에 자연이 가지고 놀 새 장난감을 얻었다는 것만 안다. 내가 좀 낭만적으로 미화하긴 했지만 아무리 미화해도 이 사건이 얼마나 놀랍고 대단한지 제대로 표현할 수는 없다. 이 작은 진핵 세포들은 그 사건을 이해하지 못했다. 그들에겐 '생각'이 없었다. 세포막이 유독 침투성이 좋았다든가, 어떤 변이를 거쳐 이웃의 세포벽에 구멍을 낼 수 있게 되었다든가, 필경 무슨 이유가 있었을 것이다. 그 이유가 무엇이었든, 일어난 일은 되돌릴 수 없었다.

모두가 클론이있을 때는 늘 그대로였다. 모두가 같은 자원을 놓고 경쟁했다. 누가 유리하고 말고 할 것도 없었다. 세포의 사본이 무수히 일어나는 오류로 손상된다면 그 세포는 금세 사라질 것이다. 그 세계에 변이는 없었다. 완전히 건강한 세포가 있었던 것도 아니고, 세포가 넘쳐났던 것도 아니다.

세포들이 유전 물질을 주고받으면서 판도가 뒤집혔다. 권태에 시달리던 자연이 벌떡 일어나 주목하기 시작했다. 이건 새로운 상황이었다. 클론들의 바다에서 새로운 세포가 등장하다니. 이 세포들에게는 '어머니'의 유전 물질과 '아버지'의 유전 물질이 있었다. 내가 '어머니', '아버지'라는 단어를 쓰긴 했지만 무슨 뜻인지 여러분은 알 것이다. 새 세포는 부모 양쪽에서 뭔가를 물려받았다. 그래서 이 세포들은 달랐고, 다른 클론들과 동일하지 않았다. 유전 물질을 교환했기 때문에 변화가 일어났다. 그리고 달라진 세포들은 다시 다른 세포와 유전 물질을 교환하고 다시 분열하여 더 많은 변화를 낳았다.

새로운 세포들은 살아남지 못한 경우도 있었고 생존에 유리한 경우도 있었다. 산소를 좀 더 효율적으로 사용한다든가 더 빨리, 더 많이 분열한다든가 하는 차별점이 있었으니까. 새 세포들은 그러면서 계속 이웃 세포와 유전 물질을 교환해 다양성을 늘리면서 대를 이어나갔다.

이제 자연 선택이 뭔가를 해볼 수 있게 되었다. 자연 선택은 어떤 차이가 그 차이를 지닌 개체 혹은 집단에 유리할 때 일어난다. 그 개체가 번식 혹은 복제를 할 만큼 오래 산다 치자. 그렇다면 그 차이는 (관여하는 차이 및 유전자에 따라) 전체 혹은 일부 후손에게 전달된다. 새로운 세포, 새로운 생존 전략은 개체 수를 늘리는 효과를 낳는다. 이제 클론들만 있는 게 아니다. 새로운 세포 종이 등장했고, 이 종은 자기 복제에 만족하지 않았다. 이제 새 세포들은 잠시 합쳐져 유전 물질을 교환한 후 감수

분열이라는 과정에 들어갔다.

잊지 말아야 할 것이, 유전 물질 교환 이전에는 유사 분열에 의한 클론의 탄생밖에 없었다. 하나의 세포가 똑같은 세포 두 개로 갈라지는 과정은 신속하고 능률적이다. 그래서 10억 년 이상을 유사 분열로 버텼다. 그런데 여기에는 문제가 있다. 초창기의 지구는 안전한 곳이 아니었다. 당시의 지구는 갑자기 불리한 변화가 일어나곤 하는 극한 환경이었다. 진핵 세포들은 이 환경을 감당해야 했다. 어떤 병원균이 떼로 몰려와 큰 피해를 입혔다. 클론들밖에 없으면 모두 똑같은 운명에 처한다. 내가 블루라이트 알레르기가 있다면 블루라이트에 노출될 때마다 몸에 발진이 나서 드러누울 것이다. 그런데 어떤 사악한 과학자가—왜 사악한지는 모르지만 그렇게 부르는 것이 적절할 성싶다—나의 클론을 만들었다. 여러분이 그 클론이라고 치자. 그 못된 과학자가 우리 둘을 한방에 몰아넣고 블루라이트를 켠다. 우리는 둘 다 발진이 나고 끙끙 앓을 것이다. 나에게 해로운 것은 여러분에게도 해롭다. 우리는 빼도 박도 못할 유전사 때문에 완전히 똑같으니 어쩔 도리가 없다.

이제 여러분이 나의 클론이 아니라 아주 약간 다른 사람이라고 생각해보자. 우리를 구성하는 세포는 '거의' 같지만 심층적으로 살펴보면 유전자 구성이 살짝 다르다. 우리는 모든 면에서 똑같아 보이지만 블루라이트에 대한 반응을 결정하는 유전자에 차이가 있다. 이제 블루라이트가 나에게 미치는 영향과 여러분에게 미치는 영향은 같지 않다. 아니, 여러분은 블루라이트를 쬐면 되레 기운이 난다. 이제 그 못된 과학자가 블루라이트로 공격하면 나는 온몸에 발진이 나서 쓰러지고 여러분은 기운이 뻗쳐서 방을 박차고 나갈 것이다. 여러분이 유리해졌다, 그렇지 않은가?

사악한 과학자의 블루라이트를 파란 태양으로 대체해보자. 나와 내 클론들은 평생 발진에 시달리며 시름시름 죽어가는 반면, 여러분은 잘만 살아갈 것이다. 여러분은 후손에게 유전자를 물려줄 것이고, 그 유전자 덕분에 여러분의 후손은 파란 햇살 아래 걸어 다닐 수 있을 것이다. 시간이 한참 흐른 후, 여러분의 후손은 세상에 많이 있겠지만 나는 거의 평생을 병석에 누워 보낸 탓에 후손이 거의 없을 것이다. 그리고 내 클론의 후손도 마찬가지 이유로 거의 찾아볼 수 없을 것이다.

파란 태양이 뜬 적은 없지만 비슷한 상황들은 있었다. 진핵생물 클론들은 그들 나름의 블루라이트 딜레마를 겪었고 똑같은 방식으로 피해를 입었다. 블루라이트 유전자가 진짜로 있다 치자. 지구 대기의 어떤 요소가 파란색 스펙트럼의 빛만 통과시켜서 실제로 햇빛이 파란색이 되었다 치자. 그렇다면 대량 멸종 사태가 일어나고 유전 물질 교환과 그에 따른 변이로 인해 블루라이트에도 끄떡없게 된 세포들만 남을 것이다. 요점은 이것이다. 이제 자연의 손아귀에 유전자를 뒤섞는 오만 가지 방식과 수십억 년의 시간이 주어졌다.

이렇게 생각해보자. 10벌의 카드를 두 벌씩 짝지어 다섯 더미로 만든 다음 각각의 더미를 섞어서 쌓아놓는다. 첫 번째 카드를 뒤집는다. 짝수 카드가 나왔다면 남겨두고, 홀수 카드가 나왔다면 그 더미는 버린다. 두 더미는 모두 맨 위의 카드가 홀수 카드라서 버렸다고 가정해보자. 그렇다면 이제 세 더미가 남았다. 그것들은 살아남았다. 클론 상황과 마찬가지로 모든 더미가 똑같고 맨 위의 카드가 다 홀수 카드였다면, 모든 더미가 버려졌을 것이다.

자연 선택도 마찬가지다. 자연 선택은 카드를 섞고 또 섞으면서 게임을 계속한다. 규칙이 바뀌기도 한다. 그러면 또 어떤 더미는 버려지고 어떤 카드들은 계속 섞인다.

이 시점까지 우리는 단세포 생물만 다루었다. 원핵생물은 핵 없는 단세포였다. 그다음에 진핵생물이 있었다. 이 생물은 지나가는 박테리아를 붙잡아 핵으로 만들었다. 진핵생물도 단세포 생물이었지만 약간 더 복합적이었다.

우리는 세포의 장점을, 그리고 장점을 지닌 세포를 선택하는 자연의 맹목적 습성을 이야기했다. 다른 것은 전혀 보지 않는 선택이기 때문에 '맹목적 습성'이라고 말하는 것이다. 자연의 선택에는 목적이 없다. 생물의 형질이 오래 사는 데 이롭게 작용해 번식을 통해 다음 세대에 전달되는 게 다다. 이점은 각양각색이다.

성적 방식으로 번식하는 두 개의 진핵 세포가 혼자 지내는 것보다 함께 지내는 것이 더 낫다는 것을 알게 된다면 어떻게 될까? 이런 상상을 해보자. 그 세포들이 떠다니던 물의 흐름이 심하게 거칠어진다. 다른 진핵 세포들이 모두 떠내려간다. 다들 흩어져서 서로 결합해 번식하기가 극도로 어려워질 것이다. 세포들은 파도가 치는 대로 휩쓸린다. 파도가 계속 몰아치면 그들은 점점 더 서로 멀어질 것이다. 하지만 두 개의 작고 끈끈한 세포가 어쩌다 서로 딱 들러붙게 된다. 유전가가 뒤섞이는 과정에서 그 세포들은 유독 끈끈한 세포막을 갖게 되었다. 다른 세포들은 그렇지 않았기 때문에 뿔뿔이 흩어졌다. 이 행운의 두 세포는 한 덩어리가 된 채

파도에 떠밀려갔다. 그들은 최선을 다했고 그 최선이란 서로 유전 물질을 교환하고 번식하는 것이었다. 그들의 후손은 잘 들러붙는 세포막을 갖게 될 것이다. 이렇게 끈끈한 세포가 대대로 번식해 결국은 둥둥 떠다니는 세포들의 덩어리가 형성된다. 이 덩어리가 함께 물의 흐름과 싸우고 번식한다. 그러다 또다시 거센 파도가 일어나 덩어리가 찢어지고 떠내려가지만 계속 번식한다. 이제 두 개의 세포군이 서로 다른 방향으로 떠내려간다. 세포들의 덩어리는 갈라지고 떠내려가기를 반복해 영겁의 시간이 흐르자 바다는 떠다니는 세포들의 섬으로 가득 찬다. 잊지 말자, 이 세포군들은 모두 성적으로 번식한다. 그것들은 유전 물질을 열심히 주고받는다. 변화 혹은 변이가 일어나면 그 또한 전달된다. 떠다니는 세포군들이 서로 멀리 흩어지면 어느 한 군의 변화가 다른 군에 영향을 주지 않는다. 세포군이 각기 다른 이유는 각 군에 포함된 세포들이 다르기 때문이다. 세포군은 결국 완전히 달라져서 나중에는 처음의 세포군을 다시 만나도 유전 정보를 교환하지 않기에 이른다. 어쩌면 처음 세포군의 세포막이 너무 단단해서 침투가 불가능할 것이다. 혹은, 한쪽 세포군의 형태가 다른 세포군과의 결합을 불가능하게 했는지도 모른다.

이제 세상에는 다세포 생물이 처음 등장한 것이다.

흥미로운가? 그렇다면 그다음에 무슨 일이 일어날지 기다리라.

27장
다세포 생물

>>> 자연 선택이 다세포 생물의 창조를 시도하기까지의 과정에는 우리가 모르는 것이 너무 많다. 생명은 단세포 생물로 초라하게 시작해서 유전자를 교환하는 복합 세포로 차츰 발전했다고 했는데, 이건 상당 부분 우리의 추측에 불과하다. 우리는 이 작은 생명의 선구자들이 어디선가 시작해야만 했다는 것을 안다. 오늘날 우리가 생명에 대해 아는 바를 적용하면 그다음에 무슨 일이 일어났을지 짐작할 수 있다.

우리는 어떻게 시작됐는지는 몰라도 언제쯤 시작됐는지는 안다. 우리는 연못 속의 아미노산에서 복합 세포로 나아간 생명에 대해 강력한 이론을 수립했다.

하지만 왜 우리는 이 문제를 이렇게 힘들어하는가? 분명히 다세포 생물로 진화했다는 증거가 있을 텐데? 그 이유는 이 생물이 부드러운 조직으로 이루어졌기 때문이다. 우리가 지금 세포 얘기를 하고 있다는 걸 잊지 말자. 그것들은 너무 연약해서 화석 기록으로 남을 수 없었다. 그냥 죽으면 지워지는 것이다. 광물화될 수 있는 것이 없으니까. 감사하게도, 이차 혹은 삼차 증거는 있다. 남세균이 남긴 스트로마톨라이트가 완벽한 예다. 스트로마톨라이트는 지금도 만들어지므로 우리는 그 형성 과정을 안다. 35억 년 된 스트로마톨라이트의 화석은 그것이 태초에도 만들어졌음을 알려준다. 지구가 탄생하고 10억 년쯤 지나서 스트로마톨라이트가 나타났다. 그리고 일부 모델에 따르면 6억 년 전쯤에 다른 것들이 나타났다. 다세포 생물들이었다.

다세포 생물은 5억 4,200만 년 전부터 120만 년 전까지는 어디에나 있었다. 대부분 최초의 등장 시기는 5억 4,200만 년 전에서 5억 8,500만 년 전 사이로 본다. 하지만 몇천만 년이 무슨 대수인가? 어쨌든 5억 4,200만 년 전에 작은 진핵생물들은 군을 이루고 있었다. 이 모든 것은 단순한 원핵생물에서 시작되었다.

세포들이 조직을 이루고 입체적 형태를 갖추었다. 이때 어떤 형태는 다른 형태보다 잘 작동했다. 나아가, 세포들은 분업을 하기 시작했다. 어떤 세포는 특정 과업의 수행에 특화되었다. 시간이 지나자 함께 일하는 세포들은 하나의 군체(群體)로서 움직일 수 있었다. 어떤 세포들은 순전히 이동을 돕는 목적만 있었고, 또 다른 세포들은 양분을 소화해 그 이점을 군락의 다른 세포들에게 전하는 목적만 있었다. 그것은 세포들의 거대 공동체였다. 자원을 공유하고 몸집을 키워나갔다. 그런 일이 한 번만 있었던 게 아니라 여러 번 있었다. 다세포성은 어떻게 조류가 식물로 발전했는지 설명해준다. 복합 세포군은 움직일 수 있는 복합체로 발전했다.

이것이 왜 중요했을까? 자연 선택은 장난감이 주어지면 열심히 가지고 논다. 찰흙을 주물러 이것저것 만드는 어린아이 같다. 어떤 것은 꽤 멋지게 만들어져서 나중에 가지고 놀려고 남겨두지만 어떤 것은 도로 통 안에 넣어버린다. 기껏 만들어놓고 그렇게 버린 것은 영영 사라진다. 그런데 우연히 딱딱하게 굳어진 것은 — 그렇다, 화석이 된다. 이건 찰흙 화석이지만, 그래도 어떻게 된 일인지 이해가 갈 것이다.

자연 선택은 다세포 생물들의 등장과 더불어 오래도록 굉장히 즐거운 시간을 보냈다. 그 이유는 다세포 생물들이 자연 선택에게 선별의 여지를 주었기 때문이다. 그 생물들은 크기가 커졌고, 새로운 지역으로 먹이를 찾아 이동했으며, 환경으로부터 자기 자신을 보호했다. 두 세포 집단이 동일한 자원을 차지하기 위해 경쟁한다면 그중 한 집단이 이점을 누릴 터였다.

이 시기에 특수한 형태의 생물이 등장했다. 그중 하나가 깃편모충이라고 하는 특이한 미생물이다. 깃편모충은 타원형의 작은 머리와 꼬리로만 이루어져 있다는 점이 독특하다. 이 타원형 머리 바로 밑에 일종의 깃이 있는데 깃편모충이 물속에서 꼬리로 헤엄쳐 나아갈 때 박테리아를 포착해서 흡수한다. 이것들이 바다에서 발달했다. 땅은 아직 메마른 허허벌판이었다. 지구에 등장한 많은 생물은 해저에 서성거리고 있었다. 그중 상당수는 움직일 수 없었고 이동 가능한 생물도 주위의 바다에서 양분을 취하는 데 만족했다.

그러나 모두가 눌러앉아 있는 데 만족한 것은 아니었다. 다른 다세포 생물들도 깃편모충과 마찬가지로 이동의 즐거움을 발견했다. 이동을 하면 먹이를 찾을 기회도 늘어났다. 그리고 먹이를 찾아다니다 보니 다양한 환경을 만나고 새로운 도전을 할 수 있었다.

우리는 이런 것을 어떻게 알 수 있을까? 약 5억 년 전에 특별한 일이 일어났다. 캄브리아기에 일어난 동물 대폭발은 화석 기록으로 알 수 있다. 이 시기 화석의 상당수는 그 동물들에게 부드러운 신체 부위가 많았음을 보여준다. '캄브리아기 대폭발'이라는 용어를 들어보았는가? 이전의 자연 선택이 찰흙 한 통만 가지고 주물럭거리는 수준이었다면 캄브리아기 대폭발 때에는 창고 하나를 통째로 발견했다고나 할까. 이 시기에 나타난 생물들의 모습은 놀랍다. 자연이 마침내 찰흙으로 무엇을 만들 수 있는지를 터득한 것 같았다.

지구상에서 캐나다 로키산맥의 버제스 셰일보다 더 뚜렷한 증거를 찾을 수 있는 곳은 없다. 버제스 셰일은 1909년에 찰스 월컷이라고 하는 운수 대통한 고생물학자가 발견했다. 그는 그 지역에서 여름을 보내고 집에 돌아가려던 중에 검은 셰일의 노두(露頭)를 긁어냈다. 거기서 화석들을 발견했는데 그 전까지는 본 적도 없는 종류의 화석들이었다. 월컷은 1924년에 사망할 때까지 6만 5,000종의 멸종 동물 화석을 발굴했다.

버제스 셰일이 드러낸 것은 자연의 실험실이었다. 여기에 보존된 생물 형태는 오늘날 지구에 존재하는 모든 생물의 프로토타입으로 쓰였다. 모양과 형태의 다양성이 얼마나 풍부하고 복잡한지 놀라울 정도다.

이 같은 풍부함과 복잡성 때문에 생물들의 자원 경쟁은 본격화되었다. 생물들은 희한하게 생긴 이웃과 경쟁하기 위해 대안을 모색해야 했다. 새로운 신체 설계가 나타났다. 이 설계는 자원 경쟁에서 이기기 위한 새로운 방법을 사용했다. 그러다 어느 날, 어느 음울한 날, 새로운 생물이 어둠을 뚫고 나타났다. 그 생물은 자원 경쟁만으로는 만족할 수 없었다. 그것은 경쟁자를 잡아먹어야겠다고 생각했다.

  최초의 포식자가 나타났다.

  생명은 결코 이전 같지 않을 것이다.

28장
군비 경쟁

>>> 5억 4,200만 년 전에 무슨 일이 일어났기에 캄브리아기에 생물이 폭발적으로 증가했을까?

전쟁이 일어났다.

그 전쟁의 원인을 파헤치기 전에 왜 그 이전 시대보다 캄브리아기에 생물종이 늘어난 것처럼 보이는지 생각해보자. 솔직히 말해 이것은 답변이 절실한 수많은 의문 중 하나일 뿐이다. 우리는 또한 캄브리아기 이전 생물들의 화석 기록을 찾아보기 힘든 이유에 대해서도 생각해야 한다. 그 답은 간단하다. 앞에서 은근히 암시하기도 했다. 그 생물들은 신체가 무르고 연했다.

무른 신체에 무슨 문제가 있기에? 음, 화석으로 남을 필요가 없다면 아무 문제도 없다. 캄브리아기에 풍부하게 보이는 복잡한 형태들 이전에는 연체(軟體)가 대세였다.

여기서 잠시 화석이 만들어지려면 무엇이 필요한지 생각해보자. 화석이 형성되려면 여러 가지 사태가 완벽하게 맞아떨어져야 한다. 일단, 동물이 죽어야 한다. 이 부분은 쉽다. 모든 동물은 죽는다. 그게 우리가 크게 믿을 만한 구석이다. 화석 생성 기제가 작동하려면 동물이 적당한 장소에서 죽어 단단하지 않은 퇴적층에 묻혀야 한다. 사체가 죽은 고기를 먹는 동물에게 손상당하지 않게끔 완전히 묻힌 후 광물화되어야 한다. 광물화가 특히 힘든 부분이다. 연하고 무른 몸을 지닌 벌레는 광물화될 수 없다. 화석이 되고 말고 할 게 별로 없다. 광물화가 이루어진 다음에는 그것이 묻혀 있는 퇴적층이 단단하게 굳어져야 한다.

일단 여기까지 진행되어야 화석이 된다. 그 후에는 메리 애닝이나 찰스 다윈처럼 진취적인 화석 사냥꾼에게 발견되어야 한다. 그러기까지는 수십억 년에 걸친 지각 변동과 격변을 견뎌내야 할 수도 있다. 화석은 일단 형성되고 나서도 수백만 년을 살아남아야 한다. 우리가 그걸 발견했다는 것 자체가 대단히 경이로운 일이다.

발견할 수 없다고 확신할 수 있는 것이 하나 있다. 무른 몸을 가진 생물은 화석 기록에서 발견할 수 없다. 사태들이 다 맞아떨어져도 거기에 자신의 흔적을 잘 남기지 못한다. 그런 생물은 빨리 썩는다. 퇴적층은 그런 게 언제 존재했었나 싶게 흔적을 지울 것이다. 설령 이 과정을 통과한다 해도 몸에 단단한 부분이 없기 때문에 광물화가 이루어지지 않는다. 그것들은 모든 면에서 유령이다. 우리는 그것들이 있다는 것을 알고 존재를 감지할 수 있지만 볼 수는 없다.

나는 "무슨 일이 일어났다"는 표현을 즐겨 쓴다. 그건 정말로 무슨 일이 일어났기 때문이다. 이유와 방식은 늘 정확히 알지 못해도 시기와 장소는 대체로 알 수 있다. '이유'에 대해서는 이론을 세우는 작업이 상당히 필요하다. 지금 다루는 '무슨 일'은 캄브리아기 대폭발 당시 일어났다. 숨겨져 있던 다양한 생물들이 갑자기 날 좀 봐달라는 듯 존재감을 드러낼 때다. 그것들은 무른 몸을 지닌 벌레나 연약한 다세포 생물이 아니었다. 아니, 전혀 그렇지 않았다. 그 생물들은 단단한 껍데기를 가지고 있었다. 신체의 무르고 연한 부분을 보호할 장치가 있었던 것이다. 그것들은 싸우거나 방어할 채비를 갖추고 나타났다. 하지만 무엇으로부터의 방어일까?

기억하라, 이 선캄브리아기에 존재했던 생물들은 모두 지구 초기 대양 속에 있었다. 그것들은 대개 이동 없이 살았다. 대부분 바다 밑바닥 가까이 머물러 지내며 바닷물에서 양분을 취하거나 작은 먹잇감이 지나가기를 기다렸다. 이상한 낌새를 못 채고 근처를 지나가는 다른 생물이 그들의 밥이었다. 그러다 몇몇 생물이 움직이기 시작했다. 먹이를 찾아다니는 편이 가만히 앉아 기다리기만 하는 것보다 낫다는 것을 알게 되었다. 스스로 움직일 수 있거나 먹이를 향해 방향을 틀 수 있는 생물은 그렇지 못한 생물에 비해 이점이 있었다. 먹잇감이 되기 쉬운 생물 역시 포식자를 피하기 위한 적응이 필요했다. 눈에 띄지 않게 숨든가 맞서 싸우든가 해야만 했다. 달리 말하자면, 이때부터 군비 경쟁이 시작됐다.

다윈의 말마따나 "자연의 평온한 겉모습 바로 아래서 일어나는 무시무시하지만 조용한 전쟁을 믿기는 어렵다." 예를 들어 내가 해저에 붙박이로 사는 연하고 무른 몸을 지닌 생물이라 치자. 나의 조상들도 수천 세대 동안 그렇게 살아왔다. 우리는 이런 삶의 방식에 통달해 있다. 그

저 오래오래 기다리기만 하면 먹을 것이 우리 쪽으로 떠내려온다는 것을 안다. 항상 그랬으니까. 그리고 우리는 번성했다. 나와 같은 생물이 널리고 널렸다는 말이다.

어느 운수 나쁜 날에 어둠 속에서 뭔가가 나타났다. 그놈은 이빨을 가지고 있었고 움직임이 빨랐다. 우리는 놈의 이빨과 단단한 외피에 삐죽삐죽 튀어나온 가시도 피해야 했다. 그러한 공격을 막으려면 단단한 등딱지 같은 것이 필요하다는 것을 우리는 몰랐거니와 알고 싶지도 않았다. 우리는 그냥 살아남고 싶었다. 무서운 것은 그놈 하나가 아니었다. 그런 것들은 또 있었다. 번식을 할 만큼 오래 살고 싶다면 우리 자신을 지킬 수단이 필요했다. 자연은 우리에게 등딱지를 마련해주었다. 우리는 가시 따위에는 끄떡없는 외골격 생물로 진화했다. 어둠 속에서 출몰한 우리의 포식자는 다소 곤란해졌다. 우리 중 일부는 포식자에게서 빠르게 도망갈 수 있도록 꼬리가 발달했다. 애석하게도 포식자 역시 진화했다. 포식자는 등딱지를 부수는 집게발을 갖게 되었고 움직임도 더욱 빨라졌다.

생사가 걸린 싸움이었다.

단단한 껍데기를 지닌 것은 절지동물이다. 절지동물은 캄브리아 대폭발 당시 다양한 크기와 모양으로 대거 등장했다. 포식자들이 먹이를 잘 잡을 수 있게 진화하자 이 먹이들, 즉 피식자 역시 쉬이 잡아먹히지 않기 위해 독특하고 효과적인 방법을 찾았다. 이 갑작스러운 군비 경쟁 때문에 캄브리아기에는 생물의 체형이 폭발적으로 다양해진 것이다. 절지동물은 약 4억 2,000년간 세계를 지배했다. 거대한 바다전갈처럼 생긴 광익류(廣翼類) 포식자도 이 시기에 등장했을 것이다. 진정한 승자는 삼엽충이었다. 2억 5,000만 년 동안은 삼엽충이 지구상에서 가장 발달한 생물 형태였다. 그중 일부는 몸길이가 90센티미터도 넘었다. 반면, 어떤 것은 딱정벌레만큼 작았다. 삼엽충은 보호막 역할을 하는 외골격 덕을 톡톡히 보았다.

외골격에는 또 다른 이점이 있었다. 더러 용감한 개체들이 고개를 물 밖으로 내밀 때도 외골격 덕분에 신체가 마르지 않고 촉촉하게 버틸 수 있었다. 그리하여 어떤 생물은 땅이라는 것을 발견했다.

육지였다.

육지에는 자원을 차지하기 위한 경쟁이 없었다. 어디 그뿐인가, 포식자도 없었다.

아직까지는.

29장
바다를 벗어나

>>> 　5억 년 전의 바다에는 생물이 차고 넘쳤다. 절지동물들은 살아남기 위해 싸웠다. 연하고 무른 몸뚱이를 지닌 벌레 비슷한 생물이 참으로 많았다. 해구어(하이코우이크티스, Haikouicthys) 같은 생물도 있었다. 해구어는 바닷속의 다른 동물들과 자못 날랬고 포식자에게 잡아먹히지 않을 만큼 빨랐다. 무엇보다, 다른 동물은 가지고 있지 않은 것이 있었다. 나머지 동물에게서는 찾아볼 수 없는, 보이지 않는 비밀이 있었다. '보이지 않는' 이유는 몸속에 감춰져 있었기 때문이다. 그것은 바로 꼬리부터 머리뼈까지 이어지는 새로운 구조였다. 그렇다. '머리뼈'라고 했다. 머리가 구분된다는 것 또한 새로운 점이었다. 머리뼈와 척삭(脊索)이라는 새로운 구조가 처음 등장했다. 척삭은 해구어나 그 비슷한 동물들에게 척추 구실을 했다. 절지동물은 척삭이 없다. 껍데기를 제거하면 별 것도 없었다. 단단한 껍데기는 방어와 사냥에 유리했지만 몸집을 키우는

데 한계가 있었다. 동물이 성장하면서 껍데기도 커지지만 어느 수준 이상으로는 커지지 않았고, 헌 껍데기를 버리고 새로운 껍데기를 형성하는 경우도 있었지만 이 과정 중에는 연약하고 무른 신체가 위험에 노출되었다. 이것들은 모두 무척추동물, 즉 등뼈가 없는 동물이었다. 그런데 새로이 등장한 동물은 장차 척추로 발전할 척삭과 뼈대를 가지고 있었다는 점에서 최초의 척추동물이라고 할 수 있다. 해구어는 오늘날의 어류와 엄연히 다르지만 생김새는 물고기와 비슷했다.

말할 필요도 없이 그것들은 존재했고, 존재한 이상 살아남고자 했다.

이 생물들이 바다에서 생존을 위해 몸부림치는 동안, 육지에서도 흥미진진한 일이 벌어졌다. 만물의 스타트를 끊었던 최초의 단세포 원핵생물 남세균을 기억하는가? 남세균과 그들의 진핵생물 사촌쯤 되는 조류는 오래오래 번성했다. 척추동물과 무척추동물이 물속에서 치열하게 싸우는 동안, 이 식물의 선구자들은 해안 가까이에서 유유히 살아갔다. 그런데 그중 일부가 밀물에 휩쓸려 축축한 모래 위로 밀려가 그곳에 정착했다. 그것들은 양분을 흡수하고 햇빛을 받아 광합성을 했다. 이것은 새로운 환경이었다. 우리가 배웠듯이, 새로운 환경은 새로운 기회를 제공한다. 그것들은 점차 번성하며 육지로 파고들었다.

최초의 식물이 세계에 등장했고 들불처럼 퍼져나갔다. 아무것도 그들을 저지할 수 없었다. 적어도 육지는 그들의 차지였다. 육지가 너무 건조해질 때는 비가 한 번씩 뿌려주었다. 비는 토양 속의 양분을 그들이 섭취할 수 있도록 분해하는 역할도 했다. 지난 수십억 년간 그들은 그렇게 양분을 섭취해왔다.

속담에도 있듯이 "모든 좋은 일에는 끝이 있다." 어느 한 무리가 재미를 보면 다른 무리는 산통이 깨지기 마련이다. 이 경우는 척추동물이 그러했다. 그들을 뭐라고 할 수는 없다. 사실, 바다에서의 삶은 점점 힘들어졌다. 포식자들은 삶을 힘들게 하거나 생명을 위협했다. 게다가 거의 모든 다른 생물과 먹이 경쟁을 해야만 했다. 물 밖으로 처음 고개를 내민 일부 척추동물에게 육지에서 식물이 누리는 안온한 삶은 얼마나 좋아 보였을까. 등뼈와 지느러미라는 새로운 무기를 갖춘 그들은 기존의 싸움에서 도망칠 기회를 보았다.

물론 그들이 의식적으로 그랬다는 얘기는 아니다. 내가 극적인 효과를 주려고 얘기를 그렇게 했을 뿐. 초기 척추동물이 대놓고 이런 생각을 했던 것은 아니다. '그거 알아? 물속에서 사는 건 너무 힘들어. 먹을 것 구하기도 힘들고 여차하면 바다전갈에게 잡아먹히지. 배불리 먹을 만한 것을 찾았다 싶으면 늘 주위를 살펴야 해. 그에 비해 육지는 훨씬 살기가 편해. 큰맘 먹고 이주힐 때가 됐어.'

장막 뒤의 마법사가 자연 선택이라는 것을 잊지 말자. 포식자가 심해를 돌아다니는 덩치 큰 바다전갈이라면 얕은 물에서도 살 수 있는 피식자에게 이점이 있을 것이다. 머리를 물 밖으로 내놓고 있을 수 있는 피식자는 더 유리했다. 그들은 아주 얕은 물까지 이동할 수 있었다. 바다전갈이나 다른 포식자는 그들에게 다다를 수 없었다. 물이 얕은 곳은 평화로웠다. 이 모험심 많은 동물이 그다음에 해야 했던 것은 숨을 쉬는 것이었다. 그들은 산소가 필요했고 아가미는 축축히 젖어 있을 때만 작동했다. 그들은 공기 중의 산소를 마실 수 없었다. 산소를 흡수하는 새로운 방법이 필요했다.

그 예가 유조동물(有爪動物)인 우단벌레, 혹은 그 조상이다. 벌레와 곤충 사이 어딘가에 위치하는 이 생물은 원래 바다에서 살았다. 이 벌레가 점점 더 땅에 가까워지면서 몸뚱이 옆면에 작은 숨구멍이 발달했다. 덕분에 이 벌레는 짧게나마 육지에 머물 수 있었다. 그들은 5억 년 전 처음으로 육지에 머물렀던 생물이다. 우단벌레는 연하고 촉촉한 몸을 지녔기 때문에 말라 죽지 않으려면 습기가 많은 곳에 있어야 했다. 내륙으로 뻗은 지류는 얕아서 포식자가 쫓아올 수 없었다. 그러니 이 지류로 흘러 들어와 물 밖으로 잠시 나갈 능력이 있는 생물이라면 지상 낙원이 따로 없었을 것이다.

잊지 말자, 자연은 편애가 없다. 그 벌레들이 비약적으로 진화했지만 그들의 포식자인 절지동물들이 가만히 있었을 리 없다.

절지동물의 단단한 껍데기는 피부가 마르는 것을 막아주는 효과가 있었다. 그들은 신체의 수분을 오래 유지할 수 있었다. 결국 그들도 얕은 물까지 진출하고 이런저런 부속물로 몸뚱이를 지지할 수 있게 되자 평화로운 시대는 막을 내렸다. 전쟁이 다시 시작됐고 이 전쟁에는 승자가 없다. 생존과 번식 말고는 아무것도 없다. 이걸 잘하면 조금 더 유리한 위치를 차지할 수 있다. 하지만 결국은 따라잡힌다. 항상 그렇다. 그게 자연의 이치다.

땅에서 숨 쉬는 법은 대부분의 생물에게 편도 승차권과도 같았다. 일단 땅에서 숨을 쉴 수 있게 되면 돌이킬 수 없었다. 바다는 더 이상 그들의 집이 아니었다. 이제 바다로 도피하려고 했다가는 익사하고 말 것이다.

때맞춘 목격자가 있었다면 물에서 놀라운 것들이 기어 나와 숨을 들이마시는 것을 볼 수 있었을 것이다. 벌레 같은 생물, 피부가 축축한 양서류, 딱딱한 껍데기에 둘러싸인 갑각류가 나타났을 것이다. 척추동물들은 훨씬 살기가 편해졌다. 이 동물들은 내부 골격이 몸을 잘 지탱하기 때문에 중력이라고 하는 새로운 요소에 대처하기가 용이했다. 게다가 그들은 빨리 움직이고 몸집을 크게 키울 수 있었다. 그들은 내륙으로 퍼져나갔다. 그들이 서로를 잡아먹게 되기 전까지는 포식자 걱정도 할 필요 없었다.

그리고 다른 생물도 있었을 것이다. 벌레도 아니고 갑각류도 아닌 생물이. 나는 앞에서 지느러미가 있고 물고기처럼 생긴 동물을 언급했다. 그들은 다들 육지라는 신세계로 진출하는 상황을 구경만 하고 싶지 않았다. 이제 그들의 차례였다. 어떻게 그런 일이 일어났는지는 논란의 여지가 있을 수 있어도 그런 일이 일어난 이유는 여러 가지를 들 수 있다. 앞에서 내륙으로 뻗은 지류 얘기를 했다. 그때도 가뭄이 있었다. 가물 때 지류나 샛으로 들어갔다가 돌아갈 수 없게 되는 경우가 더러 있었을 것이다. 물이 얕은 데서 장시간 버티려면 공기로 숨 쉬는 법을 터득해야 했다. 먹잇감이 물 밖으로 나가버렸다는 단순한 이유로, 그것들을 잡아먹는 동물들도 물 밖으로 나가게 됐다. 땅에서 먹이를 찾게 해준 변이는 후손에게까지 확대되었을 것이다.

확실한 것은 350만 년 전에 물고기 비슷한 동물이 바로 그렇게 한 걸음 나아갔다는 것이다. 실로 위대한 한 걸음이었다.

어떻게 우리가 그 동물에 대해 알 수 있는가? 우리가 그 동물을 발견했기 때문이다. 아니, 정확히 말하면 미국의 고생물학자 닐 슈빈이 발견했다. 2004년에 슈빈이 이끄는 연구 팀은 캐나다 북부 엘즈미어 섬에서 이 과도기적 생물의 화석을 발견했다. 정말로 중간 단계를 보여주는 동물이기 때문에 '과도기적'이라고 하는 것이다. 연구 팀은 반은 어류, 반은 양서류인 이 동물에게 '틱타알릭(Tiktaalik)'이라는 이름을 붙였다. 틱타알릭은 현재 최초의 네발 동물로 간주된다. 그로부터 다른 모든 것이 나왔다. 진짜 모든 것이.

이제 꽤 많은 시간이 흘렀다. 지난 4억 년 동안 우리는 지구 구석구석으로 퍼졌다. 믿을 수 없는 여정이었다. 어떤 생물은 육지에서 꽤 오래 살아보고 바다로 돌아가기도 했다. 물개들이 그랬다. 고래들도 마찬가지다. 그들의 가장 가까운 친척이 하마다. 과거의 어느 시점에서는 하마처럼 생긴 동물, 오늘날 고래와 하마의 공통 조상인 안트라코테리움(Anthracotherium)이 이제 육지가 지겹다면서 천천히 바다로 돌아갔을 것이다. 고래는 두툼한 지방층 속에 여전히 다리의 흔적을 가지고 있다. 더 이상 다리가 필요하지 않았을 뿐이다. 고래는 폐도 가지고 있다. 그래서 가끔 수면 위로 올라와 숨을 쉬어야 한다.

여러분은 앞 문단의 특정 표현에 신경이 쓰일지도 모르겠다. 나는 슈빈 교수 팀이 발견한 물고기 비슷한 생물을 소개한 후 "우리는 지구 구석구석으로 퍼졌다"라고 했다. 이 표현은 실수가 아니다. 나는 '우리'라는 표현으로 인간이 그 과도기적 동물과 연결되어 있음을 말하고자 했다.

어떻게 연결되어 있는지는 지금부터 알아보자.

30장
모든 것이 연결돼 있다?

>>> 모든 이야기는 문자로 쓰여 있다. 문자는 언어에 따라 다소 달라지지만 문자 없이는 이야기도 없다.

내가 지금 여러분에게 하려는 이야기도 다르지 않다. 이건 모두 문자, 4개의 문자와 관련이 있다. 영어의 알파벳은 26개 문자로 이루어져 있다. 26개의 놀라운 문자가 결합해 우리가 탐독하는 위대한 문학 작품이나 내가 지금 쓰고 있는 단어를 구성한다. 생각해보면, 이 26개 문자는 참으로 강력하다. 문자는 인간을 전쟁으로 내몰기도 하고 믿을 수 없는 창작의 영감을 불러일으키기도 한다. 문자는 인간이 대양의 깊이를 가늠하게도 하고 달 표면을 걷게도 한다.

하지만 이건 영어의 26개 문자 이야기가 아니다. 단 4개로 이루어진 더 강력한 문자 이야기다. 그 4개의 문자가 없다면 아무것도 존재하지 않을 것이다. 적어도 지구상의 생명에 한해서는. 어떤 생명도. 그 어디에든. 우리가 아는 바로는, 이 4개 문자의 언어는 어딘가 다른 곳에서 왔을지도 모른다. 하지만 지금은 여기에 있다. 그 문자들을 다양한 방식으로 한데 엮으면 기적과도 같은 이야기가 나온다.

그 4개 문자는 뭘까?

A, C, G, T.

그렇다, 3개의 자음과 1개의 모음. 이건 우리가 사용하는 번역이다. 고대 이집트 파피루스를 영어로 번역하듯이 우리에게 친숙한 문자들을 사용하는 것이다. 이 경우 A, C, G, T가 그 문자들이다.

그리고 이 이야기의 제목은, 혹시 여러분이 짐작하지 못했을 수도 있지만, DNA다.

DNA는 데옥시리보 핵산(deoxyribonucleic acid)의 약어다. 약어가 아닌 본딧말을 들으면 괜히 겁먹는 사람이 적지 않다. DNA가 훨씬 입에 잘 붙는다. 발음하기도 쉽고.

DNA라는 제목을 가진 책의 표지를 넘기고 목차를 살펴보면, 지구상에 살았던 모든 생물에 대한 장(章)들이 보일 것이다. 인류에 대한 장을 찾으면 역시 그 4개의 문자 A, C, G, T가 30억 번 결합하고 반복되는 것을 볼 수 있으리라. 그것들이 결합하는 방식이 진짜 이야기를 들려준다.

이것을 생명에 대한 레시피, 혹은 조립 설명서라고 생각하라.

4개의 문자가 무엇을 의미하는지 간략하게 설명해야 할 것 같다. 각 문자는 유기 분자를 나타낸다. 과학자들은 이 분자들을 뉴클레오티드라고 한다. A는 아데닌, C는 시토신, G는 구아닌, T는 티민이다. 이 분자들이 이른바 유전자 코드를 형성한다. 이것이 모든 생물을 구성하는 조립 설명서다.

여러분을 구성하는 데 쓰인 코드와 나를 구성하는 데 쓰인 코드는 동일하다. 우리의 코드를 비교하면 99.9퍼센트 동일하다. 나머지 0.1퍼센트까지 일치한다면 우리는 일란성 쌍둥이일 것이다. 아니면 클론이든가. 유전자 코드는 단백질을 아름답고 우아한 방식으로 한데 조합한다. 인류에 대한 장을 잘 살펴보면 23개 소제목이 보일 것이다. 그 소제목 하나하나가 염색체다. 인간을 구성하기 위해 알아야 할 전부가 그 안에 들어있다. 염색체는 세포에게 단백질을 어떻게 합성해야 하는지 알려준다. 이 설명서의 각 단계를 유전자라고 부를 수 있겠다.

우리가 이러한 내용을 알게 된 것은 1953년이다. 제임스 왓슨, 프랜시스 크릭, 로절린드 프랭클린이 DNA 구조를 발견한 때다. 생명 조립 설명서의 구조. 그들이 던진 질문은 이것이었다. 어떻게 이 모든 것이 작동했을까? 쥐 혹은 인간을 만드는 정보는 어떻게 저장되었을까?

DNA 구소의 발견 이후로 아주 많은 일이 있었다. 우리는 조립 설닝서에 대해서 더 많이 알게 되었다. 일단, 인간에 대한 장에만 30억 개 문자가 있다는 것을 안다. 인간의 유전자 염기 서열을 파악하기 위해 1990년대에 수립된 인간 게놈 프로젝트는 이 장을 읽는 데 도움을 주었다. 우리가 아는 것이 또 있다. 사람의 몸에서 DNA를 취해 한 가닥씩 분리해 줄을 쫙 세우면 지구에서부터 태양까지 왕복하고도 남는 길이가 된다. 그것도 한 번이 아니라 600번을 왕복할 정도의 길이다.

인류에 대한 장을 타자수에게 타자로 정서하라고 맡기면 그 작업이 50년은 걸릴 것이다. 타자수가 꼬박 하루 8시간 타자를 친다고 가정했을 때 얘기다. 점심시간 한 시간을 빼면 더 오래 걸릴지도 모른다.

50년 후 작업량이 얼마나 나올까? 한 페이지에 250단어 기준으로, 우리의 지치고 피곤한 타자수는 100만 페이지 이상 타자를 쳤을 것이다.

인간 게놈 프로젝트는 바로 이런 작업을 해냈다. 소요 기간은 13년이었다. 전 세계 수백 명의 과학자가 그 일에 매달렸고 익명으로 혈액과 DNA를 제공한 자원봉사자 역시 셀 수 없이 많았다. 인간 유전자 지도 파악이라는 프로젝트만큼 인상적인 것은 그 장을 생명이라는 책의 다른 장들과 비교하기 시작하면서부터 듣게 되는 이야기다.

이 시점에서 얘기가 재미있어진다. 18세기 말에서 19세기 초에 프랑스 생물학자 조르주 퀴비에를 위시한 과학자들이 생물들의 해부 구조를 비교해서 분류하고 차이를 목록화하기 시작했다. 현재 유전학자들이 하는 작업도 비슷하지만 훨씬 더 깊이 들어간다. 그들은 우리의 유전자와 조립 설명서를 보고 그 내용을 DNA라는 책에서 읽을 수 있는 다른 장들과 비교한다.

이 이야기의 진짜 성격, 생명의 '진짜' 이야기가 여기서 나온다. 좋은 책은 으레 그렇듯 모든 장이 서로 연결되어 있다. 쥐에 대한 장을 펼치면 유전자 수준에서 쥐와 인간은 99퍼센트 동일하다는 것을 알 수 있다. 그래서 쥐는 실험용으로 인기가 있다. 쥐에게 영향을 미치는 것은, 적어도 99퍼센트 확률로, 우리에게도 영향을 미친다. 우리가 조심해야 할 것은 나머지 1퍼센트다.

인간의 제일 좋은 친구는 어떨까? 저먼 셰퍼드, 비글, 리트리버가 등장하는 개에 대한 장으로 가보자. 개와 인간의 유전자는 94퍼센트 동일하다. 이렇게 유전자가 비슷하기 때문에 그토록 많은 사람이 개와 한집에서 사는지도 모른다.

오래전 나는 진화를 공부하기 시작할 무렵 분자생물학자 숀 B. 캐럴에게 이메일을 보냈다. 그의 『이보디보, 생명의 블랙박스를 열다(원제: Endless Forms Most Beautiful)』를 마침 다 읽은 참이었고 인간이 식물과도 유전자를 공유하는지가 궁금했다. 우리의 유전자는 동물들하고만 비슷한가, 아니면 지구상의 다른 생물들과도 비슷한 점이 있는가? 그의 답변은 "있다"였다. 쌀알을 예로 들어보자. 우리는 이 작은 친구와 유전자의 25퍼센트를 공유한다. 우리의 공통 조상, 그러니까 쌀과 약간 비슷한 점을 물려준 조상은 약 16억 년 전에 존재했을 것이다. 그 후로 우리는 우리 나름의 길을 걸어왔다. 호박도 우리와 유전자의 75퍼센트를 공유한다는 사실을 아는가? 해면은? 70퍼센트다.

여러분이 유전자 양립 가능성이 궁금하다면 이 사실을 기억하라. 과학자들은 인간 유전자를 소파리 게놈을 통해서 연구해왔고 그러한 연구는 꽤 잘 들어맞는다.

우리는 모두 같은 곳에서 왔다. 여러분이 떡갈나무 옆에 서 있다면 아주 먼 친척 옆에 서 있는 거나 다름없다.

우리와 가장 가까운 동물은 침팬지다. 일부 과학자는 인간과 이 영장류의 유전자 일치도를 99.4퍼센트로 본다. 요컨대, 우리는 침팬지와 그리 다르지 않다.

220년 전에 찰스 다윈의 할아버지 이래즈머스 다윈은 모든 생물에게서 이 유사성을 보았다. 그는 우리 주위의 모든 것이 어떤 식으로든 연결되어 있음을 느꼈다. 그의 난제는 '어떻게'를 이해할 수 없다는 것이었다. 그렇지만 유사성은 엄연히 존재했다.

지구와 대양은 아마도 동물이 존재하기 오래전에 식물로 가득했을 것이다. 그리고 이 동물들의 여러 과(科)가 다른 과들이 존재하기 한참 전부터 있었을 것이다.

이전의 많은 사상가가 그랬듯이 그는 바다에서 답을 찾았다. 식물에서 발견할 수 있는 아름다움을 새들에게서도, 그 새들이 둥지를 짓는 나무에서도, 흙 속의 벌레에게서도 볼 수 있었다. 우리는 모두 조금씩 다르게 조립되었을 뿐이다.

단 하나의 살아 있는 가닥이 모든 유기 생물의 원인이고 늘 그래왔다고 추정해볼까?

40억 년 전, 우리는 모두 궁극의 공통 조상에게서 나왔다. 그 후로 생명의 책은 새로운 페이지와 장을 쓰느라 정신없이 바빴다. 어떤 페이지는 세월의 흐름 속에 점점 흐릿해지다가 더 이상 읽을 수 없는 지경에 이르렀다. 그 페이지에 있던 놀라운 생물들은 오래전에 사라졌다. 우리는 현재 남아 있는 페이지를 읽으면서 누락된 페이지를 끼워 맞출 수 있다.

우리가 알아낸 것은 최고의 숙련된 타자수조차도 실수를 한다는 것이다. 앞으로 보겠지만 말이다.

31장
실수가 일어났다

>>> 우리는 뱀이 이동하는 방식을 오랫동안 제대로 알지 못했다. 지금은 꽤 잘 알고 있지만, 여전히 모종의 미스터리가 남아 있다. 뱀에게는 또 다른 미스터리가 숨어 있다. 이를테면, 다리라든가.

그렇다, 뱀에게는 다리가 있다. 여러분이나 내가 가지고 있는 것 같은 다리는 아니다. 더는 그렇지 않다. 모든 뱀이 다리가 있는 것도 아니다. 그 또한 더는 그렇지 않다. 하지만 여러분이 비단뱀이나 보아뱀을 엑스레이 촬영대에 붙잡아놓을 수 있다면 그들의 꼬리 옆 근육 속에 감추어져 있는 작은 다리를 확인할 수 있을 것이다.

하지만 왜? 뱀에게는 다리가 필요 없다. 뱀의 다리에 누구나 알 수 있는 목적 따위는 없다. 그런데 왜 그러한 다리의 흔적이 있는가?

그 이유는 1억 년 전에 다른 도마뱀들에 비해 더 짧은 다리를 지닌 도마뱀 한 무리가 발달했기 때문이다. 그들은 다리가 짧아 지면에 더 가깝게 몸을 낮출 수 있었으므로 포식자를 피해 짧은 풀 속에 숨어 먹이를 찾을 수 있었다. 다리가 긴 도마뱀들은 눈에 띄기 쉬웠으므로 잡아먹힐 확률도 높았다.

그렇게 수백만 년이 흐르자 도마뱀들은 지면에 점점 더 가까워졌고 짧은 다리는 아예 보이지 않게 되어버렸다. 그들은 그래도 아주 능숙하고 빠르게 이동할 수 있었다. 그래서 다리는 사라진 것처럼 보인다. 그렇지만 그 흔적은 남아 있다. 그래서 이런 것을 '흔적 기관'이라고 한다. 오래 전에 사라졌고 이제 필요하지 않은 특징의 유물이라고나 할까.

우리에게도 흔적 기관은 있다. 숨겨진 다리는 없지만 우리에게도 용도를 알 수 없는 기관은 있다. 그게 바로 맹장이다.

맹장에 대해서는 다양한 설명이 있지만 기본적으로 이 기관은 우리에게 쓸모가 없다. 어쨌든, 지금은 그렇다. 우리 조상들에게는 쓸모가 있었을 것이다. 찰스 다윈도 맹장의 용도가 우리의 조상이 나뭇잎과 식물을 소화하는 데 있었으리라 추측한 것으로 유명하다. 오늘날의 포유류 중에도 인간의 맹장과 매우 흡사한 구조인 막창자를 지닌 동물은 그러한 용도로 이 기관을 사용한다.

그렇다면 왜 그런 일이 일어났을까? 신체 형질이 쓰임에 따라 나타나기도 하고 사라지기도 한다고 했던 장 바티스트 라마르크의 '용불용설'을 기억하는가? 그는 기존의 어떤 신체 형질은 필요가 없어지면 사라진다고 생각했다. 뱀의 다리가 이런 경우다. 라마르크라면 이 기관이 쓰임이 없어졌기 때문에 결과적으로 사라졌다고 말할 것이다. 그가 놓친 것은 세대가 줄줄이 바뀌는 동안 어느 지점에서 다리가 유독 짧은 도마뱀이 태어났다는 사실이다. 이것은 선천적 결함이었지만 결과적으로는 이 복된 발달이 도마뱀과 그 후손에게 이로운 것으로 밝혀졌다. 이 도마뱀은 충분히 오래 포식자를 피해 번식할 수 있었으므로 다리 짧은 도마뱀들은 더욱 늘어났다. 그것은 '불용(不用)'이 아니라 변이였다.

「엑스맨」 시리즈에서 슈퍼히어로 울버린과 다른 엑스맨들은 특별한 힘을 가지고 태어났다. 울버린은 아다만티움 덕분에 더욱 강해졌지만 애초에 태어날 때부터 아무나 가질 수 없는 치유 능력이 있었다. 손에서 튀어나왔다가 들어갔다 하는 날카로운 집게발도 빼놓을 수 없다. 엑스맨들은 뮤턴트(돌연변이)다. 그들의 유전적 결함이 이전의 인간에게서 볼 수 없었던 형질과 능력으로 나타난 것이다. 결함이 도리어 그들의 생존 가능성을 한층 높여주었다.

울버린이나 스톰은 선택에 의해 돌연변이가 된 게 아니다. 그들의 부모가 선택한 일도 아니다. 세포가 분열되는 복제 과정에서 변이가 일어났다. 유용하다고 입증된 DNA 복제 낭시 오류가 일어났다. 다른 방식으로 진행될 수도 있었다. 보통은 그런 편이다. 대부분의 결함은 주어진 환경에서 생물이 생존하지 못하는 결과로 이어진다.

인간의 맹장은 일련의 결함들 때문에 쓸모가 없어졌다. 다행스럽게도 그 결함들이 우리의 생존에는 이롭지도 않고 해롭지도 않은 것으로 밝혀졌다. 뱀의 경우, 다리 크기를 축소한 결함이 오히려 생존에 이롭게 작용했다. 도도새는 어떠한가? 날개가 쓸모없어진 이 새는 오래전 멸종했다. 날 수 없다는 결함이 처음에는 생존에 딱히 불리하지 않았지만 위험이 발생하고 나서는 멸종의 이유가 되었다.

자연스럽게 일어나는 변이는 일상다반사다. 복제 과정에서 미세한 오류는 자주 일어난다. 모든 변이가 DNA 복제에서 발생하는 사고의 결과는 아니다. 어떤 변이는 DNA 손상 때문에 일어난다.

방사선은 DNA 손상을 일으키는 외력의 좋은 예다. 화학 약품 유출도 한 예다. 화학 약품에 노출된 생물은 DNA가 손상되어 후손에게 결함을 일으킬 수 있다. 적어도 원래의 DNA와 비교했을 때는 결함인 것이다.

바로 앞 장에서 우리는 DNA에 들어 있는 생명의 책과, 경이롭고 독특한 방식으로 결합해 우리 주위의 생물을 형성하는 4개의 문자를 살펴보았다. 가끔은 페이지가 제대로 복사가 안 될 수도 있고 복제 과정에서 한 페이지 전체가 누락되기도 한다. 여러분이 그런 책을 우연히 발견하더라도 90퍼센트 이상은 그냥 무시하고 넘어갈 것이다. 빠진 페이지 혹은 잘못 배치된 꼭지를 알아차릴 확률은 10퍼센트도 안 된다. 그러한 요소는 이야기의 전개에 지장을 주지 않기 때문에 알아차리기 어렵다. 그러니 책을 간직하라. 책이 복사될 때마다 그 페이지들은 남아 있지 않을 테니. 밑져야 본전 아닌가.

그런데 누락된 페이지나 잘못 배치된 꼭지가 이야기를 진전시킨다면? 이건 어쩌다 가끔 있는 일이지만 일단 일어났다 하면 마법과도 같다. 어찌나 마법 같은지 미래의 모든 복제는 완전한 원본보다 이쪽을 더 선호할 것이다. 원본은 밀려나고 결함 있는 사본이 살아남는다.

어떤 형질은 편집 과정에서 어떤 페이지가 빠졌다는 사실을 확실히 부각한다.

여러분에게 후두 신경과 수정관(輸精管)을 소개하고자 한다. 둘 다 인간에게 있는 기관인데 수정관은 남성에게만 있다.

후두 신경 얘기부터 해보자. 뇌에서 뻗어 나오는 신경들이 있다. 이 신경 중 하나가 심장과 후두로 갈라진다. 후두는 여러분의 발성 기관이다. 두 개의 뇌신경이 후두와 연결되어 있다. 그것들은 정보를 전달하는 인터넷 케이블과 비슷하다. 뇌신경들이 후두에게 무엇을 해야 하는지 알려준다. 나는 앞에서 이 두 개의 케이블, 혹은 두 개의 뇌신경이 뇌에서 나와 후두로 연결된다고 했다. 그런데 둘 중 하나는 직통이다. 신호 전달에 최적화된 짧고 성능 좋은 케이블이라고나 할까. 설계자라면 응당 이런 케이블을 마련할 것이다. 하지만 다른 하나는 자기가 뭘 하는지도 모르는 사람이 설치한 것만 같다. 이 신경은 일단 가슴 쪽으로 내려갔다가 다시 후두로 올라온다. 아무도 설계하지 않았다는 것 말고는 명백히 다른 이유가 없는 아주 긴 코스다.

수정관도 이와 비슷하다. 이 작은 관은 고환과 페니스를 연결한다. 고환이 정자를 생산하면 수성관을 통해 페니스로 보낸다. 둘 사이의 거리는 그리 멀지 않다. 수정관의 길이는 몇 센티미터면 충분하다. 그런데 이 관은 공연히 페니스에서 멀리 벗어났다가 되돌아온다. 마치 버지니아에서 출발한 열차가 보스턴에 들렀다가 플로리다로 가는 격이다. 여러분이 그 열차에 탑승한다면 남쪽으로 내려가야 하는데 북쪽으로 올라간다고 불평할 것이다. 실수가 일어났던 게 틀림없다. 그렇지 않나?

여러분에게 맹점이 있다는 것을 아는가?

빛이 안구에 들어오면 감광 단백질로 덮여 있는 가장 안쪽의 망막을 자극한다. 이렇게 자극받는 단백질이 생성하는 정보는 시신경에 의해 뇌로 전달된다. 시신경은 망막 앞쪽에 배선되어 있고 이것이 망막의 한곳에 모여 안구를 빠져나가는데 이곳에는 감광 단백질이 없다. 그래서 뇌로 전달되는 정보에는 아주 작은 맹점이 존재한다. 하지만 우리 뇌는 이 맹점에 너무 익숙해서 그 부분을 알아서 채워가며 정보를 처리한다. 그래서 우리는 맹점을 의식하지 못한다.

　우리의 뇌는 감내해야 할 것들이 있다.

32장
고래 이야기

>>> 앞 장에서 흔적 기관을 살짝 다루면서 뱀의 다리뼈와 인간의 맹장을 예로 들었다. 하지만 앞 장의 골자는 동물의 진화 과정에서 설계상의 실수가 나타나곤 했다는 것이다. 사실 '실수'는 어불성설이다. 그런 표현은 어떤 목적을 전제하기 때문이나. 그런데 목적은 번이, 적응, 진화에 어떤 작용도 하지 않는다.

진화의 화석 증거들이 갑자기 죄다 사라지더라도 우리 주위에는 다른 증거들의 조각이 남아 있을 것이다. 그 증거들은 살아 숨 쉰다.

고래처럼.

아주 먼 과거에 우리의 먼 조상은 아마도 먹이를 찾기 위해, 혹은 포식자의 먹이가 되지 않기 위해 대양을 떠나 육지로 올라왔을 것이다. 어느 쪽이든 간에 이 조상은 점점 더 얕은 물에서 생존하는 능력을 길렀기 때문에 경쟁과 위험이 덜한 곳으로 이동할 수 있었다. 그것은 후손에게 형질을 물려줄 만큼 오래 살아남았다. 그 후손들은 아예 육지로 이주했다. 그곳에서 번성하고 다양한 환경을 접하면서 지구에 수없이 넘쳐나는 아름다운 생물들로 진화했다. 우리 인간도 그중 하나다.

하지만 바다를 떠나지 않은 생물들은 어떻게 되었을까? 그들은 계속해서 수중 군비 경쟁을 펼쳤다. 땅에서도 같은 일이 일어났다. 자원을 얻기 위한 경쟁은 끝이 없었다. 살기 위한 몸부림은 진화의 추진력이었고 때때로 비약적 성과를 끌어냈다. 이 끝없는 전쟁이 땅에서 살던 일부 동물에게 바다에 대한 그리움을 불러일으켰다. 애초에 왜 바다에서 육지로 이주했었는지는 이미 잊었다. 다른 곳의 풀이 항상 더 푸르지는 않더라, 자연에서는 특히 그렇더라.

이건 어디까지나 시적 허용이다. 동물은 대부분 뭔가를 그리워하면서 바라보거나 하지 않는다. 어떤 동물, 아마도 오래전 멸종한 네발 동물 파키세투스는 육지의 포식자를 피하기에 가장 좋은 곳이 얕은 물가라고 보았던 것 같다. 포식자 키 큰 풀을 헤치고 나타나도 파키세투스는 물가에 있으면 안전했다. 발을 물에 집어넣기 싫어하는 포식자들이 많았기 때문이다.

결국 파키세투스는 진화하기 시작했다. 기억하라, 진화는 수백만 년에 걸친 작업이다. 파키세투스는 암불로세투스로 진화했다. 이 동물은 대부분의 시간을 물에서 보냈고 헤엄도 칠 수 있었다. 암불로세투스는 물을 어찌나 사랑했는지 결국 쿠치세투스로 진화했다. 그다음 단계는 도루돈으로 이 동물은 콧구멍이 머리 뒤로 옮겨져 더욱더 오랜 시간 바닷물 속에 머물 수 있게 되었다. 그리고 다시 500만 년쯤 더 흘러……

고래가 나타났다.

고래 뼈를 자세히 살펴보면 뒷다리의 흔적을 찾을 수 있다. 뒷다리가 있다면 바로 이쯤 아닐까 하는 바로 그 위치에서 여러분은 작고 쓸모없는 부속물을 발견할 것이다. 그것은 고대의 먼 친척에게서 물려받은 흔적 기관이다. 다리가 퇴화하는 유전자 변이가 일어났는데 그러한 차이는 생존 확률을 저해하지 않았다. 아니, 오히려 도움이 됐다. 그래서 이 형질은 유전되었고 콧구멍도 점점 머리 앞쪽에서 뒤쪽으로 이동했다. 콧구멍은 우리가 오늘날 아는 '분수공'이 되었다. 콧구멍의 위치가 달라지는 변이가 일어날 때마다 그 변이를 안고 태어난 동물은 자기가 물속에서 더 오래 버틸 수 있다는 것을 알았다. 물속에 오래 있을수록 먹이를 찾을 기회도 늘어났고 언제 공격할지 모르는 포식자를 경계하기도 수월했다. 동물의 왕국에서 흔적 기관의 예는 쉽게 찾을 수 있다. 가령, 두더지쥐를 보자. 이 작은 설치류는 앞을 못 보는데 그건 눈이 없어서가 아니다. 두더지쥐도 눈이 있다. 그러니 이 눈은 흔적 기관에 불과하다. 두더지쥐는 눈을 쓰지 않는다. 이제 쓰고 싶어도 쓸 수가 없다. 그 눈은 얇은 피부막으로 완전히 덮여 있으니까.

찰스 다윈은 흔적 기관에 매료되었다. 특히 거울 속에서 찾을 수 있는 흔적 기관들이 그의 흥미를 끌었다. 그는 1871년 작 『인간의 유래』에서 이 문제를 건드렸다. 사랑니나 동이근(動耳筋, 귀를 움직이게 하는 근육) 같은 것들을.

인간의 흔적 기관은 이게 다가 아니다. 닭살을 생각해보자. 어떤 동물이 또 그렇게 피부를 곤두세우는가? 호저가 그렇다. 호저는 놀라거나 위험을 감지했을 때 가시털을 곤두세운다. 개와 고양이도 마찬가지다. 이 동물들도 같은 상황에서 털을 곤두세운다. 털을 곤두세우는 것은 공포 반응이다. 포식자를 만났을 때 몸집을 좀 더 커 보이게 하는 자기방어의 수단이라고 할까. 그리고 추울 때도 털을 곤두세우면 털 속에 갇힌 공기가 체온으로 데워져 가상의 담요 같은 역할을 한다.

지금도 인간의 닭살은 털을 곤두세우는 역할을 한다. 두툼한 털이 없어졌기 때문에 보온 효과는 없지만 말이다. 자연 선택에 의해 그렇게 되었다. 하지만 반응은 남아 있다.

대부분의 동물은 비타민 C를 합성할 수 있다. 인간과 박쥐 같은 일부 동물에게만 이 능력이 없다. 기니피그도 체내에서 비타민 C를 합성하지 못한다. 비타민 C를 합성하는 효소를 만드는 유전자가 이미 오래전부터 작동하지 않기 때문이다. 이 또한 자연 선택의 결과다. 이 유전자가 작동하면 기니피그도 대부분의 다른 동물처럼 체내에서 비타민 C를 합성할 수 있다. 인간에게 비타민 C는 중요한 영양 성분이다. 정말로 중요한 성분이다. 이 유전자가 작동한다면 비타민 C를 따로 섭취하지 않아도 된다. 우리는 이 유전자가 작동하기 않기 때문에 비타민 C가 풍부한 음식을 반드시 먹어줘야 한다. 이러한 진화상의 변이는 우리가 비타민 C를 우리 몸에 공급할 방법을 찾지 못하는 경우 치명적일 수 있다.

내가 즐겨 드는 예가 있다. 이 예는 몇 년 전 처음 스노보드를 배울 때 끔찍이도 아팠던 흔적 기관이다. 몇 번이나 넘어지면서 이 부위에 충격이 가해진 결과, 일주일은 의자에 앉아 있기도 힘들었다. 바로 꼬리뼈라고 하는 부위다. 이것은 자연 선택에 의해 점점 짧아지고 기본적으로 엉

덩이 속에 파묻혀버린 우리의 꼬리다. 고래의 뒷다리처럼 우리의 꼬리는 쓸모도 없고 보이지도 않는다.

우리의 DNA에는 우리의 과거의 흔적이 담겨 있다. 유전자 속에는 오래전 자연 선택의 손가락이 켜놓은 스위치도 있고 꺼놓은 스위치도 있다. 내가 지금 자연 선택을 의인화하고 있다는 건 안다. 하지만 이 정도 은유는 괜찮지 않나?

33장
성 선택

>>> 나는 이 책에서 자연 선택에 의한 진화에 초점을 맞추었다. 그 과정에서 다윈보다 앞서 그러한 결론에 다가갔거나 진화론 사상에 이바지한 바가 있는 인물들과 마주쳤다. 나는 생식에 대해서도 다루었지만 독자들이 알아서 이해할 거라는 생각에 살짝 건드리는 수준에 그쳤다. 단도직입적으로 말해, 유성 생식은 두 개체의 유전자를 결합해 새로운 개체를 형성하게 해준다. 간단히 말해, 새로 태어나는 개체는 부모 양측에게서 반반씩 받은 유전자가 섞여 아예 새로운 것이 된다. 새로운 종까지는 아니어도 유전자 표현이나 형질 발현이라는 면에서 그 개체는 완전히 새롭다. 교환과 혼합 과정에서 작업에 작은 차질이 빚는 변이가 일어날지도 모른다. 주먹코나 발가락 여섯 개 같은 생각지 못했던 신체 특징이 나타나는 것처럼 말이다.

생식은 자연 선택에게 새로운 활동의 여지를 주었다. 클론처럼 완전히 똑같은 개체들의 번식은 장점이 전혀 없다. 똑같은 생물들로 이루어진 군락은 환경이 갑자기 생존을 위협하는 방향으로 변하면 전멸하기 십상이다. 생물들이 전혀 준비되지 않은 상태에서 기습적 한파가 닥쳤다고 하자. 그중 일부 동물이 추위에 오래 견딜 수 있는 약간의 털가죽을 지녔다면 자연 선택은 그 동물들의 손을 들어줄 것이다.

유성 생식과 유전자 교환이 없다면 우리 주위에는 아무것도 없을 것이다. 아니, '우리'도 없을 것이다. 풀도, 식물도, 나무도, 물고기도 없을 것이다. 화석은 발견되지 않을 것이고 화석을 발견할 '누군가' 혹은 '무언가'조차 없을 것이다. 생명은 첫 번째 빙하기에 전멸했을 것이다. 공룡이 세상을 지배하지도 못했을 것이고, 공룡의 멸종을 낳았다는 소행성이 떨어졌을 무렵에 지구는 어차피 생명이 존재하지 않는 황량한 행성이었을 것이다. 어차피 죽고 말고 할 것도 없었을 테니 대멸종도 일어나지 않았을 것이다.

개체들은 짝짓기의 압박에 시달린다. 이 세계에서 생명의 운명이 거기에 달려 있으므로. 자원 경쟁보다 더 치열한 것이 번식을 위한 경쟁이다. 그리고 짝짓기에 유리한 개체들은 역시 짝짓기에 유리한 후손을 낳을 확률이 높다. 이건 게임이다, 성교를 가장 많이 하는 생물이 이기는 게임.

다윈에게는 공작의 꽁지깃이 수수께끼였다. 어째서 이 동물은 포식자의 눈에 띄지 않기 위해 전력을 다하지 않는가? 특히 수컷은 튀지 못해 안달이다. 먹이 사슬 속에서 자기 존재를 자랑스레 뽐내는 것처럼 말이다. 반면에 암컷은 수컷이 지니고 있는 것 같은 화려한 꽁지깃이 없다. 암컷의 깃털은 그에 비해 수수하다. 다윈은 오랜 시간 그 이유를 생각해보았다. 그는 공작의 화려한 깃털에 뭔가 이점이 있어야 한다는 것을 알고 있었다. 이점이 없다면 그런 깃털이 존재할 리 없고, 우리가 그 깃털에 대해 얘기할 일도 없을 것이다.

다윈은 그러한 깃털이 짝짓기와 관련해 어떤 목적이 있지 않을까 생각했다. 눈에 확 띄는 꽁지깃을 가진 수컷이 더 많은 암컷을 유혹할 수 있다면? 암컷의 소임은 알을 낳고 새끼를 보호하는 것이므로 아마도 수수한 깃털이 포식자의 눈을 피하기 좋을 것이다. 아마도 암컷은 외모가 뛰어난 수컷을 선택했을 것이다. 그렇다면 화려한 장식깃을 가진 수컷이 후손을 볼 확률이 높고, 그들의 후손 또한 화려한 장식깃을 지니고 태어나 짝짓기에 강점을 발휘했을 법하다. 세월이 흐르면서 공작 수컷들의 외양은 점점 더 화려해졌다. 이 모든 것이 단순한 선택 과정의 결과였다.

성 선택이라는 과정의 결과.

다윈은 나중에 성 선택을 두 영역으로 나누었다. 공작의 꽁지깃이 정의하는 영역, 다시 말해 심미적 가치, 혹은 짝을 유혹하는 능력이라는 영역은 외모상의 미묘한—혹은 그렇게 미묘하지도 않은—신호들에 달려 있다. 또 하나의 영역은 싸움, 다시 말해 수컷 두 마리가 암컷을 차지하기 위해 벌이는 결투다. 큰뿔양이 그 예다. 이름 그대로 거대한 뿔을 지닌 이 동물은 자기네끼리 들이받는 데 그 뿔을 사용한다. 무슨 불화가 있어서 싸우는 게 아니다. 수컷들이 암컷을 차지하려고 싸우는 것이다.

성 선택은 같은 종에게 국한되지 않는다. 꽃은 벌을 끌어들이기 위해 발달했다. 꽃들이 미세한 꽃가루로 뒤덮여 있기 때문에 벌이 이 꽃에 앉았다가 저 꽃으로 날아가면 꽃가루를 옮기게 된다. 벌들은 의식하지 못하지만 당연히 화려하고 유혹적인 꽃일수록 이런 식으로 꽃가루를 옮길 확률이 높다. 오랜 시간이 지나고 나면 벌을 유혹할 수 있는 화려한 꽃들이 대다수를 차지하게 마련이다.

다윈이 보기에 성 선택이라는 발상은 그가 동물의 왕국에서 관찰했던 많은 사실을 설명해주었다. 아니, 동물의 왕국만이 아니다. 그는 장신구와 화장의 발달 역시 인간 남성을 유혹하기 위한 무기나 다름없다고 보았다. 수컷은 암컷을 차지하기 위해 싸우고 암컷은 자기를 차지하려고 싸우는 수컷을 유혹하기 위해 전력을 다한다. 성 선택은 특정 형질의 보존을 설명할 때 자연 선택 못지않게 결정적인 요인이었다. 그는 『인간의 유래와 성 선택』에 이러한 내용을 모조리 썼다. 애매한 구석을 남기지 않고.

그러나 모두가 이러한 견해에 동의하지는 않았다. 다윈을 가장 열성적으로 지지했던 앨프리드 러셀 월리스조차도 유보적인 태도를 보였으니까.

> 암컷의 선택 혹은 선호를 이러한 성 선택의 연장선으로 보는 것에 대해, 그리고 매우 광범위한 효과의 원인을 이 선택으로 돌리는 시도에 대해, 나는 극히 일부만 동의한다. 이제부터 그의 견해가 온당치 않다고 보는 몇 가지 이유를 설명하겠다.

월리스는 동물 중 암컷이 성 선택을 한다고 생각하는 것은 좀 지나치다고 보았다. 동물은 인간과 같은 방식으로 아름다움을 이해하지 못한다. 암컷이 아름다운 깃털이나 구애의 춤을 보고 수컷을 선택한다고? 동물의 인지 능력을 너무 과대평가하는 것 아닌가?

다윈은 성 선택을 자연 선택만큼 중요하게 보았지만 월리스는 성 선택은 암컷을 두고 싸우는 수컷들에게만 국한해야 한다고 보았다.

두 사람 모두 짝짓기를 위한 싸움은 성 선택으로 보았지만 짝이 될 개체에 대한 미묘한 선택에 대해서는 의견이 달랐다. 월리스는 성 선택이 적응에 중요한 역할을 하지만 그 또한 자연 선택의 일환이라고 생각했다.

나는 이렇게 보고 싶다. 두 사람 모두 옳다. 다윈은 한 생물이 다른 생물을 선택하는 것이 자연 선택의 강력한 기제라고 보았던 점에서 옳았다. 생물이 환경에서 살아남기 위한 적응들(가령 높은 가지의 잎을 따 먹기 위해 길어진 목)과 짝의 시선을 끌기 위한 화려한 깃털은 대등하게 볼 만하다. 짝을 짓기 위한 경쟁도 생물이 적응해야 하는 환경인 것이다.

이런 식으로 말해보자. 성 선택이 별개의 과정이 아니라 자연 선택의 일면이라는 월리스의 주장도 엄연히 옳다. 월리스의 오류는 짝에 대한 생물의 선호가 우리가 생각하는 것과 같은 심미안과 관련이 있다고 생각한 데 있다.

꿀벌이 우리와 같은 방식으로 「모나리자」의 아름다움에 감탄할 리는 없다. 그러나 특정 모양의 밝은 주황색 꽃에 대해서 유독 끌릴 수는 있다. 그 꽃이 (우리와 같은 방식으로) 아름답다고 느껴서가 아니라 자연이 그런 꽃에 끌리는 벌들을 선택했기 때문에, 그리고 벌들의 선택을 받은 꽃들이 자연의 선택도 받아 밝은 주황색으로 만발했기 때문이다. 벌과 꽃은 이 적응으로 상호 이익을 누린다. 그러한 선택은 의식적이지 않다. 그저 타고나는 본성일 뿐.

이것은 모두 유전자의 영속과 관련된 얘기다. 어떤 유전자 혹은 유전자들의 조합이 살아남는 방식은 순전히 생물이 후손을 볼 때까지 생존하는 능력, 자신의 유전자 사본을 전달하는 능력에 달려 있다. 극한의 기후에서 버티고, 포식자를 피하고, 먹거리를 찾고, 짝을 짓는 생물의 능력 때문에 자연 선택이 작동하는 것이다.

하지만 전혀 말이 안 되는 다른 요인도 작동한다면? 내가 지금까지 기술한 내용은 이기적 생물과 그러한 유전자의 선택 과정이었다. 이기주의가 없는 상황은 어떻게 될까? 자연 선택은 이타주의를 어떻게 설명하는가?

34장
이타주의

>>> 우리 집 뒤뜰에는 다람쥐가 많고 그들이 무서워하는 것들도 많다. 여우가 돌아다닐 때는 다른 다람뒤들에게 위험을 알리는 게 좋긴 하지만 정작 그 위험을 알리는 다람쥐는 곤경에 처하기 쉽다. 자기 위치를 여우에게 알려주는 꼴이 되기 때문이다.

이런 일이 우리 집 뒤뜰에서만 일어나지는 않는다. 동물의 왕국 어디서나 비슷한 행동을 관찰할 수 있다. 아프리카에서 버빗원숭이는 포식자가 나타나면 날카로운 비명을 지른다. 버빗원숭이가 내지르는 위험 신호만 해도 30가지나 된다고 한다. 신호 하나하나가 각기 다른 포식자를 지시한다. 표범을 보고 지르는 소리와 우리 같은 인간이 다가갈 때 지르는 소리가 자못 다르다.

영장류의 세계를 살펴보자. 보노보들은 병이 들거나 다친 개체를 도와주는 모습을 보인다. 침팬지들은 음식을 나눠 먹는다. 어디 그뿐인가. 돌고래들은 부상을 입거나 기력이 떨어진 개체가 숨을 쉴 수 있도록 밑에서 떠받치고 수면까지 헤엄쳐 올라간다.

또 다른 예는 흡혈박쥐다. 흡혈박쥐는 우리가 흔히 생각하는 것처럼 이기적인 미물이 아니다. 이 박쥐들은 공조 체계를 구축하고 기껏 빨아 먹은 피를 게워내어 병든 박쥐에게 먹여준다.

여기에는 분명히 뭔가가 작용하는데 일견 자연 선택에는 역행하는 듯 보인다. 지나가다가 자전거를 탄 아이가 넘어지는 것을 보았다. 응당 걸음을 멈추고 그 아이를 도와줄 것이다. 그러한 행동 또한 동물의 왕국에서 볼 수 있는 바와 다르지 않다. 위험을 알리는 신호, 음식 나누기, 서로 털을 다듬어주는 행동을 보라. 이러한 행동은 개인 차원의 생존 투쟁과 무관하다. 협동, 다른 말로는 '이타주의'다. 이 용어는 프랑스 철학자 오귀스트 콩트가 처음 만들었다. 콩트는 우리에게 '남들을 위해 살 것'을 요구했다. 그는 사람들이 이기심을 접어두고 서로 공조하는 세상을 꿈꾸었다.

이러한 생각은 이기주의에 기초한 생존 개념에 정면으로 위배되지 않는가? 리처드 도킨스는 1976년에 발표한 획기적 저작 『이기적 유전자』에서 이 주제를 다루었다. 유전자는 이기적이다. 유전자에 무슨 의지가 있는 건 아니지만 도킨스는 핵심을 보여주기 위해 유전자를 의인화해 그렇게 표현했다. 유전자가 늘 생존을 위해 분투하는 것은 아니다. 자신의 사본이 만들어질 만큼만 생존하면 된다. 이걸 잘하는 유전자는 오래 남는다. 이걸 못하는 유전자는 사라진다. 그들의 경주는 진행 중이다.

그렇다면 이타주의는 어디에서 오는 걸까? 어째서 흡혈박쥐는 기껏 빨아 먹은 피를 병든 짝에게 먹이는가? 피를 나눠 주는 박쥐에게는 아무

이익이 없다. 위험 신호도 포식자가 다가오는 것을 보지 못한 다른 개체들만 덕을 본다. 위험을 알린 개체는 되레 곤란해진다. 입을 다무는 편이 본인에게는 좋았을 텐데 말이다.

그런데 왜 그렇게 하지 않았을까? 어째서 포식자가 천천히 어슬렁거릴 때 조용히 몸을 사리고 자기 유전자를 보호하지 않았을까? 그럴 의도가 없거나 회의적일 때도 위험을 보면 자동 반응처럼 비명이 튀어나온다. 이러한 비명 또한 본인보다는 타인들에게 도움이 되는 행동 혹은 반응이다. 그러므로 이타주의로 간주될 수 있다. 그러한 행동에는 긍정적 결과가 따른다.

찰스 다윈 역시 이타주의를 설명하고자 했다. 자연 선택 개념을 세계 무대에 올려놓은 장본인으로서 이타적 행동이 그 개념에 일으키는 모순을 이해하고 있었기 때문이다. 설명이 필요했다. 양립은 불가했다. 협동의 이면에는 필경 진화의 이점, 혹은 원인이 있을 터였다.

다윈은 이 문제로 골머리를 썩였고 1871년 작 『인간의 유래』에도 이렇게 썼다.

> 수많은 미개인이 그러했듯이 동료를 배신하느니 차라리 목숨을 버릴 각오를 하는 인간은 그의 고귀한 성정을 물려받을 후손을 남기지 못할 공산이 크다.

고귀한 생물이 무리를 위해 자기를 희생한다면 그 고귀한 유전자 또한 희생될 것이다. 다윈은 집필 당시 유전자나 유전학에 대해서 몰랐지만 이

딜레마를 완벽하게 파악하고 있었다. 그러한 행동에도 어떤 이점이 있다고 치자. 하지만 큰 그림으로 보자면 자기희생적인 행동은 결국은 집단에서 도태되기 십상이다. 내가 나의 유전자가 이끄는 대로 여러분을 돕다가 죽는다면 그 유전자는 보존되지 않는다.

다윈이 도달한 결론은 집단 선택설이다.

> 집단을 이루는 다수의 구성원이 (……) 서로 돕고 공동선을 위해 자기를 희생할 수 있다면 그 집단은 대부분의 다른 집단들보다 번성할 것이다. 이것이 자연 선택일 것이다.

핵심은 자연 선택이 개체 수준만이 아니라 집단 수준에도 작용한다는 것이다. 생물 자체를 보라. 어떤 환경에 처하든 그 안에서 살아남기 위해 협력하고 조응하는 세포들의 무리가 생물의 본질 아닌가. 생물이 잘 적응할수록 그 적응력을 선날할 확률이 높다.

이타주의가 존재한다는 것은 부정할 수 없다. 우리는 일상에서 이타주의를 보고 있다. 친절한 행동 하나하나가 이기적 유전자 개념의 반증이 될 수 있다. 친절이나 협동 이면의 진짜 의도가 무엇인가는 중요하지 않다. 어쨌든 그 또한 어떤 유전자 조합을 오래 남기는 데 도움이 되는 것이다.

이타주의는 난제처럼 보일 수 있다. 이 장을 시작하면서 들었던 예(여우를 보고 위험을 알리는 다람쥐)로 돌아가보자. 다람쥐들의 역사를 통틀어 단 한 마리만 그러한 행동을 했다 치자. 오직 그 다람쥐만 여우가 나타났을 때 다른 다람쥐들에게 알리고자 하는 욕구를 표현할 수 있었다. 심지어 그러한 표현에 뛰어났다. 덕분에 그 지역에서 다람쥐들이 번성했다. 이 다람쥐의 활약으로 다람쥐들은 여우를 잘 피해 다니고 새끼를 많이 낳은 것이다. 이 슈퍼 다람쥐는 흡사 우국지사의 설치류 버전처럼 대의에 봉사하기에 너무 바빠 정작 자기는 짝을 짓고 후손을 보지도 못했다. 어느 날, 순찰에 지친 슈퍼 다람쥐는 뒤에서 다가오는 여우를 보지 못하고 그대로 잡아먹혔다.

　슈퍼 다람쥐의 유전자는 영영 사라졌다.

　여기에 무슨 이익이 있는가? 다윈을 비롯한 여러 사람이 이 의문을 품었다. 그런 일은 일회성의 단기적 사례라야만 한다. 자연 선택 배후의 생각 전체를 모든 개체가 자기 자신을 위하는 것이라고 이해한다면 우리가 주위에서 일상적으로 보는 수준의 이타주의는 성립할 수 없다.

　다윈이 『인간의 유래』에서 이 문제를 처음으로 개괄한 지 한 세기가 지나서야 생물학자 E. O. 윌슨이 아이디어를 내놓았다. 그는 『사회생물학』(1975)에서 이타적 유전자가 금세 도태될 것이라는 생각에 대해 이타주의야말로 생존에 필수적이라는 주장을 펼쳤다.

　이타주의는 우리의 가장 가까운 관계들에서부터 시작한다.

　친족 선택에서부터 말이다.

　먼 과거의 어느 시점에서 유전자 변이가 일어나 이타적 형질을 영속하게 했다면 수학적으로 따질 때 그 형질은 부모가 같은 모든 후손이 공유한다. 이 소집단은 그러한 유전자를 갖지 않은 생물들에 비해 어떤 이점과 더 큰 기회를 누렸다. 그래서 그 유전자는 존속했다.

여기에도 두 번째 파트는 있다. 친족 선택은 혈연관계에서의 이타적 행동을 설명하지만 가족 관계 밖에서의 이타적 행동은 어떻게 봐야 하나? 표면적으로는 그러한 행동이 남이 나를 대해주기를 바라는 것처럼 나도 남을 대하라는 황금률에 부합하는 듯 보인다. 하지만 실상은 좀 더 복잡하다. 친족 선택에 따라 가장 가까운 사람을 돕게끔 프로그램이 짜여 있는 것은 사실이다. 하지만 상호 이타성은 더 모호한 영역에 속한다. 이 영역에서는 혈통으로 연결되지 않은 집단 구성원들끼리도 서로 돕는다. 서로 등을 내보이고 이를 잡아주는 원숭이들을 영상으로 본 적 있을 것이다. 그들은 혈연으로 이어져 있어서 그런 행동을 하는 게 아니라 그냥 그렇게 하는 것이다. 그들이 마음씨가 고와서 그러는 걸까, 아니면 친족 선택이 공감과 감정 이입을 유전자에 깊이 아로새긴 나머지 더 넓은 의미로 확장된 걸까? 심지어 여기에는 '내게 이익이 되는 것'에 대한 계산도 약간 포함되었을 수 있다.

상호 이타성은 게임으로 압축될 수 있다. 친절과 협동성을 과시함으로써 가장 이득을 볼 수 있는 방법이 뭘까? 이것은 변형된 형태의 황금률이다. 유전자는 이타적 행동이 자기가 복제될 수 있을 만큼 오래 살게 해주기만 하면 괘념치 않는다.

이유가 뭐가 됐든, 이타주의도 존속을 위한 것이며 진화 과정에서 협동적 집단 혹은 개체가 그 협동적 유전자를 전달해왔다는 것은 분명하다.

그런 세상에서 살고 있으니 행복하구나.

35장
공진화

>>> 한 세기 전인 제1차 세계대전 당시, 복엽기가 유럽의 하늘을 가로질렀다. 독일의 만프레트 폰 리히트호펜, 일명 '붉은 남작'도 복엽기를 조종했다. 리히트호펜이 공중전에서 격추한 적기가 최소 80기라고 한다. 그의 격추 방식은? 조종석 전면에 MG 기관총 총신을 고정해 놓고 공격했다. 리히트호펜 이전의 전투기 조종사들은 권총을 썼고 명중은 거의 운의 영역이었다. 기관총을 장착할 수 있게 되자 문제가 하나 있었다. 조종사 앞에서 빙빙 도는 프로펠러를 피해서 총을 쏘려면 어떻게 해야 하나? 초기의 대안은 프로펠러 날개깃을 강화하는 것이었다. 이것은 그리 좋은 방법이 아닌 것으로 밝혀졌다. 날개깃이 파손되거나 탄환이 날개깃에 부딪혀 엉뚱한 방향으로 날아갔기 때문이다. 엔지니어들은 날개의 회전 타이밍과 발포를 동시화하는 특수한 기어를 개발했다. 이로써 탄환은 무사히 프로펠러를 피해 날아갈 수 있었다. 조종사가 다칠 위

험도 없었다. 황폐해진 전장에서 도그파이트[1]는 점점 더 흔해졌고 전투기 성능 싸움도 마찬가지였다.

오늘날 우리 머리 위에서 또 다른 싸움이 벌어지고 있다. 과거의 도그파이트와 그리 다르지 않은 싸움이. 다만, 지금은 붉은 남작 대신 박쥐가 활약한다. 박쥐가 겨냥하는 상대는?

나방이다.

박쥐는 초음파를 발사하고 그 반향으로 나방의 위치를 알아내기 때문에 나방은 여러 가지 방어 행동을 펼친다. 수직 강하나 공중회전 비행도 박쥐를 피하기 위한 작전 행동이다. 미국 남서부에 서식하는 베르톨디아 트리고나(Bertholdia trigona)라는 나방은 붉은 남작이 그 시대에도 반향 정위나 초음파에 대해서 알았더라면 감탄했을 방어 조종술을 구사한다. 이 작은 나방은 박쥐가 초음파로 자기를 찾는 것 같은 낌새가 보이면 날갯짓으로 초음파 소음을 단발적으로 차단한다. 이로써 박쥐의 레이더는 교란당한다.

그러면 어쩐다? 이번에는 박쥐가 대책을 세워야 한다.

여기서는, 보다시피, 같은 곳에 있으려면 쉬지 않고 힘껏 달려야 해.

---

[1] 도그파이트(dogfight): 프로펠러 비행기들이 공중전을 할 때 적기의 꽁무니에 붙어 기관총을 난사하는 일.

이 문장은 『거울 나라의 앨리스』에서 붉은 여왕이 하는 말이다. 앨리스의 모험은 두 권의 책으로 되어 있는데 이 책이 둘째 권이고 첫째 권이 『이상한 나라의 앨리스』다. 붉은 여왕은 앨리스에게 심란한 소식을 알려준다. 그 세계에서는 점점 더 빨리 달려야만 겨우 제자리를 지킬 수 있다나.

마치 우리의 베르톨디아 트리고나에게 하는 말 같지 않은가. 박쥐가 새로운 반향 정위법을 들고 나오면 나방도 어떻게든 살아남을 방법을 쥐어짜야 한다. 이 경우 제자리를 지킨다는 것은 살아남아 계속 날아다닌다는 뜻이다.

박쥐와 나방의 예, 나아가 생물학과 무관한 붉은 남작 시대의 기관총 위치를 예로 들어 설명한 것이 바로 공진화다.

이렇게 생각해보라. 모든 것이 우리의 유전자로 거슬러 올라간다. 서로 다른 두 종이 생존을 걸고 싸운다 치자. 한 종이 진화에 의해 변하면 다른 종의 변화도 촉진된다. 두 종이 이렇게 앞서거니 뒤서거니 하다 보면 오랜 시간이 흐른 후 상당히 달라져 있을 것이다.

박쥐와 나방의 경우처럼 하나의 변화는 다른 변화를 낳는다. 박쥐가 살짝 더 개선된 반향 정위법으로 나온다면 나방도 한 단계 나아가야 한다. 그러자면 유전자가 변해야 한다. 유전자는 늘 변해왔지만 변해야 할 바로 그 유전자가 변하기 위해서는 많은 나방이 죽어야 할 것이다. 나방이 무슨 제어를 할 수 있는 게 아니다. 유전자 변이로 나방이 잡아먹히지 않고 오래 살아 번식을 한다 치자. 그러면 그 새로운 유전자가 여러 개체에게 퍼지는 셈 아닌가.

나방이 필요에 딱 맞게 변하면 제자리를 유지할 수 있다. 이 제자리는 결국 생존이다. 뒤처지면 패배한다.

한 생물의 변화가 다른 생물의 변화와 연결된다면 일반적으로 공진화가 일어났다고 말할 수 있다. 이 용어 자체는 1964년에 파울 에를리히와 피터 레이븐이 함께 쓴 논문에서 탄생했다. 그 논문 제목은 「나비와 식물: 공진화에 대한 연구」로 진화연구회의 학술지인 《진화》에 발표되었다. '공진화'라는 새로운 단어를 도입한 이 논문을 통해 진화생물학자들에게는 완전히 새로운 연구 영역이 열렸다.

그들도 이 영역에 재빨리 뛰어들었다. 7년 후, 진화생물학자 리 밴 베일런은 붉은 여왕 가설을 제시했다.

밴 베일런은 공진화가 일종의 군비 경쟁을 포함하곤 한다고 주장했다. 박쥐와 나방이 그렇듯 공진화는 으레 포식자와 피식자가 벌이는 게임이다. 저마다 상대를 능가하려고 최선을 다한다. 포식자/피식자 게임의 또 다른 예가 가터뱀의 경우다.

북미 서안의 가터뱀은 꺼끌영원을 잡아먹는다. 꺼끌영원은 끔찍한 꼴을 당하지 않기 위해 매우 독특한 방어 기제를 사용한다. 꺼끌영원은 매우 강한 신경독을 생성해 피부에 모아놓을 수 있다. 그런데 가터뱀은 바로 이 신경독에 대한 해독력을 강화했다. 그러자 꺼끌영원은 어떻게 했을까? 독성을 한 단계 더 높였다. 가터뱀이 꺼끌영원을 잡아먹고 죽는 경우가 많아지자 또 다른 변이가 일어나 해독력도 한층 더 강해졌다. 이처럼 주거니 받거니 경쟁은 이어졌다. 꺼끌영원은 더욱더 강력한 독을 뿜게 되었고 가터뱀은 그 독소를 양념 정도로 여기게 되었다.

공진화가 꼭 군비 경쟁인 것은 아니다. 종간의 협력이 공진화로 나타나기도 한다. 이 경우는 종들이 상호주의적 관계에 있다.

조류(藻類)를 등에 얹은 거미게를 보았다면 상호주의적 공진화를 목격한 것이다. 거미게는 조류 덕분에 바다 밑바닥과 잘 구분이 되지 않아 포식자의 눈을 피하는 데 큰 도움이 된다. 조류는 조류대로 거미게의 등에서 생을 만끽한다. 그 둘은 생존 경쟁에서 동맹군이 되었다.

여러분과 나의 신체 안에서도 비슷한 관계를 찾아볼 수 있다. 우리 등에 붙어 자라는 조류는 없지만 우리의 위장에는 소화를 돕는 박테리아가 있다. 이 박테리아는 우리가 섭취하는 몇 가지 음식물의 분해를 돕고 우리는 우리대로 박테리아에게 안전한 생육 환경을 제공한다. 그들에게 우리는 걸어 다니는 음식점이다.

하지만 여기서 또 다른 공진화가 개입한다. 만약 장 속의 생물이 우리에게 이로운 장내 세균과 달리 그다지 좋지 않는 것으로 판명된다면, 그것은 또다른 형태의 관계에 대해 이야기하는 것이다. 심지어 이 관계는 죽음을 부를 수도 있다.

기생충.

촌충이 바로 그런 기생충이다. 나는 못 말리는 호기심 때문에 인간의 몸에서 발견된 가장 긴 촌충에 대해서 검색해봤다. 8.5미터에서 33미터까지 다양한 답이 나왔다. 내가 보기엔 20센티미터도 너무 길다만. 두말할 필요 없이 이것들은 우리에게 달갑지 않은 객이다. 그들은 우리에게 무임승차해서 이득을 보지만 우리에겐 아무 이득이 없다. 기생충은 주방에 숨어들어 우리 음식을 먹어치우는 도둑이다.

징그럽지 않은가?

영양의 똥은 어떠한가? 똥은 생물이 아니지 않나? 공진화를 들먹일 계제가 아닌데? 똥 자체가 아니라 거기에 알을 낳기 좋아하는 딱정벌레의 일종을 말해보려고 한다. 이름도 딱 맞게, 쇠똥구리다. 쇠똥구리는 영양의 똥을 찾아서 거기에 알을 낳는 고약한 습성이 있다. 똥 속은 따뜻하다. 알이 부화하면 새끼는 먼 데 갈 것 없이 똥을 먹으면 된다.

경이롭지 않은가?

그런데 씨앗이 영양의 똥 모양이면 쇠똥구리를 꾀어 씨를 땅에 파묻게 할 수 있겠다고 어떤 식물이 생각했다. 아, 물론 식물이 의식적으로 그렇게 생각했다는 뜻은 아니다. 어쨌든 오랜 시간에 걸쳐 씨앗은 진화했다. 씨앗은 점점 더 영양의 똥과 흡사하게 변했고 쇠똥구리의 관심을 끌었다. 쇠똥구리는 적응에 이로운 선택을 도왔다. 어느 시점에 가자 씨앗은 영양 똥과 똑같아 보일 뿐만 아니라 똥내까지 풍기게 되었다.

이런 예를 더 들 수 있지만 여러분은 이미 이해했으리라. 공진화를 수반하는 관계는 기생, 투쟁, 혹은 상호주의일 수도 있다. 결과적으로, 끝은 없다. 인플루엔자 바이러스와 우리의 싸움이 그렇듯, 상호 변화는 계속된다. 바이러스는 우리의 진압 시도에 맞서 끊임없이 진화하고 우리는 우리대로 새로운 백신을 개발하기에 바쁘다.

인플루엔자는 여전히 우리 곁에 있고 우리는 인플루엔자에 지지 않기 위해 각고의 노력을 다한다. 전선(戰線) 자체는 그리 변하지 않았다.

1917년 7월 6일, 붉은 남작은 도그파이트 중에 영국 전투기 조종사 도널드 커넬이 쏜 총에 맞았다. 남작은 전투기를 무사히 착륙시켰지만 총상과 수술 때문에 그 후 3주는 땅에 묶여 있어야 했다. 그래도 회복을 했고 다시 조종간을 잡았다. 공중전은 1918년 4월 21일까지 이어졌다. 청명한 그날 오전 11시가 조금 넘었을 때, 프랑스 북부의 하늘에서 만프레트 폰 리히트호펜은 그의 맞수를 만났다. 붉은 여왕이 붉은 남작의 손을 잡고 역사의 뒤안길로 데려갔다.

36장
뇌

>>> 1931년, 영화 「프랑켄슈타인」이 나왔다. "과학은 자신이 파괴할 수 없는 괴물을 창조했다." 이것이 영화의 실제 홍보 문구였다. 이런 문구가 어디서 나왔는지 살펴보자면, 일단 괴물을 창조한 자는 빅터 프랑켄슈타인이다. 하지만 그는 조각조각 이어 붙인 시체를 소생시키기 전에 먼저 뇌를 주어야만 했다. 뇌가 없으면 괴물은 결코 연구실 작업대를 떠나지 못했을 것이고 우리의 집단의식에 들어올 일도 없었을 것이다. 요컨대, 뇌는 정말 중요했다.

과학은 뇌를 주지 못했다. 그런 일은 아무도 할 수 없었다. 하지만 뇌는 존재한다. 인간의 뇌는 어떻게 등장하게 됐을까? 어떤 진화의 힘이 미쳤기에 이런 뇌가 만들어졌을까?

하루아침에 일어난 일은 아니라고 해야겠다. 우리가 어쩌다 이런 뇌를 갖게 되었는지 궁금해하기 전에 먼저 뇌가 처음에 어떤 식으로 출현했을

지 알아보자. 어떤 시냅스 단백질의 작은 집합체가 기본 구조가 되었을까? 이 의문을 풀기 위해 해면을 살펴보자.

해면과 인간에게 공통점이 있다고는 생각해보지 않았을 것이다. 하지만 있다. 인간과 해면에게는, 아주 멀기는 해도, 공통 조상이 있다. 해면의 특징은 뇌 혹은 중추 신경계가 없다는 것이다. 해면은 세포들의 집합체다. 다세포가 하나의 개체가 될 무렵, 해면은 맨 먼저 이 대세를 따른 생물 중 하나였다. 세포들은 서로 소통하기 위해 단백질을 사용했다. 이러한 세포들의 소통법이 어떻게 진화해서 세포들이 서로 보호하기 위해 결합하고 단백질을 소통 수단으로 쓰게 됐는지 알아내는 것은 어려운 일이 아니다. 세포 간의 화학적 메시지는 세포들의 집합 전체를 하나로 묶는다. 뉴런들이 소통하는 방법과 그리 다르지 않은 것이다.

수십억 세포로 이루어진 초기 생물을 상상해보라. 세포들은 포식을 피하기 위해 소통할 수 있었다. 한편, 어떤 세포 무리는 포식을 목적으로 다른 세포 무리에게 향할 수 있었다. 그러자면, 어떤 방향으로 움직일 수 있으려면, 방향 감각이 있어야 했다. 무정형의 세포 덩어리가 위아래를 구분할 수 있었을까? 이 세포 덩어리는 자신이 동화할 수 있는 뭔가를 만날 때까지 둥둥 떠다녔다. 그런데 그중 일부 세포가 빛에 민감해졌다면? 이 세포 집단은 나머지 세포 집락에게 광원에 접근하라든가 멀리 도망치라고 메시지를 전달할 수 있었다. 이 집단을 일종의 우두머리로 볼 수 있겠다. 그들은 움직이고 싶으면 뒤로 지시를 내려 나머지 세포 집락이 움직이게 했다. '뒤로'라고 말하는 이유는 이 세포들이 앞쪽에 있었기 때문이다. 그들은 세포 집락(이제는 그냥 생물이라고 해도 될 듯하다)에게 어느 방향으로 움직여야 하는지 지시한다.

이 특화된 세포 영역은 수십억 년에 걸쳐 감각 기관을 개발했다. 빛에 민감한 세포들은 눈이 되었고, 또 다른 기관이 발달하기 시작했다. 모든 것을 통제하는 극도로 특화된 세포들이 집중된 구조. 그 후 근육과 밀착된 등뼈, 즉 척추가 나타나면서 생물의 움직임은 한층 원활해졌다. 29장에서도 나왔지만 척추의 초기 형태가 척삭이다. 그러한 초기 형태는 기본적으로 지지 구조였다.

이 모든 것을 지시하는 세포들의 소집단은 감광 세포 근처에 일종의 관제탑을 형성했다. 이 관제탑은 정보를 받아들이고 내보내는 역할을 했다.

시간이 흐름에 따라 생물들은 점점 더 복잡해졌다. 그래야만 살아남을 수 있었다. 세포가 변이를 거듭했고 생존에 이익을 안겨주는 변이는 존속되었다. 그것은 대규모의 시행착오 실험이었다. 중요한 것은—가장 중요하지는 않더라도—이 극도로 특화된 세포들의 작은 집단이었다. 생물이 점점 복잡해지나 보니 이 세포들은 할 일이 많아졌다. 특히 생물이 바다를 떠나 육지에서 처음 몇십억 년을 보내던 시기에, 이 집단에는 더 많은 세포가 필요했다. 이 세포들은 호흡, 기본 운동 기술, 심장 기능을 조절했다.

자연이 프랑켄슈타인 박사라면 이 특화된 세포 영역은 뇌의 초기 베타 버전이다. 무려 5억 7,000만 년 전의 베타 버전. 지금은 이 베타 버전을 후뇌라고 한다. 후뇌는 장차 뇌로 발달하게 된 모든 것의 아래쪽에 묻혀 있었으며 지금도 그 자리에 있다. 이 영역은 기본적인 운동과 동작 상당수에 관여한다. 5억 7,000만 년 전과 똑같이. 수질, 뇌교, 소뇌가 여기에 있다.

물론 자연이 이 상태로 만족할 리 없었다. 계속 손을 보고 고쳐야만 했다. 생물이 경쟁력을 유지하기 위해서는 그러지 않을 수 없었다. 후뇌가 나오고 약 2억 5,000만 년이 지나서 한층 더 특화된 구조가 등장했다. 이 구조는 서로 잡아먹고 잡아먹히는 세계라는 현실을 감당하기 위해 기존의 후뇌에 기초를 두고 형성되었다. 지금은 이 구조를 변연계라고 한다. 이 영역은 싸움처럼 더 복잡한 행동, 감정, 번식 행동에 관여한다. 어쨌든 이게 다 번식하려고 하는 일이다. 우리 뇌의 편도체와 해마가 바로 이 영역에 속한다.

자연은 아직 만족하지 않았다. 생물이 기본적인 생존 욕구를 채울 수 있게 됐으니 생각거리를 던져줄 때였다.

신피질을 만들어야 할 때였다.

이제 프랑켄슈타인 박사를 떠나 새로운 비유로 넘어가겠다. 도시를 새로 개발한다 치자. 처음에는 흙길과 단순한 형태의 집 몇 채밖에 없었다. 이 상태가 여러분의 후뇌다. 기본 욕구는 그 정도로도 충족되었다. 머물 곳이 있고 이리저리 뻗은 흙길이 있으니 어디로 가야 하는지, 집에 가려면 어느 길로 가야 하는지 알 수 있었다.

이 작은 마을에 점점 더 많은 이가 몰려들자 새로운 구조물이 생기기 시작했다. 작은 상점, 이발소, 술집, 나중에는 마을 치안을 관리하는 보안관 사무소도 생겼다.

나중에 생긴 이 편의 시설들을 변연계로 볼 수 있다. 더 많은 활동이 이루어지고 분쟁도 계속 일어나고 그때마다 해결책도 나왔다. 전입자가 많아지자 도로가 확장되고 새 건물들이 들어섰다. 새로 지은 건물들은 하늘을 찌를 듯한 고층 빌딩이었다. 잠깐 사이에 고층 빌딩들과 은행, 보험 회사, 미술관, 항공 관제탑이 등장했다.

이것이 가장 특화된 영역인 신피질이다. 여기까지 오느라 시간이 꽤 걸렸지만 이제 되돌아갈 일은 없다. 자세히 들여다보면 예전에 있던 것들도 남아 있다. 좁은 흙길이 널찍한 포장도로로 바뀌긴 했지만 그 자리에 남아 있고, 이발소와 술집도 주인은 바뀌었지만 여전히 영업 중이다. 보안관 사무소도 연방 건물이 들어서긴 했지만 그대로다. 전에는 단층 건물이었는데 이제 10층 건물이다.

신피질이 없다면 말을 할 수도, 그림을 그릴 수도, 생각할 수도 없다. 상당한 인지 능력을 요하는 일은 아무것도 할 수 없다. 우리는 여전히 포식자를 피해 숲에서 종종걸음이나 치고 있을지도 모른다. 그런데 이제 20층에서 세상을 내려다본다. 이 20층은 인간이 설계하고 지은 것이다. 함께 축배를 들 만하지 않은가. 먼 길을 오느라 애썼다.

이제 자연이 어떻게 우리의 뇌를 만들어왔는지 파악이 되었으니 이런 의문이 생긴다. 인간의 뇌는 어떻게 그처럼 빨리 확장될 수 있었을까? 물론 수백만 년을 빠르다고 하기는 뭐하다. 하지만 후뇌가 등장한 때가 5억 년 전인데 신피질은 200만~300만 년 전에 급격하게 확장되었다. 지구에 서식하는 다른 포유류에 비해 대단히 빠른 속도였다.

이제 잠시 생각해보자. 여기에는 뭔가 이유가 있을 것이다. 환경의 뭔가가 인간의 뇌를 지금처럼 가공할 위력을 지닌 것으로 만들기에 충분한 도전들을 제공했으리라(당연히 진화적 관점에서 말이다). 우리가 뇌 발달의 정점에 도달했다는 말이 아니다. 우리의 뇌가 완전히 다른 식으로 발달할 수는 없었을 거라는 말도 아니다. 지난 200만~300만 년 동안 우리는 처음에 가지고 있던 작은 뇌를 가지고 살았을 수도 있다.

기억해야 할 것은, 한때 우리가 공룡과 함께 살았다는 사실이다. 음, 내가 말하는 '우리'는 정확히 말해 우리의 포유류 조상이다. 그들은 눈에 띄지 않으려고 나뭇가지 아래로 걸어 다녔고 덤불을 떠나지 않았다. 분명히 살기가 녹록지 않은 시절이었을 것이다. 우리의 조상은 예민하고 교활해야만 했다. 감각도 잘 발달해야만 했다. 확대된 뇌는 도움이 되었다. 시력이 발달하면서 신피질도 함께 발달했다.

그러나, 운이 따랐는지, 공룡은 멸종하고 지구는 포유류에게 넘어왔다. 그게 대략 6,500만 년 전의 일이다.

그로부터 약 6,000만 년 후로 훌쩍 건너뛰어보자. 그때가 바로 우리와 침팬지의 공통 조상이 살던 마지막 시기였다. 500만~600만 년 전에 우리의 조상과 그들의 조상이 갈라졌다. 호모속은 계속 진화해서 유럽으로 이동하고 널리 퍼져나갔다. 혼자 한 일이 아니었다. 무리를 이루고 함께 해낸 일이었다. 집단 역학은 에너지가 많이 필요하다. 기억해야 할 것도 많고, 소통해야 할 것도 많다. 결속된 하나의 단위로서 함께 삶에 맞서야 한다. 그러자면 연산 능력이 요구된다. 그것도 상당한 연산 능력이.

또 다른 기여 요인은 불이었다.

우리의 조상들은 음식을 날것으로 먹었다. 그들의 주식은 견과류, 식물, 생고기였다. 음식물을 소화하는 데도 에너지가 필요하다. 음식물을 분해해 우리 몸이 사용할 수 있게끔 처리해야 한다. 과식을 한 후에 크나큰 피로감과 식곤증에 시달린 적 있는가? 신체가 여러분이 먹은 음식을 처리하느라 에너지를 너무 많이 써서 그렇다. 그런데 날것을 먹으면 에너지가 더 많이 필요하다.

불이 등장했다. 그로써 우리의 조상들은 유럽 대륙의 추운 밤을 견딜 수 있을 뿐 아니라 음식을 익혀 먹게 되었다.

최초의 조리된 음식이 어떻게 발견되었을지는 추측만 할 수 있을 뿐이다. 아마 거의 우연이었을 것이다. 그런 음식을 한번 맛보자 우리의 요리 본능이 깨어났고 다시는 날것을 주식으로 삼는 생활로 돌아가지 않았다. 조리된 음식의 장점은 우리 위장에 도달하기 전에 다소간 분해가 되어 있다는 점이다. 또한 불의 발견은 동물의 고기를 자를 수 있는 도구의 사용과 시기적으로 맞아떨어졌을 수도 있다. 고기를 조리하면 영양분이 활성화된다.

불은 우리의 뇌가 더 크게 발달하는 데도 일조했을 것이다. 불의 발견, 음식의 조리는 현생 인류가 등장하기 한참 전의 일이다. 호모 사피엔스 이전의 아주 먼 시절에 잠깐의 번뜩임처럼 시작된 일이었나.

20만 년 전에 현생 인류가 세상을 휘어잡을 준비가 되어 조명을 받았다. 그리고 생각해보면 700만 년 전만 해도 인간의 뇌는 현재 크기의 3분의 1밖에 되지 않았다.

표지만 보고 책을 판단해서는 안 된다. 동물의 지능을 뇌 크기로 판단해서도 안 된다. 흔히 '몸집이 작은 동물은 뇌도 작다. 그런 동물에게 고도의 지능을 기대할 수 없다'고 생각했는데, 이러한 사고방식은 뇌 차별이라고 할 수 있다. 더글러스 애덤스는 『은하수를 여행하는 히치하이커를 위한 안내서』에서 이 문제를 절묘하게 다루었다. 이 책에서 쥐는 아주 영리한 동물이다. 쥐는 삶의 의미에 답하기 위해 거대 컴퓨터인 지구를 건설했다. 이 농담은 우리를 향한 것이다. 어리석은 유인원들 같으니. 애덤스는 까마귀를 예로 들 수도 있었을 것이다. 까마귀의 뇌는 인간의 뇌와 다르다. 우리와 까마귀의 공통 조상은 대략 3억 년 전에 존재했다. 그 후로 우리는 전전두피질이 발달했고 까마귀는 니도팔리움 코돌라테랄(NCL, nidopallium caudolaterale)이라고 하는 영역이 발달했다. 까마귀는 자연 상태에서나 실험실에서나 상당히 뛰어난 추론 능력, 심지어 추상 능력까지 보여준다. 이 동물은 도구를 사용할 수 있고 얼굴을 인식한다. 심지어 속임수를 쓸 수도 있다.

중요한 건 크기가 아니다. 구조가 중요하다.

현생 인류의 뇌가 크기 면에서는 오히려 살짝 줄어들었다는 것을 보여주는 연구가 다수 있다. 혹자는 지난 2만 년 사이에 테니스공 하나 크기가 빠져나갔을 거라 평가한다. 그 이유를 설명하는 이론도 여러 가지다. 어쩌면 정착을 하고 농사를 짓기 시작했기 때문일 것이다. 과거와 같은 생존 압박은 더 이상 존재하지 않았다. 우리는 멍청해지고 있는 걸까? 논쟁의 여지가 있지만 뇌가 점점 더 특화되고 있는 것일지도 모른다. 혹은, 음식을 가열하면서부터 소화라는 위의 기능이 외주화되었듯이 뇌 기능의 많은 부분이 외주화되었을 수도 있다.

뇌의 외주화라니, 말이 안 되는 것 같다고? 아니, 그렇지 않다. 컴퓨터와 인터넷이 현재 우리 삶에서 차지하는 역할을 생각해보라. 인공 지능도 이제 멀지 않았다.

프랑켄슈타인 박사의 재등장이다.

37장
수렴 진화

세상은 영웅을 필요로 한다. 제2차 세계대전과 냉전 당시 아이들에게는 영웅이 필요했다. 캡틴 아메리카나 슈퍼맨 같은 영웅이. 고결한 목표를 지닌 고결한 영웅들. 두 영웅은 서로 다른 유니버스 출신이다. DC 코믹스 유니버스와 마블 코믹스 유니버스. 이 누 출판사에서 발행하는 코믹스에는 셀 수 없이 많은 캐릭터가 등장한다. 여기에 나오는 슈퍼히어로들은 놀랍고 개성이 넘친다. 늪, 바다, 하늘, 어느 구석이나 거기에 맞는 캐릭터들이 있다. 아쿠아맨처럼 바다에 사는 캐릭터라면 응당 할 수 있어야 하는 것이 있다. 무엇보다, 물속에서도 숨을 쉴 수 있어야 할 것이다. 어떤 캐릭터는 하늘을 날 수 있다. DC와 마블의 히어로들에게는 비슷한 점이 많다. 이 두 코믹스를 서로 다른 두 환경이라고 치자. 각 환경에는 그 나름의 역경, 그 나름의 빌런, 그 나름의 갈등이 있다.

실제 세계도 다르지 않다. 지구 반대편에 있는 두 환경이 서로 비슷하다면, 두 곳에는 비슷한 생물들이 있을 것이다. 그 생물들은 따로 진화했지만 같은 기능을 수행하는 구조를 공유한다. 이 경향은 워낙 일반적이어서 용어가 따로 있다.

수렴 진화.

이 행성에서 살아가는 모든 것들은 아주 먼 과거로 거슬러 올라가면 공통 조상을 만난다. 어떤 생물들의 공통 조상은 수백만 년 전에 존재했다. 공통 조상에게 존재하지 않았던 적응들이 그 시간 동안 개별적으로 발달하는 것을 볼 수 있을 것이다. 고전적인 예가 비행 능력이다. 새와 박쥐는 둘 다 날 수 있다. 그들의 마지막 공통 조상은 그런 능력이 없었다. 지난 수백만 년 사이에 그들은 사냥당하지 않고 사냥을 하기 위해 땅에서 몸을 띄우는 능력을 개발했다. 새와 박쥐는 둘 다 날지만 그 방식은 다르다. 그 둘의 비행 메커니즘은 다르게 구성되었지만 마지막 공통 조상에게 있었던 동일한 뼈 구조를 사용한다. 둘 다 그 조상에게서 물려받은 동일한 뼈 구조의 팔이 있다. 사실상 모든 척추동물에게 있는 구조다. 우리도 예외가 아니다. 우리 팔에서 아래팔은 척골과 요골로 이루어져 있다. 새와 박쥐도 마찬가지다. 이것들의 손가락, 손바닥뼈, 손가락뼈에 해당하는 부분을 살펴보면 자못 달라 보이기는 한다. 우리 인간의 손바닥뼈와 손가락뼈는 물건을 잡거나 집어 들기 좋게 진화했다. 새들은 아래팔이 확장되었고 깃털을 갖게 되었다. 박쥐는 손가락이 엄청나게 길다. 그들의 가죽 같은 날개가 붙어 있는 긴 뼈가 사실은 손바닥뼈와 손가락뼈이다. 우리에게도 있는 뼈가 아주 길어졌을 뿐이다.

이 기저의 뼈 구조는 같은 것이기 때문에 상동적(相同的)이다. 공통 조상에게 있었기 때문에 서로 다른 종이어도 이 구조를 공유하는 것이다. 반면, 날개는 경우가 다르다. 날개는 상사적(相似的) 구조다. 상사적 구조는 서로 다른 종에게서 동일한 기능을 수행한다. 그러한 구조는 서로 관련 없는 종들에게서 발달한 것으로, 수렴 진화의 예로 볼 수 있다.

박쥐의 반향 정위를 다시 얘기해보자. 박쥐와 돌고래는 초음파의 반향으로 대상 혹은 장애물의 위치를 파악한다. 그들은 반향 강도를 통해 무의식적으로 대상의 크기나 거리를 가늠한다. 사람도 그렇게 할 수 있다. 훈련을 받은 사람이라면 클릭 음을 연속적으로 내는 방법으로 세상을 탐색할 수 있고 일종의 반향 정위를 사용해 오토바이를 탈 수도 있다. 우리는 시간을 들여 이 기술을 배워야 하지만 돌고래와 박쥐는 수렴 진화에 의해 그렇게 된 것이다. 둘 다 포유류이지만 6,000만 년 전에 살았던 그들의 공통 조상에게는 이 능력이 없었다. 이 능력은 별개로 진화했다. 박쥐와 돌고래는 서로 다르게 형성되었기 때문에 그들의 바이오소나(biosonar. 동물에게 있는 음파 탐지 장치)도 살짝 다르다.

인간의 눈도 있다. 이 눈은 복잡하고 정교하지만 결함이 있다.

나는 실수에 대한 31장에서 맹점을 다룬 바 있다. 안구의 움직임과 뇌 활동이 이 실수를 채워주기 때문에 우리는 맹점을 의식하지 못한다. 하지만 맹점은 분명히 있다. 시신경이 망막 앞쪽에 배선되어 있고 이것이 망막의 한곳에서 모여 안구를 빠져나가는데 이곳에는 감광 세포가 없기 때문이다.

몇몇 연구에 따르면 눈의 진화는 서로 관련 없는 종들에서 40번 넘게 일어났다. 여기서 관련 없다는 말은 서로 수백만 년 동안 분리되어 완전히 다른 종으로 진화했다는 뜻이다. 오징어 같은 두족류는 눈이 다르게 배선되어 있다. 시신경이 망막 뒤쪽에 있다는 점에서 인간의 눈보다 낫다. 그래서 오징어의 눈에는 맹점이 없다.

박쥐와 돌고래처럼 수렴 진화가 명백한 예들도 있다. 이 둘은 별개의 종이지만 비슷한 바이오소나의 진화를 볼 수 있다. 그리고 눈의 진화처럼 확실한 예들도 있다. 하지만 늘 그렇지는 않다. 어떤 경우는 '재진화'의 예처럼 보인다. 공통 조상에게 존재했던 어떤 유전자가 한동안 비활성화되었다. 이유는 여러 가지가 있을 수 있지만 가장 흔한 이유는 변이다. 공통 조상으로부터 두 종으로 분기한 지 한참 후에, 그러니까 한 수백만 년 후에, 또 다른 변이가 잠들어 있던 유전자를 다시 활성화했다. 수렴 진화처럼 보일 수 있지만 실은 단지 유전자의 비활성화 문제였던 것이다.

생물학자 스티븐 제이 굴드는 『원더풀 라이프』에서 생명의 테이프를 되감았다가 동일한 출발점에서 재생해본다면 전혀 다른 역사가 펼쳐질 것이라는 유명한 말을 남겼다. 세계가 다른 설계, 다른 해법 들로 가득 찰지도 모른다. 여기서 결정론, 그리고 시간과 현실에 대한 이론을 두고 철학적 논쟁을 벌일 수도 있겠지만 우리는 생물학에 머물기로 하자. 굴드 교수가 왜 그런 말을 했는지 이해가 간다. 생명의 진화가 다시 일어난다면 눈을 지금의 형태로 만든 변이가 또 일어날지 누가 알겠는가? 자연은 그 초기의 감광 세포를 달리 활용할 방법을 찾을지도 모른다. 다리가 이렇게 진화할지 누가 알겠는가? 코는 또 어떻고? 어떤 일이든 달리 일어날 수 있었다.

수렴 진화는 우리 행성에서나 생명이 존재하는 다른 행성에서나 생명의 역사에서 중요한 역할을 한다. 만약 지구와 흡사한 행성이 또 있다면 그곳에 우리와 꽤 닮은 생명체—눈, 코, 입, 귀와 두 다리를 지닌 생명체—가 살고 있을지도 모른다. 혹은, 그곳에서 생명은 우리가 본 적도 없고 상상하지도 못한 모습일 수도 있다.

38장
유전적 부동

>>> 아주 큰 산의 그늘에 자리 잡은 작은 마을 이야기를 해 보련다. 실제 존재하는 마을은 아니다. 하지만 그런 마을이 있다 치고 그곳은 개구리로 유명하기 때문에 아누라(개구리의 학명)라고 부르자. 아누라에는 두 종류의 개구리가 산다. 하나는 피부 색소가 파란색이고 다른 하나는 초록색이다. 두 종은 색깔이 다를 뿐 거의 흡사하다. 몇 가지 이유에서 이 특정한 종류의 개구리들은 이곳 아누라에서만 살 수 있다. 아누라는 사람이 없는 조용한 마을이다. 먹이도 많고 다른 동물은 거의 없다. 어쩌다 가끔 늑대가 출몰하는데 파란 개구리만 잡아먹는다. 이유는 알려지지 않았고 연구한 사람도 없지만 그렇다 치자. 이 때문에 초록 개구리가 파란 개구리보다 개체 수가 조금 더 많다. 비율로 보자면 6 대 4 정도 된다. 상황은 유동적이게 마련이지만 성가신 늑대가 이 비율을 거의 일정하게 유지해줄 것이다. 우리는 자연 선택이 초록 개구리의 손을 들어준

다고 말할 수도 있겠다. 만약 늑대가 떼로 몰려온다면 아누라의 파란 개구리들에게는 날벼락이 떨어질 것이다.

어느 날, 크나큰 폭풍이 다가왔다. 달빛도 거대한 먹구름에 가려 보이지 않았다.

여러분이 루미나리에 같은 조명 연출을 좋아하는 개구리라면 번갯불에 마음을 빼앗길 것이다. 물론, 번개가 나무를 쓰러뜨릴 때까지만. 그 밤에 바로 그 일이 일어났다. 나무만 박살 낸 게 아니라 불까지 일으켰다. 아누라는 최근 가뭄을 겪고 있었다. 불은 삽시간에 크게 번졌다.

아누라에 이런 일은 처음이었다. 이 나무에서 저 나무로 불이 옮겨붙었다. 하늘에서 내려다본다면 아누라는 불바다에 휩싸이는 것처럼 보였을 것이다.

다음 날 아침, 아누라의 동물들은 서서히 피해 규모를 산정하기 시작했다. 이제 파란 개구리가 초록 개구리보다 많았다. 화재로 사망한 초록 개구리가 유독 많았나. 개체 수 비율은 8 내 2로, 개구리가 100마리 있다면 그중 80마리는 파란 개구리였다.

아누라의 대화재 이후 동물상을 연구하는 생물학자라면 파란 개구리가 초록 개구리보다 많은 이유가 궁금할 것이다. 그리고 파란 개구리가 어떤 이점이 있어서 자연 선택에 따라 이렇게 되었으리라 추측할 것이다.

하지만 이 추측은 틀렸다. 그렇지 않은가? 사태의 진실은 파란 개구리의 우세가 자연 선택과 무관하다는 것이다. 우연한 뇌우가 원인을 제공했고, 초록 개구리가 더 많이 죽었을 뿐이다. 그들이 더 약하거나 더 느려서가 아니었다. 단지 재수가 없어서 불을 피하기 힘든 곳에 있었을 뿐이다.

이 무작위 과정—나는 감히 '선택'이라 부르는 과정—이 유전적 부동(遺傳的浮動, 유전 쏠림)이다.

자연 선택은 편파적이다. 동물이 변화하고 잘 적응하면 개체 수는 늘어난다. 그러니 개체 수를 보고 환경을 관찰하면서 어째서 특정 형질이 살아남았는가를 이론화할 수 있다. 유전적 부동은 편파적이지 않다. 맹목적이다. 들이닥치고 무작위로 쓰러뜨리고 나서 떠난다.

이렇게 생각해보자. 파란색 대리석 조각 50개와 초록색 대리석 조각 50개를 한 병에 담아서 여러분 앞에 내놓았다. 여러분은 눈을 감고 병에서 50개의 조각을 꺼냈다. 그 후 병에 남은 조각을 세어보았더니 초록색이 33개, 파란색이 17개 남았다.

유전적 부동은 작은 인구 집단에서 이런 식으로 작용한다. 여러분이 눈을 뜨고 50개의 조각을 꺼냈고 초록색보다는 파란색을 더 많이 꺼냈다 치자. 이 경우는 다른 종류의 선택과 관련이 있다. 파란색 대리석 조각의 어떤 면이, 마치 공작의 꽁지깃처럼, 여러분의 관심을 끈 것이다. 대리석 조각을 꺼내려고 하는데 파란색 조각에만 기름이 발려 있어서 손에서 자꾸 떨어진다 치자. 이 경우 미끄러운 표면은 파란색 조각이 병 안에 생존할 수 있게 한 형질이다.

하지만 유전적 부동은 무작위적이다. 늑대에게 잡아먹히지 않는다는 이점을 누렸던 초록 개구리의 개체 수가 급감한 이유는 선택이 아니라 우연이었다.

약간 기술적으로 들어가보자. 우리는 자연 선택이 유전자를 이용한다는 것을 안다. 여러분이 유전적으로 다리가 긴데 그 긴 다리가 후손을 볼 만큼 오래 사는 데 도움이 된다면 그 유전자는 전달된다. 여러분의 후손 역시 다리가 길 것이다. 다리가 길다는 형질은 대개 변이에 의한 것이다. 유전자는 한 쌍으로 이루어져 있다. 같은 유전자 위치에 있는 이 양자택일적인 쌍을 대립 유전자라고 한다. 어떤 동물 집단이 다리 길이가 모두 같다면 다리 길이와 관련된 대립 유전자를 역으로 추적할 수 있다. 다리 길이와 관련된 대립 유전자 한 쌍이 같다면 변화는 없을 것이다. 대립 유전자 중 하나가 다르다면 달라질 수 있다. 이러한 대립 유전자 차이는 눈에 보이는 결과로 표현된다. 긴 다리라는 결과 말이다.

이것은 유전적 부동, 즉 대립 유전자의 빈도 변화로 측정된다. 자연 선택은 생존에 도움이 될 수 있는 대립 유전자를 취한다. 유전적 부동은 완전히 무작위적이다.

아누라의 개구리들에게로 돌아가보자. 기억하겠지만 이따금 나타나는 늑대는 파란 개구리만 잡아먹었다. 자연 선택이 그렇게 정했기에 오랜 시간이 흐른 후에는 초록 개구리만 남을 터였다. 파란 개구리는 멸종할 운명이었다. 그러나 뇌우와 산불은 초록 개구리를 대부분 쓸어갔다. 이 사건 이후 대립 유전자 빈도를 측정해보라. 파란 개구리와 관련된 대립 유전자 비율이 더 높을 것이다. 유전자가 파란 개구리 쪽으로 쏠린 것이다.

아누라 대화재의 여파 속에 파란 개구리들이 살아남았다. 그러나 아누라 밖 세상에는 여전히 자연의 선택을 받은 초록 개구리들이 있을 것이다.

우리가 언제나 기댈 수 있는 것이 하나 있다면 그것은 바로 변화다.

4부

이 모든 것 놀라워라

39장
자발적 진화

>>> 우리는 이 책에서 줄곧 과거에 초점을 맞추었다. 무엇이 우리를 여기에 있게 했는가? 그것에 대해 무엇을 알며, 어떻게 아는가? 우리는 다윈 이전의 사상가들, 그리고 찰스 다윈과 앨프리드 러셀 윌리스를 살펴보았다. 원핵 세포라는 미약한 시작도 살펴보았고 그러다 무리를 이루어 진핵 세포, 다세포 생물까지 되는 과정도 살펴보았다.

아직 살펴보지 않은 것은 미래다. 우리는 불확실한 길의 디딤돌 위에 서 있다. 그 길은 흥미진진하면서도 조금 무섭다.

2010년, 생화학자 크레이그 벤터가 이끄는 연구 팀은 최초의 합성 세포를 만들었다. '합성'이라고 해서 처음부터 다 만들었다는 뜻은 아니다. 그렇다고 해서 그들의 쾌거가 놀랍지 않은 것은 아니다. 이전에 존재하지 않았던, 자기 복제하는 세포를 만든 것이니까. 이 세포는 염소의 병원균 게놈과 박테리아 세포의 빈 세포질을 바탕으로 만들어졌다. 연구 팀은 성공적으로 게놈을 박테리아에 주입하고 기다렸다.

세포가 스스로 복제하기 시작했다. 복제하고 또 복제했다.

연구 팀은 그들이 구성한 DNA에 일종의 워터마크를 찍기까지 했다. 좀 더 정확히는, 일련의 워터마크들이었다. 왜 워터마크를 찍었을까? 세포들이 탈옥할 경우 후손 세포들을 확인하기 위해서였다.

물론, 벤터의 연구 팀은 이 인공적으로 만들어진 세포들이 실험실 밖으로 나가지 않도록 조치를 취했다. 여러분은 그들도, 그 세포들도 만날 일이 없다. 하지만 여러분이 맞는 독감 주사, 그러니까 죽은 세포들로 구성된 그 백신도 같은 방법으로 만들 수 있다.

이건 굉장히 놀라운 일이다.

나는 이것이 우리의 미래에 대해 무엇을 의미하는지 살펴보겠다고 했다. 하지만 그 전에 지금까지의 내용을 짧게 훑어보자.

약 140억 년 전에 무슨 일인가 일어났다. '빅뱅'에서 비롯된 어떤 일이. 어떤 이들은 '우주 팽창'이라고 한다. 뭐, 둘 다인 것 같다. 어떤 원인에 의해 뜨겁고 응축된 물질의 작은 공이 눈 깜짝할 사이에 팽창해버렸다. 100억 년 후, 열이 식으면서 태양계가 형성되었다. 우리의 작고 푸른 행성도 그 안에 있었다. 우리의 집, 지구 말이다. 다시 10억 년이 지난 후 생명이 출현했고 초기 지구의 대양에서 번성하기 시작했다.

생물은 대략 4억 년 전에 바다에서 벗어났다. 온갖 크기와 모양의 생물들이 살아남기 위해 몸부림치고 진화했다. 현생 인류는 20만 년 전에 등장했다. 빅뱅에서 인간의 뇌까지 140억 년이 조금 안 되게 걸렸다. 인간이 살아온 시간은 그리 길지 않다. 하지만 인간이 뇌를 사용해 이 짧은 기간에 해낸 일은 기적이나 마찬가지다. 나는 라이트 형제의 최초의 동력 비행 성공(1903년)을 우리 뇌에 숨어 있는 힘의 예로 즐겨 든다. 비행 성공이라지만 하늘에 잠시 머물렀을 뿐이다. 그로부터 66년 후, 인간은 달에 착륙했다.

1876년에 알렉산더 그레이엄 벨과 토머스 왓슨은 최초의 전화기를 만들었다. 1878년에 벨 전화 회사가 설립되었다. 11년 후, 앨먼 스트로저라는 캔자스의 장의사가 에디슨의 발명품에 회전식 다이얼을 추가했다. 1960년대에는 최초의 버튼식 전화기가 출시되었다.

진화에 대한 책에서 전화기 얘기는 왜 하는 걸까? 이 얘기를 하고 싶어서다. 모든 것은 진화한다. 자동차, 건물, 교량, 전화기까지도. 지금까지 나온 모든 전화기 설계를 차례대로 벽에 붙여놓는다 치자. 엄청나게 큰 벽이 필요할 것이다. 그런 다음 한 발 물러나서 바라보라. 거기에는 하나의 이야기가 있다. 알렉산더 그레이엄 벨이 최초로 만든 전화기인 액체 송화기에서 아이폰에 이르기까지의 변화가 눈에 들어올 것이다. 요즘 전화기는 대답도 해준다. 통화를 하기 위해 반드시 두 사람이 있어야 할 필요는 없다.

내가 하고 싶은 말은, 우리가 매우 짧은 기간에 기술적으로 멀리 왔다는 것이다. 생물학적 진화는 우리를 먼 곳까지 데려왔다. 35억 년이나 이어진 여행이었다.

자연 선택에 의한 진화는 완만한 과정이다. 극도로 완만한 과정. 현재 연구소에서는 인간의 신체를 변화시키는 과정이 비약적으로 빠르게 진행되고 있다. 수 세기 전, 우리는 안경을 만들어 미약한 시력을 보완했다.

수십 년 전, 우리는 보청기를 만들었다. 요즘은 팔이나 다리를 잃으면 기계식 의수나 의족으로 대체한다. 이제 인간의 팔다리보다 더 성능 좋은 로봇 의수와 의족도 나온다고 한다. 다음에는 인공 눈도 나올 것이다.

나는 최근에 E. O. 윌슨의 『인간 존재의 의미』(2014)를 읽었다. 윌슨 교수는 인간 진화의 이 단계를 자연 선택에 반대되는 '자유 의지 선택(Volition Selection)'으로 지칭한다. 우리는 머지않아 어떤 생물적 형질, 어떤 비생물적 강화 장치를 가지고 미래로 나아갈지 정할 수 있게 될 것이다.

유전적 결함은 과거의 일이 될 것이다. 낭포성 섬유증, 근위축증, 유방암은 언젠가 사라질 것이다. 우리의 유전자 코드에 대해서 더 잘 알게 될수록 거기에 손을 쓸 여지는 많아진다. 그러지 않을 수가 없다. 우리는 뭐가 잘못될 때까지 계속 건드려봐야 직성이 풀린다. 역사적으로 인간은 새로운 기술을 꼭 책임감을 가지고 개발하지는 않았다. 우리는 전쟁터에서 처음 기술을 시험해보거나 자기 지갑을 채울 작정으로 기술을 개발하기도 한다.

인류는 이제 겨우 우리의 DNA에 숨겨진 비밀을 잠금 해제하기 시작했다. 우리는 유전자들을 하나하나 훑고 다니면서 그것들이 어떻게 한데 묶였는지, 진화가 어느 부분에서 실수를 범했는지 파악하기 시작했다. 이제 우리 힘으로 그 실수를 바로잡게 될 것이다. 이게 인간에게 화를 부를까? 그건 지켜봐야 알 것 같다. 하지만 우리는 호기심 많은 동물이다. 뒤집어야 할 커다란 바위가 있다면 틀림없이 누군가가 그 바위를 뒤집을 도구를 가지고 나타날 것이다. 그 바위 밑에는 우리가 우려할 만한 것이 있을지도 모른다.

　나는 우리의 미래를 낙관한다. 언젠가는 우리의 DNA가 낱낱이 밝혀지고 삶의 양과 질이 개선되리라 믿어 의심치 않는다. 과학은 그것을 성취하리라. 우리가 어떻게 조립되었는지를 알면 우리 자신과 흡사한, 그러나 살과 뼈로 이루어지지는 않은 새로운 것을 만들 수도 있으리라. 인공지능은 지평선 바로 너머에서 우리를 흘끔대고 있다. 우리는 인간 진화의 새로운 갈래를, 함께 미래로 갈 친구를 설계할 수 있을 것이다.

40장
우리는 유일무이한가?

인체는 스스로 태엽을 감는 기계다.

― 쥘리앵 오프루아 드 라 메트리 ―

>>> 1748년에 쥘리앵 오프루아 드 라 메트리라는 프랑스 철학자는 『인간 기계론』이라는 작은 책을 썼다. 6장에서 이 책이 자유 의지를 부정하기 때문에 불온서적으로 분류되었다는 얘기를 한 바 있다. 라 메트리가 말하고 싶었던 것은 인간도 다른 모든 것과 다르지 않다는 것이다. '다른 모든 것'은 나무, 꽃, 새, 바위를 말한다. 우리는 그저 다르게 조립되었을 뿐이다. 우리는 순환계가 있고 움직일 수 있다. 하지만 그 이상으로 특별하지는 않다. 본질적으로 우리는 생물적 자동 기계다. 우리가 늘 하는 일상 업무, 생활, 호흡, 식사를 하는 이유는 그렇게 설계되었기 때문이다. 라 메트리는 우리의 설계가 계획의 산물이라고 보지 않

았다. 자연은 맹목적이고 무작위적인 영광 가운데 우리를 그렇게 만들었다. 그뿐 아니라 또 다른 신속한 영광을 우리에게 베풀었다. 우리는 스스로 의식적 사고를 한다고 생각하지만 라 메트리는 그렇지 않다고 말한다. 의식, 혹은 우리가 의식이라고 생각하는 것도 우리 뇌에서 일어나는 유기적 변화의 부산물일 뿐이다. 그것은 부수 현상이다. 지평선에 보이는 비구름을 통제할 수 없듯이 사유 과정처럼 보이는 것 역시 통제할 수 없다.

그의 묘사는 우울하다. 라 메트리보다 100년 먼저 등장했던 르네 데카르트는 우리가 특별하다고 했는데 라 메트리는 우리를 그 상석에서 밀어낸다. 데카르트는 "동물은 순전히 기계일 뿐이지만 인간은 스스로 존립한다"고 하지 않았던가. 우리는 뇌와 의식이 있다는 점에서 차별화되고 우리의 의지로 행동할 수 있다. 우리는 신성한 권리를 지니고 신성하게 설계되었다는 점에서 여타의 동물과 다르다.

실상은 우리가 우리 자신을 특별하냐고 느끼는 것이냐. 우리가 하나의 종으로서 극복해왔던 것, 정복해왔던 장애물이 우리가 자연에서 차지하는 유일무이한 위치를 말해준다.

혹은, 우리가 그렇게 생각하고 싶어 하는 것이다.

우리는 어떤 면에서 특별하거나 독보적인가? 데카르트의 말마따나 생각할 수 있는 존재라서? 라 메트리가 주장했던 대로 사유 또한 우리의 행동을 지시하는 화학적 과정일 뿐이라면? 생각한다든가 의식이 있다는 것은 어떤 의미인가? 사유 혹은 의식이 어떻게 작동하는지 우리가 사실상 알지 못한다고 하면 여러분이 충격을 받을지도 모르겠다. 과학은 이 문제를 건드리지 못했다. 우리는 느리게 나아가고 있다. 데카르트와 라 메트리 중 누가 논쟁의 승자인지 결판날 때까지 추론 능력과 자기 인식 능력은 오직 우리 인간만의 것이라고 믿어도 될 것 같다.

과연 그럴까?

1838년에 찰스 다윈은 런던 동물원에서 오랑우탄을 보았다. 그날 오랑우탄 두 마리에게 거울을 주었다. 그들은 새로운 장난감에 홀딱 빠져버렸고 구경꾼들은 그 모습에 놀라고 재미있어했다. 누구보다 다윈이 그랬으리라. 다윈은 그날의 일을 노트에 기록해두었다.

> 그들은 마침내 거울 앞에서 손을 가까이 두었다 멀리 두었다 하면서 살펴보았고, 거울 앞면을 문질러보기도 했으며, 다양한 표정을 지었고 — 그러면서 거울 전체를 살펴보았고 — 거울에 다가가면서 온갖 자세를 취해보기도 했다.

거울 속의 자신을 알아보는 것은 늘 인간의 전유물처럼 여겨졌다. 영유아조차도 거울 테두리 속에 있는 아기가 자기일 수도 있다는 것을 안다. 이 완벽한 자기 인지 검사를 '거울 테스트'라고 한다.

거울 테스트, 혹은 거울 자기 인식 검사는 1970년에 심리학자 고든 갤럽 주니어가 개발했다. 갤럽은 자기 인식이 인간만의 특징이 아님을 증명하기 원했다. 자기 자신을 환경과 분리된 개체로 인지하는 것은 다른 동물도 가능하다. 찰스 다윈이 1838년에 관찰했던 오랑우탄처럼. 동물도 인간처럼 거울 속의 낯선 이가 실은 전혀 낯선 이가 아니라는 것을 안다.

인간과 가장 가까운 동물인 침팬지는 거울에 비친 상과 놀기를 좋아한다. 침팬지는 거울 속의 이미지가 자기 신체와 등가적이라는 사실을 아는 듯 보인다.

침팬지만 거울 자기 인지 검사를 통과한 게 아니다. 돌고래, 까치, 아시아코끼리도 이 검사를 통과했다.

그러니 지적 생명체를 외계에서 찾을 필요는 없다. 우리가 사는 지구에서 찾으면 된다. 인간은 지구의 유일한 지적 생명체가 아니다.

시계를 140년 전으로 돌려 다윈의 『인간의 유래』가 런던 서점가를 강타하던 시대로 가보자. 이 책을 열심히 읽은 독자들은 인간이 지능이라는 면에서 그리 특별하지 않고 다른 동물들과의 차이는 겨우 한 꺼풀이라는 것을 알게 되었다.

> 인간과 고등 포유류는 두뇌 기능의 근본적 차이가 없다. 차이라고 해도 모두 정도의 차이일 뿐, 종류의 차이는 아니다.

다윈은 1871년에 『인간의 유래』를 발표하고 얼마 안 되어 『인간과 동물의 감정 표현』이라는 다른 책을 내놓았다. 그는 여기서 인간과 지구상의 다른 동물들이 공유하는 모든 감정을 개괄하고, 분류하고, 목록화했다. 그 동물들은 모두 우리와 같은 조상에게서 나왔다. 예외는 없다.

1928년에 제이컵 시크는 최초의 전기면도기를 발명해서 특허를 받았다. 면도기의 역사는 매우 오래되었다. 로마의 역사가 리비우스의 말대로라면 기원전 6세기에도 면도기가 있었던 듯하다. 면도기가 없었을 때는 수염 손질이 쉽지 않았겠지만 그때도 분명 뭔가 도구를 썼을 것이다. 도구 사용은 한때 인간만의 고유한 속성으로 간주되었다. 하지만 우리의 친척 침팬지는 이 신화도 무너뜨렸다.

영장류학자이자 인류학자인 제인 구달은 1960년대부터 침팬지를 연구해왔다. 구달의 밀착 연구가 있기 전까지는 다들 침팬지가 채식을 한다고 생각했다. 구달은 실상은 그렇지 않고 침팬지가 고기를 얻기 위해 도구를 써서 사냥도 한다는 것을 밝혔다. 그들이 찾는 고기가 흰개미이긴 했지만 말이다.

18세기 중반의 철학자 장 자크 루소는 자연 상태에서 선한 인간이 문명에 의해 타락했을 것이라고 했다. 이 선천적 '선'은 사소한 행동에서 드러난다. 그러한 행동은 숨겨진 진실을 불가피하게 드러낸다. 우리는 타인의 고통을 원치 않는다. 쥐가 물에 빠져 죽어가는 다른 쥐를 구하려 한다는 연구 결과도 있다. 앤드리아 색스가 《타임》지에서 진행한 제인 구달 인터뷰에 따르면 어떤 침팬지는 그녀를 더 이상 두려워하지도 않는다고 한다. 침팬지들은 처음에 인간을 무척 경계한다. 데이비드 그레이비어드라고 이름 붙인 그 침팬지는 숲속으로 들어갔고 제인은 그 뒤를 따라갔다. 점점 더 깊은 숲까지 들어가자 제인은 그레이비어드를 잃어버릴까 봐 두려워졌다. 그러다 가만히 앉아 그녀가 오기를 기다리고 있던 그레이비어드를 발견했다. 제인은 나무 열매를 하나 따서 건넸다. 그레이비어드는 열매를 넙죽 받는 대신 땅에 떨어뜨리고는 안심하라는 듯이 제인의 손을 감싸 쥐었다. '넌 길을 잃은 게 아니야, 내가 길을 알아.'

제인 구달이 데이비드 그레이비어드의 눈을 바라본 그 순간은 거의 한 세기 반 전에 찰스 다윈이 런던 동물원에서 오랑우탄의 눈을 바라본 순간을 연상시킨다. 인지의 순간. 지구에 우리만 있는 게 아님을 깨닫는 순간. 데이비드 그레이비어드의 안심시키는 행위는 타자의 마음 상태를 인지할 수 있음을 보여준다. 그런 행위는 의식적 차원의 앎을 요한다.

결국 우리는 그렇게까지 유일무이하지 않을지도 모른다.

41장
우리는 여전히 진화 중인가?

>>> 흔히들 오늘날 자연 선택에 의한 진화는, 적어도 인간에 한해서는, 미미하다고 생각한다. 우리가 자연 선택을 밀어내고 스스로 발달을 주도하게 되었다는 것이다. 기술, 의학의 발전, 다양한 문화를 겪으면서 한때 우리의 진화를 견인했던 요소들은 사라졌다.

찰스 다윈의 이론에는 멋들어진 단순성이 있다. 자연은 생물이 번식할 때까지 생존하게 하는 적응을 선택한다. 그러한 적응은 후대로 전달되고 시간이 쌓이면 그 생물 집단을 지배한다. 그러한 집단은 섬에서 산다든가 하는 이유로 고립되어 있을 수 있다. 다윈은 갈라파고스의 거북과 핀치새를 통해 그러한 양상을 보았다. 같은 종의 개체들을 두 집단으로 나누고 높은 산 이쪽과 저쪽에 풀어놓은 후 수백만 년간 내버려둔다 치자. 그들을 엿본다면 두 집단이 서로 너무 달라져서 더 이상 교배가 불가능한 수준임을 알게 될 것이다. 수백만 년을 더 두어보라. 그 둘은 공통 조상에게서 나왔다고 믿을 수 없을 만큼 딴판일 것이다. 고양이를 쓰다듬을 때, 한 1억 년 전에는 나와 그 녀석의 공통 조상이 지구에 살았다는 생각을 하기 바란다.

자연 선택은 미묘하며, 마술의 속임수 따위는 쓰지 않는다. 모자에서 토끼를 꺼내는 것이 아니라 충분한 시간이 주어지면 모자에 사는 단세포 생물을 다른 그 무엇으로 바꿔놓을 것이다.

자연 선택이 더 이상 우리의 종으로서의 발달에 중요한 역할을 하지 못한다는 주장으로 돌아가보자. 이는 우리가 다소간 자연에서 벗어났고 자연의 영향을 받지 않는다는 것을 전제로 한다. 자연은 정글이나 산업화가 덜한 문화를 뜻하지 않는다. 수백만 년 동안 생명을 떠받칠 수 있는 우주선에 탑승하더라도 자연의 힘에 영향을 받기는 마찬가지다. 거기서도 환경에 적응해야만 하는 것이다. 선택압은 거기서도 작용한다. 그 힘에서 벗어날 수는 없다. 속도는 정해져 있지 않다. 진화의 길은 속도나 목적지를 신경 쓰지 않는다. 그 길은 어떤 것도 아랑곳하지 않는다. 종으로서 우리의 소임은 그 길에 머무는 것뿐이다. 아니면 노력하다가 죽든가.

말라리아는 인간이 수백 년간 맞서 싸워야 했던 고약한 질병이다. 간략하게 말하자면, 모기에게 무임승차하기 좋아하는 원생동물이 있다. 어떤 동물의 피에 이 원생동물이 있는데 모기가 그 동물의 피를 빤다. 문제의 원생동물이 모기의 소화관 속에 살림을 차리고 새끼를 친다. 모기가 다른 동물의 피를 빨 때 이 원생동물이 옮는다. 원생동물은 다른 동물의 간에 가서 번식을 하고 결국 혈액으로 들어가 적혈구를 공격할 것이다.

여기서부터 골치가 아파진다.

종으로서 우리가 말라리아를 저지하기 위해 온 힘을 다하는 동안, 자연도 열심히 일해왔다.

아프리카의 일부 인구 집단이 이 상황에 적응해 말라리아 피해를 면하고 있다고 하면 놀랄지도 모르겠다. 그러한 적응 중 하나가 낫 적혈구 빈혈이다. 정상 조건에서는 이 빈혈이 달갑지 않겠지만 말라리아 기생충과 맞서기에는 매우 효과적인 수단이다. 이 빈혈에 걸리면 적혈구가 원반형에서 낫 모양으로 변한다. 초승달 모양이라고 해도 좋다. 말라리아 기생충은 낫 모양의 적혈구에 대해서 아무것도 할 수가 없다. 이 적혈구는 정상 기능은 떨어지지만 기생충의 공격으로부터 안전하다.

말라리아가 창궐하는 집단에서 낫 적혈구 유전자는 이점으로 작용한다.

이 유전자가 발현하고 어떤 이점을 제공한다면 자연의 선택을 받게 마련이다. 그리하여 그 유전자, 혹은 그 변이는 살아남는다.

우유를 마셔도 가스가 차지 않고 아이스크림을 먹어도 속이 아프지 않다면 여러분의 유전자도 변이된 것이다. 아무나 그렇게 하지 못한다. 세계 인구의 75퍼센트는 유당을 잘 소화하지 못한다.

이게 다 네 개의 작은 유전자 때문이다. 정확히는 대립 유전자라고 해야겠지만.

어릴 때는 우리 몸에서 락타아제라고 하는 유당 분해 효소가 생산된다. 그러므로 우유를 마셔도 아무 문제가 없다. 우유 속의 유당은 탄수화물인데 락타아제가 없으면 소화하기가 힘들다. 포유류는 대부분 세상에 태어나 한동안 어미의 젖을 먹고 산다. 우리도 포유류이기 때문에 어릴 때는 유당을 분해할 수 있는 락타아제가 나온다. 하지만 성인이 되면 더 이상 락타아제가 생산되지 않는다.

그런데 일부는 성인이 되어서도 락타아제가 나온다. 그런 사람은 치즈가 듬뿍 들어간 피자, 우유에 넣은 시리얼, 아이스크림 한 통을 먹어 치워도 끄떡없다.

엄마 젖을 뗀 후에도 락타아제를 몸에서 생산할 수 있는 이유는 약 7,500년 전에 일어난 유전자 변이 때문이다. 이 변이는 유럽의 목축업자들에게서 시작되었다. 그들은 우유와 유제품을 많이 먹었기 때문에 그러한 음식을 잘 소화할 수 있게끔 진화했다. 앞에서 언급한 네 개의 유전자가 변이해 성년기에도 락타아제를 생산하게 된 것이다. 자연은 곧잘 같은 문제를 같은 방법으로 해결한다는 것을 보여주는데, 전통적으로 우유를 거의 먹지 않았던 아시아 문화권에서는 이러한 변이가 좀체 나타나지 않는다. 한편, 탄자니아, 케냐, 수단의 유목민 문화권에서는 이러한 변이가 관찰된다. 미국의 경우를 살펴보자면, 유당을 소화할 수 있는 미국인은 전체 인구의 25퍼센트가 아니라 75퍼센트나 된다.

소화 효소 얘기를 하는 김에, 인간 진화의 또 다른 예를 들어보겠다. 이번에는 탄수화물 중 전분 분해에 관여하는 효소다. 탄수화물을 많이 먹는 지역 인구는 아밀라아제라는 효소를 갖고 있다. 아밀라아제 생산은 AMY1이라는 유전자와 관계가 있다. 탄수화물보다 단백질을 많이 먹는 문화권에서는 AMY1 유전자가 다소 덜 일반적이다. 자연은 선택지가 있다면 생존에 도움이 되는 쪽을 택한다.

그린란드의 이누이트족은 지방산을 많이 섭취한다. 지방산을 소화할 때도 이누이트족 조상에게서 나타난 대립 유전자 변이의 도움을 받는다.

"당신이 먹는 것이 당신이다"라는 말을 들어봤을 것이다. 말 그대로, 당신은 당신이 먹는 것 '때문에' 지금의 당신이다.

좀 더 최근의 예를 들어보겠다.

티베트 고산 지대는 공기가 희박하다. 그래서 우리 같은 사람은 숨 쉬기도 힘들다. 그런 곳에서 아침 조깅을 할 수는 없을 것이다. 고산 지대에서도 달릴 수 있으려면 산소통을 소지하든가 혈중 산소 농도가 아주 높은 체질로 바뀌어야만 할 것이다.

진화의 예측력이 바로 여기에 있다. 연구자들은 티베트인들이 혈중 산소 농도를 높일 수 있게 진화했다는 사실을 밝혀냈다. 우리가 예측한 바로 그대로 말이다. 이것은 자연 선택이 혹독한 환경 속에서 살아가는 인간들에게 작용한다는 강력한 증거다. 자연은 유전자 사본을 남길 때까지 살 수 있게 하는 적응 혹은 일련의 형질을 선택한다는 것을 잊지 말자. 이 경우, 혈중 산소 농도를 높여준 변이(적어도 표준치보다 높여준 변이)가 티베트 아이들이 성인이 될 때까지 생존하는 데 도움이 된다. 그리하여 높은 혈중 산소 농도와 관련된 대립 유전자는 존속되고 널리 퍼진다.

생물종으로서 우리는 신체와 삶에 주어지는 스트레스를 크게 줄이는 쾌거를 이루었다. 크고 좋은 뇌를 가졌다는 건 감사할 일이다. 지금으로서는 정확한 이유를 모르지만 뇌가 약간 줄어든 것도 진화가 여전히 현재 진행형이라는 증거다. 스트레스를 완화하는 능력 덕분에 우리는 생물로서, 또한 문화적으로 많은 것을 이루었다. 과거 많은 이의 목숨을 앗아갔던 질병들도 이제 발병 이전부터 손을 쓸 수 있다. 자연 선택이 그렇게 하기 전에 우리는 치료법과 해결책을 개발한다. 우리가 치료법을 개발하지 않았다면 자연 선택은 결코 우리를 구할 수 없었을지도 모른다고 해도 과언이 아니다. 우리도 진즉에 공룡의 전철을 밟았을지 알 게 뭔가. 소행성이 떨어진다면 우리는 멸종할지 모른다. 하지만 그러한 충돌이 없는 한, 우리는 무작위적 변이의 구원을 기다리고만 있지 않고 잘해왔다.

이 말은 인간이 더 이상 진화하지 않는다든가 자연 선택과 무관하다는 뜻이 아니다. 내가 보기에, 우리의 모든 진보, 인간의 삶을 확대하기 위해 하는 모든 일이 자연 선택의 작동이다. 자연 선택을 유전자 변이하고만 연결 짓지 말자는 얘기다. 우리가 창조하고 성취한 모든 놀라운 것이 자연 선택에 귀속될 수 있다. 우리는 여전히 자연의 산물이요, 자연 속에서 일하고, 자연을 우리에게 유리하게 조작한다. 선택압은 작용한다. 그 힘은 자연법칙을 따르며 우리가 우리 조상보다 조금 더 오래 살게 해준다. 우리는 이 작고 소박한 행성에서 시작해 결국 다른 작고 소박한 행성들로 퍼져나갈지 모른다. 그 행성들에서도 우리는 새로운 도전을 받고 진화의 기회를 만나리라.

42장
단지 이론일 뿐

>>> 몇 년 전, 아들을 축구 연습에 데려다주었을 때의 일이다. 내 의자 옆 잔디에 진화론에 대한 책을 한 권 두었는데 한 학부모가 지나가다가 그 책을 보고 눈살을 찌푸렸다. 그 여자는 "이런 책보다는 성경을 읽으셔야죠"라고 한마디 하고 갔다.

그런 일이 한 번만 있었던 것도 아니다. 작년에는 디너파티에 가서 진화론에 대한 팟캐스트 방송을 한다고 했더니 여자 손님 한 명이 눈알을 굴리면서 이러는 게 아닌가.

"별일 다 보겠네." 그 여자는 펄쩍 뛰면서 씩씩거렸다. 그때까지 파티 분위기는 더할 나위 없이 좋았는데 말이다.

"뭐가요?" 내가 물었다.

그녀는 다시 눈알을 굴렸다. 눈알 굴리는 재주는 있어 보였다. "나는 원숭이의 후손이 아니거든요."

나는 말 한번 잘했다고 대꾸하고 싶었다. 그 여자는 원숭이의 후손이 아니다. 원숭이, 침팬지, 고릴라, 그리고 그 파티에 참석한 모든 사람은 공통 조상에게서 나왔다. 뉴햄프셔의 사계절 대신 아프리카에서 햇볕을 즐겼을 머나먼 과거의 어떤 영장류에게서. 나는 그 여자에게 약 2,500만 년 전에 그 공통 조상으로부터 무리들이 갈라져 나왔다고 설명하고 싶었다. 각 무리는 저마다 다른 환경에 적응해야만 했다. 2,500만 년 동안 자연 선택은 한 무리는 침팬지가 되게 하고 또 다른 한 무리는 인간이 되게 했다. 그 밖에도 여러 무리가 있었다. 우리가 알기로는 그동안 셀 수 없이 많은 무리가 있었다. 고릴라, 붉은털원숭이, 오랑우탄 등등. 네안데르탈인과 우리가 꽤 오래 공존했다는 사실도 잊지 말자. 최후의 네안데르탈인은 약 4만 년 전에 멸종된 것으로 보인다. 네안데르탈인은 우리와 공통 조상 사이의 과도기적 존재가 아니다. 그들은 아예 다른 갈래로서 5,000년 간 유럽 대륙에서 우리와 함께 살았다. 상황이 달랐다면 우리가 멸종되고 네안데르탈인의 후손들이 그 디너파티에 모여 앉았을지도 모른다.

나는 이 모든 내용을 그 여자 손님에게 설명할 수 있었지만 그러지 않았다. 그냥 "우리 방송을 한번 들어보셔야겠네요"라고만 했다.

그녀는 빵에 손을 뻗으면서 또다시 눈알을 굴리고 이렇게 대꾸했다. "단지 이론일 뿐이죠."

단지 이론일 뿐이다. 지난 몇 년간 이 말을 도대체 몇 번이나 들었는지. 정말 그럴까? 으레 자연 선택에 의한 진화의 '이론'이라고 지칭되기는 한다. 자연 선택에 의한 진화의 '법칙'으로 제시되지는 않는다. 왜 그럴까? 나에게도 이론은 있다. 아침에 열쇠를 못 찾아 허둥지둥했는데 어젯밤에 누가 집에 들어와 열쇠를 딴 데 옮겨놓았나 보다. 나는 이러한 내 생각을 이론이라고 부르고 모두에게 떠들어대며 귀찮게 할 수도 있다. 내세에 대한 이론이 있는 사람들도 마찬가지다. 그들은 증명하거나 반증할 수도 없는 생각을 이론이라고 내세우는데 다윈의 위대한 사상을 '이론'이라고 부르는 건 좀 평범하지 않나? 바깥문, 현관문 다 잠겨 있는데도 누가 들어와서 열쇠를 옮겼다고 주장하는 나의 이론보다는 훨씬 제대로 대우를 받아야 하지 않나?

자, 다윈의 이론은 훨씬 더 나은 입장에 있으니 기뻐하라. 진화론은 명확한 증거에 입각해 있다.

일단 사전적 정의를 살펴보자. 메리엄웹스터 온라인 사전에 '이론(theory)'의 뜻은 '현상을 설명하기 위해 제시되는 그럴듯하거나 과학적으로 수용할 만한 일반 원리 혹은 원리들의 집합'이라고 나와 있다.

괜찮지 않은가? 6세기 초, 코페르니쿠스는 우리가 태양 중심설이라고 부르는 이론을 연구하기 시작했다. 그 내용은 지구와 다른 행성들이 태양을 중심으로 돈다는 것이었다. 그 전까지는 모든 천체가, 태양마저도 지구를 중심으로 돈다고 생각했다. 우리는 태양 중심설 혹은 지동설이라고는 해도 태양 중심 법칙이라고는 하지 않는다. 이것은 이론, 과학적 이론이다. 그 이전 단계는 가설이다. 코페르니쿠스는 하늘을 보고 해, 달, 행성에 대해서 생각하며 이것저것 계산을 해보기 시작했다. 그러다 이단적인 생각을 품었다. 어쩌면 모두가 틀렸다고, 지구는 그렇게 특별하지 않다고. 우주에서 우리는 만물의 중심이 아닐 수도 있다고. 지구도 태양 주위를 도는 암석 덩어리에 불과할 거라고. 지난 500년간 과학은 이 이론을 시험하고 결론을 뒷받침했다. 이 이론이 틀린 것으로 밝혀질 가능성은 거의 없다. 시작은 단순한 가설이었지만 수없이 다양한 시험을 예외 없이 통과했으니까.

과학은 다윈의 자연 선택에 의한 진화론도 마찬가지로 검증했다. 그래서 진화론은 이제 단순한 가설이 아니다. 한때는 가설이었다. 다윈이 이 아이디어를 연구하던 무렵에는. 그는 언뜻 보아 구분이 잘 안 가는 따개비의 모양과 색깔의 차이를 연구하느라 오랫동안 눈을 혹사했다. 오늘날 진화론을 연구하는 사람은 화석 기록에서부터 우리 인간의 DNA까지 산더미 같은 증거를 자세히 살펴보아야 한다. 그래서 우리는 네안데르탈인이 곤경에 처했을 때 우리가 그들을 동화시켰을 수도 있다는 것을 안다. 우리의 유전자에는 네안데르탈인의 DNA가 있다. 간단한 DNA 검사만으로 어느 정도인지도 알 수 있다. 여러분이 유럽인의 후손이라면 네안데르탈인의 DNA가 상당 수준 있을 것이다.

생물은 진화하고 변모한다. 이선 사실이나. 실험실에서나 사인에서나 확인 가능한 사실이다. 그래서 교배를 전문으로 먹고사는 사람들이 있는 것이다. 그들은 애견 대회에서 상을 받을 만한 형질과 바로 퇴짜를 맞을 만한 형질을 잘 알고, 유전과 변화를 이해하고 있다. 그게 진화다. 인위 선택이지만 성취되는 결과는 같다. 사실을 부정할 수는 없다. 이게 사실이 아니라면 애견 대회 TV 중계를 보면서 즐거워할 일도 없을 것이다. (인위 선택이 아닌) 자연 선택이 자연에서의 진화를 추진하는 원동력이라는 다윈의 생각은 과학적 이론이다. 그가 갈라파고스 제도에 처음 도착해 여러 섬에서 새와 식물 들의 차이를 발견했을 때는 한낱 가설이었다.

오랜 세월 시험과 증거가 쌓여 가설은 현상을 설명하는 이론이 되었다.

진화는 사실이다. 사실과 다름없는 게 아니라 진짜 사실. 독감 바이러스는 매년 신종이 나온다. 그래서 매년 예방 주사를 맞아야 한다. 신종 독감이 하늘에 뚝 떨어지듯 만들어져 세상에 뿌려지기 때문에 예방 주사를 맞으라는 게 아니다. 신종 바이러스는 난데없이 출현하지 않는다. 그것은 기존에 있었던 바이러스의 변종이다. 우리의 면역계는 이 변종을 인식하지 못하거나 어떻게 처리해야 하는지 모른다. 진화란 그런 것이다.

우리에게 진화는 사실이고 150년도 더 된 과거에 찰스 다윈은 진화의 작동 방식에 대한 가설을 세웠다. 그는 장 바티스트 라마르크의 가설(용불용설)에 수긍하지 못했다. 라마르크는 동물 개체가 살아 있는 동안 획득한 형질이 후손에게 전달되기 때문에 진화가 일어난다고 보았다. 그렇다면 역도선수는 후손에게 잘 발달된 근육을 물려줄 수 있어야 하지 않나? 라마르크는 기린의 목이 점점 더 높은 곳의 이파리를 따 먹기 위해 쭉 빼다 보니 길어졌다고 했다. 다윈은 그게 가능하다고 보지 않았다. 갈라파고스의 16개 섬 중 4개에 가보니 섬마다 조금씩 다르게 생긴 흉내지빠귀가 살고 있었다. 그 새들은 각기 처한 환경에 생존하기에 적합했다. 부리는 새가 길어지도록 애쓴다고 해서 더 길어지는 것이 아니다. 여기에 작동하는 다른 그 무엇은 바로 선택이었다. 무작위적 변이에 의한 긴 부리는 생존에 이점으로 작용했다. 그러한 유전적 변이는 후손들에게도 주어졌다. 동물이 딱히 어떤 행동을 해서—어떤 신체 부위를 많이 쓴다든가 해서—유전적 변이가 일어나는 것이 아니다. 변이는 그냥 일어난다. 그리고 이점으로 작용하는 변이들이 계속 일어나 새로운 종들이 출현한다. 신종 바이러스와 똑같다. 바이러스는 개체 수가 많기 때문에 급속도로 진화한다는 차이가 있을 뿐. 바이러스는 변이율이 높고 세대교체가 빠르다. 그래서 우리는 늘 바이러스와 싸워야만 한다.

다윈은 동물이 자연 선택이라고 부르는 과정에 의해 진화한다는 가설을 세웠다. 그리고 시험했다. 시험과 관찰을 통해 가설은 더욱 믿을 만해졌다. 가설을 끈 삼아 모든 사실을 한데 묶었고 다른 사람들도 시험할 수 있도록 제시했다. 과학자들은 이 작업을 150년 이상 해왔다. 생물학자뿐만 아니라 화학자, 지질학자, 고생물학자, 물리학자, 그 밖에도 여러 분과의 학자들이 관여했다. 그들 모두 시험을 한 결과, 다윈의 이론은 유효했다. 그 모든 시험으로 인해 더욱 확고해졌고 오류는 발견되지 않았다. 단 한 번도. 그래서 진화론은 진즉에 가설 단계를 졸업하고 이론이 되었다. 진화라는 사실을 타당하게 설명하는 이론 말이다.

우리는 이론이라는 단어를 일상에서 흔하게 쓴다. 어떤 사태를 보고, 시장 트렌드나 주식 시장의 하락을 목격하고서 "내가 그 문제에 대한 이론이 있는데"라고 말할지도 모른다. 저마다 상황과 관찰에 적용할 수 있는 이론이 있다. '이론'이라는 단어가 대중문화에 들어온 게 문제다. 우리는 가설이 있다고 말하지 않고 그렇게 말하는 사람을 찾아보기도 힘들다. '이론'이라는 말이 더 쉽고 과학자들이 수 세기 동안 이 말을 쓰는 것을 들었기 때문에 그냥 막 쓴다. 뭔가를 설명할 때 이론이라고 하는 게 익숙한데 이 이론 아닌 이론은 틀린 것으로 밝혀질 때가 많으니 단어가 본래의 무게를 잃었다. 다윈의 '이론'이라고 하면 어떤 이들은 깎아내려도 된다고 생각하나 보다. 자기네들의 같잖은 이론이 틀렸다고 해서 다윈의 이론도 틀릴 수 있다고 생각하나 보다. 그들은 엄밀히 구분하자면 가설이라는 표현을 썼어야 했다는 것을 모른다. 그들의 가설을 여러 차례 시험하고 항상 동일한 결과를 얻는다면 그때는 이론이라고 칭할 수 있을 것이다.

다윈의 이론이 틀린 것으로 판명 날 수도 있을까? 물론이다. 이론은 과학의 심문과 의심 어린 눈길에도 무너지지 않아서 이론이다. 이론은 과학이 예측을 하고 시험할 수 있게 해준다. 어느 시점에서 진화론을 뒷받침하지 않는 새로운 사실이 출현할지도 모른다. 그러면 과학은 그 사실에 덤벼들어 이유를 설명하려 들 것이다. 영국의 과학자 J. B. S. 홀데인은 만약 선캄브리아기의 토끼 화석이 발견된다면 진화론이 틀렸다는 것을 믿겠다는 유명한 말을 남겼다. 다른 포유류 화석들보다 앞서는 토끼 화석이, 그러한 연대를 입증할 수 있는 암석층에서 발견되는 경우라면 말이다.

지금까지 그러한 발견은 없었고 다윈의 자연 선택에 의한 진화론은 여전히 우리가 사는 세계를 가장 잘 설명하는 이론이다.

내 생각에 다윈은 더 이상 자신의 주장을 입증하지 않아도 될 것 같다.

43장
진화심리학

>>> 오래전 어느 밤, 수백만 년 전에, 어느 젊은 유인원이 어떤 소리를 들었다. 밤에는 많은 소리가 들렸다. 그런데 이 소리는 가까이서 들렸다. 아주 가까이서. 그는 쿵쿵대다가 그 자리에서 굳어졌다.

눈앞에 뱀이 똬리를 틀고 있었나. 유인원들은 늘 뱀을 밀리했다. 그 뱀은 매우 컸다. 그렇게 큰 뱀은 난생처음이었다. 그는 감히 가족과 친족에게 알리지도 못했다. 뱀은 바로 앞에서 그를 똑바로 쳐다보고 있었다.

그 공포의 감정은 유인원보다 더 오래 살아남았다. 그가 물려받은 공포, 그의 아이들에게 물려줄 공포, 그 아이들의 아이들에게도 물려줄 공포였다. 물론, 뱀에 대한 공포 말이다. 혹은 땅에 배를 붙이고 기어다니는 것에 대한 공포다.

나는 뉴잉글랜드에서 자랐다. 우리가 이따금 마주치는 뱀은 가터뱀 종류였다. 그렇게 무섭지는 않았다. 어릴 때 들판에서 낡은 합판을 들추었더니 독 없는 우유뱀이 그 아래 똬리를 틀고 있었다. 나는 그게 산호뱀인 줄 알았고 물릴까 봐 도망쳤다. 산호뱀은 우리 지역에 살 수가 없건만 그때는 그걸 몰랐다. 지금도 우연히 뱀을 만나면 심장이 미친 듯이 뛴다. 꼬챙이로 간신히 집어 들어 잔디깎이에서 멀리 치워버리지만 두려움이 쉬이 진정되지 않는다. 왜 그런지는 설명할 수 없다.

앞에서 언급한 유인원은 할 수 있을 것이다. 그가 살아 있다면 고개를 끄덕이면서 뱀은 위험하다고 말해줄 것이다. 뱀의 악랄함에 대한 지식은 나에게까지 전달되었다. 말이 아니라 유전자를 통해서. 나의 뇌는 뱀을 무서워하게끔 프로그램이 짜여 있다.

과연 그럴까? 17세기의 철학자 존 로크는 인간이 아무것도 쓰여 있지 않은 빈 서판(tabula rasa) 상태로 태어난다고 보았다. 우리는 모든 것을 경험을 통해 배운다. 짜여 있는 프로그램 따위는 없다. 유전자에 새겨진 뱀 공포는 없다.

우리가 타고나는 하드 드라이브가 텅텅 비어 있지 않고 소소한 프로그램들이 세트로 딸려 있다면? 그 프로그램들이 어느 시점이 되면 작동하기 때문에 우리가 세상을 잘 헤쳐나갈 수 있는지도 모른다. 그 프로그램들이 어떻게 작동하는지 알아보고 이해하는 것이 인간의 작동 방식을 이해하는 열쇠일 것이다. 구체적으로 말하자면 우리의 정신, 행동, 두려움을 이해하는 열쇠 말이다.

그리하여 진화심리학이라는 분과가 등장했다.

다윈은 우리 주위의 모든 것이 자연 선택의 산물이라는 생각을 곱씹었다. 우리의 태도와 감정은 경험이 아니라 우리 내부에 깔려 있는 프로그램에 의한 것이다. 적어도 전부 경험에 의한 것은 아니다. 경험은 뱀을 봐도 도망가지 말라고 가르쳤다. 그러나 '뱀은 위험하다' 프로그램은 여전히 작동한다. 구식 소프트웨어일지는 몰라도 만약 내가 산호뱀을 만난다면 여전히 쓸모가 있을 것이다.

자동차나 총에 대해서는 그런 느낌을 받지 않는다. 엔진의 힘이나 총기의 위험성은 나도 잘 알지만 자동차나 총기를 보고 그렇게 거의 본능적인 두려움을 느끼지는 않는다. 나는 뱀보다는 차나 총을 더 자주 본다. 심지어 자동차 사고나 총기 사고로 심각하게 다친 사람도 여럿 보았다. 뉴스를 틀기만 해도 그런 사고 소식이 넘쳐난다. 그렇다면 뱀을 볼 때보다 자동차를 볼 때 심장이 더 빨리 뛰어야 하는 것 아닌가.

이게 다 무슨 이야기냐고? 진화심리학은 바로 그런 것을 설명하고자 한다. 이 학문 분과는 우리가 어떤 상황에서 특정한 방식으로 행동하고 싶어지는 이유를 파고든다. 어떤 심리적 적응이 자연의 선택을 받아 시간 속에서 나아가는 우리의 여행에 함께하게 되었는가?

우리는 빛의 색조에 민감한 눈, 공기의 진동에 자극받는 귀, 주위의 세계를 느낄 수 있는 살갗 아래 신경을 지니고 있다. 이것들은 인간이 진화하면서 갖추게 된 적응 형질, 자연 선택의 결과다. 이 행성에서 살아가는 모든 생물은, 동물과 식물을 막론하고, 지금과 같은 모습을 갖게 된 이유가 있다. 의식적이고 설계된 이유가 아니라 생물의 생존과 번식 능력이 결정한 이유라고 할까. 어떤 적응 혹은 변이가 유리하게 작용하지 못하면 그 생물은 멸절했다.

밤에 숲길을 걷다 보면 돌연한 그림자에 흠칫하거나 으스스한 기분이 든다. 그러한 느낌도 적응 형질 때문에 드는 것일지 모른다. 아니면 적어도, 선택되어 나의 일부로 남은 유전자와 그러한 두려움이 관련이 있을지도.

진화심리학이 궁금해하는 것이 어디 두려움의 기원뿐일까. 짝이 있는 사람이 바람을 피우는 이유, 거짓말을 하는 이유, 길을 가다가 다친 사람이나 곤경에 처한 사람을 보면 걸음을 멈추고 돕게 되는 이유, 이 모든 것은 설명과 해석의 여지가 있다.

우리의 정신은 컴퓨터와 그리 다르지 않다. 데이터가 입력되면 분석하고 대응한다. 뇌의 여러 영역이 다양한 감각 데이터를 처리한다. 그 영역들은 각기 다른 기능을 수행한다. 뇌의 물리적 구성은 자연 선택의 결과물이다. 그 안에서 이루어지는 인지적 과정은 선택 과정의 일부다. 뇌의 물리적 구조를 책임지는 유전자들은 우리의 생존에 도움이 되기 때문에 선택되었다. 우리의 뇌에는 물리적이고 심리적인 적응의 역사가 배어 있다. 고고학자가 시간의 모래를 파고들어 과거의 물리적 세계를 재구성하듯이 심리적 세계에 대해서도 그러한 연구를 할 수 있다.

우리 사회는 근친상간을 혐오한다. 왜 그럴까? 구역질 난다든가 순리에 어긋난다는 이유 말고, 진짜 이유를 대라고 한다면 뭐라고 할까? 어째서 근친상간에는 심리적 반감이 드는가? 이 반감은 우리의 일부다. 말로 설명하려 들 수도 있지만 사태의 진실은 그냥 바로 반감이 든다는 것이다. 이건 배워서 그런 게 아니다. 우리 문화가 근친상간은 나쁜 짓이라고 알려줘서 그런 게 아니다. 그냥 웃음이 터지듯 자연스러운 반응이다. 웃음도 우리와 함께 진화했다. 우리의 먼 조상들은 상대를 공격할 뜻이 없음을 알리기 위해 원시적 형태의 웃음을 사용했을 것이다. 웃음은 갈등을 피하는 수단이었다. 새끼 침팬지도 웃는다. 오랑우탄도 웃는다. 심지어 쥐도 웃는다. 웃음은 태어날 때부터 갖춰져 있는 심리적 구성의 일부다. 로크의 빈 서판은 사실 그렇게까지 비어 있지 않다. 우리의 정신은 처음 주어질 때부터 기본적이고 필수적인 소프트웨어가 깔려 있다. 나머지 것들, 이를테면 우리의 바람, 욕망, 특정한 반응 등은 성장 과정에서 하나하나 설치된 프로그램이다. 개인들 간의 차이는 태어나서부터 지금까지 설치된 프로그램들의 차이로 볼 수도 있겠다.

전통적 심리학은 우리가 행동하는 방식을 묻는다. 진화심리학은 그렇게 행동하는 이유를 묻는다. 진화심리학이 보는 뇌는 정보 처리 장치다. 자연 선택에 의해 현재와 같은 방식으로 입력과 출력을 처리하게끔 만들어진 장치인 것이다. 신경 메커니즘과 그때그때 활성화되는 경로가 문제를 해결한다. 더러는 문제 해결책들도 우리와 함께 진화했다. 우리의 조상들도 동일한 문제들을 마주하곤 했다. 코가 가려우면 긁는다. 의식적으로 생각해서 하는 행동이 아니다. 자기도 모르게 손이 가서 손가락이 가려운 부위를 긁고 있다. 그렇게 행동하기까지는 복잡한 일련의 과정들이 관여하지만 그중 무엇 하나 일부러 의식하거나 지시한 것은 아니다. 어떻게 손을 들어야 하고 어떻게 손가락을 써서 긁어야 하는지 생각한 게 아니다. 무의식적 과정들로 충분하다. 설령 의식을 하더라도 그건 '사후의' 찰나일 뿐이다.

의식은 어떻게 진화했는가? 의식의 진화를 추적하려면 얼마나 먼 과거까지 거슬러 올라가야 할까? 우리의 파충류 조상에게까지? 우리도 그들의 사회적 상호 작용에 쓰이던 무의식적 프로그램을 여전히 구동하고 있는가? 우리 뇌의 어떤 구조는 그들에게서 물려받은 것이다. 그 구조의 일부인 자극-반응 프로그램은 그들에게서나 우리 뇌의 편도체에서나 잘만 돌아가고 있다. 이 프로그램은 오랫동안 우리와 함께하며 투쟁-도주 반응을 조종해왔다. 나는 뱀을 보면 도망갈 것이다. 컴컴한 골목에서 누가 다가온다면 나 자신을 방어할 준비를 할 것이다. 생각해서 하는 일이 아니다. 자연스럽게 튀어나오는 반응이다. 이 반응의 원천, 사고 과정을 생략해주는 단축 키는 오래된 프로그램에 있다. 200만 년이나 되었을 수도 있는 프로그램에.

뇌는 물리적 시스템이다. 정말로 우리의 반응, 의사 결정, 태도는 모두 물리적인 신경 회로의 집합과 직결되어 있을 뿐인가?

썩 유쾌한 생각은 아닐 것이다. 우리의 정신, 사유, 반응이 전부 200만 년 전 설치된 프로그램들에서 나왔다고? 그동안 그 프로그램들도 우리가 처한 환경에 따라 변해왔겠지만 말이다.

이러한 생각은 본성 대 양육이라는 오래된 문제로 거슬러 올라간다. 우리 행동의 얼마만큼이 자연 혹은 자연 선택의 산물이고 또 얼마만큼이 우리가 태어난 문화, 사회적 관습과 규칙의 산물일까? 아마 그 둘은 섞여 있을 것이다. 혼합 비율은 따져봐야겠지만. 이중 유전 이론(DIT, Dual inheritance theory)은 이 혼합을 정의하기 위해 개발되었다. DIT는 우리의 행동이 유전적 진화와 문화적 진화 양쪽 모두의 산물이라고 말한다. DIT라는 완벽한 중간 지점을 경계선 삼아 운동장의 어느 쪽에 설지 결정하는 것은 진화심리학자들의 몫이다.

우리는 동물의 행동이 본능에서 비롯된다고 생각한다. 겨울이 다가오면 새는 남쪽으로 날아간다. 생각을 하고 그러는 게 아니다. 철새의 본능이다. 새는 자신의 생물학과 지구의 자기장에 보조를 맞추어 작동하는 오래된 프로그램을 따를 뿐이다. 소프트웨어와 컴퓨터처럼.

같은 논리를 우리 행동에 적용한다면 대부분 불만을 토로할 것이다.

진화심리학을 비판하는 사람들은 지금까지 제시된 이론들에 여러 가지 결함이 있고 과학으로 인정하기 어렵다고 지적한다. 우선, 시험하기가 어렵다. 나는 뱀을 무서워하는 유인원 이야기로 이 장을 시작했다. 그의 유전자에, 그의 내부 프로그램에 깔려 우리에게 전달된 공포. 나는 비합리적으로 보이는 이 공포를 합리적으로 설명하려 했다. 그러나 어떻게 시험할 수 있을까? 혹은 구체적으로 과학의 관점에서, 유인원과 뱀 공포 유전자에 대한 나의 이론이 거짓임을 어떻게 입증할 수 있을까? 이건 모두 나의 추측이거나, 그렇게 보일 것이다.

이것이 진화심리학자들의 가장 큰 걸림돌이다. 그들의 이론과 질문은 전부 그저 '이야기들'로 치부될 수 있다. 1902년에 출간된 러디어드 키플링의 『바로 그런 이야기들(원제: Just So Stories)』이라는 책처럼. 그 책은 낙타가 등에 혹을 갖게 된 내력, 표범의 가죽에 반점이 생긴 내력을 공상적으로 풀어낸다.

어쩌면 행동과 유전자를 연결 짓는 이 모든 논의는 추측에 기반한 과학적 정당화일지도 모른다. 뇌는 놀랍도록 적응력이 뛰어나고 유연한 기관이다. 뇌의 어느 한 부분이 손상되더라도 다른 부분이 그 기능을 대체하거나 보완해 환자가 이후의 삶에 적응하게 되는 경우는 이미 숱하게 보고되었다. 우리 뇌의 어떤 영역들이 자연 선택으로 인해 특정한 행동 형질들과 결부되었다면 어떻게 극한 상황이나 뇌 손상 상태에서 그 형질들이 다른 영역으로 이전될 수 있을까? 존 로크의 주장대로 우리의 행동을 설명하는 것은 유전 프로그램이 아니라 경험일까? 자연 선택은 하드 드라이브를 공장에서 갓 나온 깨끗한 상태로 주었고 프로그램을 얼마나 많이 까느냐는 우리에게 달렸나?

우리의 하드 드라이브는 보이지 않게 돌아가는 프로그램들로 가득 차 있다. 우리는 의식하지 못하지만 그 프로그램들은 엄연히 존재한다. 덕분에 우리는 세계와 상호 작용하고 방향을 잡는다. 그러한 프로그램들이 없다면 위험한 상황과 우호적 상황을 분별하는 데 애를 먹을 것이다. 새로운 경험이 들어설 여지도 있다. 우리의 오래된 유전자로는 결코 설명할 수 없는 것들이 있다. 비행기, 열차, 자동차, 혹은 완전히 다른 문화권에서 온 손님을 맞이하는 법이라든가. 그 경험들은 개인의 프로그램의 일부가 된다. 그것들은 전달되지 않고, 전원이 꺼질 때까지는 유일무이한 우리 존재의 일부일 것이다.

우리 집 뒤에는 200년 된 작은 묘지가 있다. 나는 잡초를 관리하고 폭풍이 지나간 후에는 묘석에 떨어진 잔가지 같은 것이 없는지 살핀다. 묘지는 과거의 일부이고 나는 그것을 돌보기 좋아한다. 묘지는 내가 태어나기 오래전부터 있었다. 우리 집 뒤 데크에서 10미터 정도밖에 떨어져 있지 않다. 가끔은, 밤늦게 글을 쓰거나 책을 읽을 때, 시야 가장자리에서 어떤 움직임이 보인다. 제대로 눈을 뜨고 보면 아무것도 없다. 유령? 빛의 환각? 아니면 유전자가 내게 선사한 과도하게 민감한 행위 탐지 장치?

 답은 여러분이 무서운 이야기를 좋아하는지 그렇지 않은지에 달린 것 같다.

44장
진화의 예측력

>>> 여러분에게 지구에서 몇 광년 떨어진 다른 행성을 볼 수 있는 망원경이 주어진다면? 그 행성은 지구와 흡사하지만 물로 뒤덮여 있다. 그 행성에도 지적 생명체가 살고 있을 뿐 아니라 그들이 우리보다 더 지적으로 뛰어나고 더 발전했다면? 그 지적 생명체는 어떻게 생겼을 것 같은가? 여러분은 그 행성이 100퍼센트 물로 뒤덮여 있는 것을 보고 그 지적 생명체가 인어처럼 생겼다고 추측할지도 모른다. 또한 그들의 탈것은 잠수함처럼 생겼다고 추측할 것이다. 어쩌면 나도 여러분의 생각에 동의할지 모른다.

추측. 이게 우리가 할 수 있는 전부다. 우리는 진화를 광범위하고 막연하게 예측한다. 어떤 형태의 변화가 장차 일어날지는—변화가 일어난다면 말이지만—우리가 알 수 없다. 내가 사는 뉴햄프셔의 작은 마을에 언제 다시 눈 폭풍이 닥칠지 예측하는 편이 오히려 쉽다. 진화와 관련된 예측에 요행은 없다.

진화에 대한 이론들은 오늘날의 과학 영역 바깥에 있다는 뜻인가?

강력한 이론은 시험 가능하다. 일련의 결과들을 분석한 후에는 예측을 세울 수 있다. 파란색 액체와 노란색 액체를 섞으면 초록색 액체가 나올 것이다. 두 액체의 비율을 조절하면 초록색의 뉘앙스가 달라질 것이고, 빨간색을 첨가한다면 색이 또 달라질 것이다. 나는 이제 파란색과 노란색을 섞으면 초록색이 된다고 말할 수 있다. 파란색과 노란색은 원색이고 초록색은 이차색이다. 나는 이 사실뿐만 아니라 검증 방법까지 말해 줄 수 있다. 여러분도 나의 작업을 살펴보고 나의 지시를 그대로 따른다면 역시 초록색을 얻을 수 있을 것이다.

이것은 시험할 수 있고 예측할 수 있다. 나는 초록색을 예측하고 검사해서 결과를 내놓는다. 우리가 사실임을 입증하든가 거짓임을 입증하든가 할 수 있다는 얘기다. 이것이 과학의 정수다.

자연 선택에 의한 진화는 어떠한가? 진화론은 과학적 이론이나. 하시만 검사하거나 예측을 세울 수 있는가? 어떤 변수들을 조작할 수 있단 말인가?

핵심은, 우리가 환경 변수를 조작했을 때 생물에게 무슨 일이 일어날지 예측할 수 없다는 것이다. 생물이 어떻게 진화할지는 모르는 일이다. 설령 그 생물의 진화를 추적해왔더라도 시험을 똑같이 재현하거나 항상 동일한 결과를 얻는다는 보장이 없다. 솔직히 그렇게는 안 될 것이다.

이것이 진화론 연구가 부딪힌 비판 중 하나이다. 철학자 칼 포퍼는 진화생물학이 예측력이 부족하므로 시험할 수 없다고 평가한 것으로 유명하다. 비록 나중에 입장을 철회하긴 했지만 이 진술에는 일말의 진실이 담겨 있다.

그게 아니면? 모든 것이 추정일 뿐이라는 주장 위에 진화론을 세우는 것이 가능할까?

물론 그 답은 '그렇다'이다.

진화의 예측력을 더 잘 이해하기 위해 먼저 예측 이론을 세운다는 것이 무슨 뜻인지 곱씹어보자. 그다음에 이 문제의 진면목을 보자.

물리학 얘기를 해보련다.

물리학은 내 마음을 사로잡았다. 우리는 거시적 수준에서는 세계를 잘 알고 초기 조건과 변수에 따라 어떤 결과가 나올지 비교적 자신 있게 예측할 수 있다. 그래서 이제 달에 우주선을 보낼 수도 있고 위치 좌표를 삼각 측량해서 여기서부터 뉴욕까지 GPS 길 안내를 받으면서 갈 수도 있다. 과학의 예측력과 시험 재현성이 아니면 이런 일은 모두 불가능할 것이다. 어떤 일은 일관되게 일어난다. 부시로 부싯돌을 치면 불을 일으킬 수 있다. 음, 모두가 그런 건 아니지만. 나는 부시와 부싯돌로 불을 붙이는 데 성공한 적이 없다.

부싯돌을 쳤는데 명백한 이유 없이 불이 아니라 눈송이가 생겼다면 종으로서 우리는 여기까지 올 수 없었을 것이다. 우리는 여전히 동굴에서 살면서 해가 뜨기를 기다려 사냥을 해서 날고기를 먹고살지도 모른다. 우리는 주위 세계에 의존해 어떤 규칙들을 따르고 그 규칙들을 이해하려 애쓴다. 예측은 힘이다.

거시적 수준에서는 그렇다. 미시적 수준에서도 시험과 예측은 가능하다. 그러나 아원자 입자가 지배하는 양자 영역으로 들어가면 예측력은 무너진다. 사실 이상하고 설명할 수 없는 것들도 많다. 적어도 지금으로서는 그렇다. 이론물리학자 리처드 파인먼은 세상에 양자역학을 이해하는 사람은 없다고 했다. 양자 수준의 물리학은 너무 이상하다. 입자들이 짠 하고 나타났다가 사라져버린다. 심지어 어떤 입자는 다른 입자가 아무리 먼 거리에 있어도 한데 얽힐 수 있다. 입자는 파도 같고 파도는 입자 같다. 양자 수준에서 결정론은 거짓인 것처럼 보인다. 예측은 물 건너간다.

양자 수준의 입자가 어떻게 나아갈지 예측할 수 없다고 해서 과학이 그에 대한 연구와 시험을 멈출 수 있겠는가. 우리는 특정 조건에서 어떤 일이 '일어날 수도 있다는' 예측을 할 수 있다. 그 이유는 우리가 어떤 일이 '일어났는지를' 관찰했기 때문이다.

다른 식으로 살펴보겠다. 나는 앞에서 날씨와 눈 폭풍을 언급했다. 뉴잉글랜드에 살면 겨울 날씨가 얼마나 종잡을 수 없는지 알 것이다. 예측하려고 하는 게 우스울 정도다. 외출을 계획했다가, 잠깐 장을 보는 정도라고 해도, 낭패를 볼 때가 얼마나 많은지. 지난겨울에는 눈 폭풍 예보가 많았는데 한 번도 일어나지 않았다. 심지어 눈 폭풍이 올 거라는 바로 전날의 기상 예보조차 들어맞지 않았다. 우리는 기상 모델이 예측한 폭풍에 대비했다. 나는 발전기에 가스를 채우고 단단히 준비했다. 휴교령이 떨어질 거라 예상했고 재택근무를 준비했다. 최악을 예상하고 잠자리에 들었는데 아침에 일어나보니 하늘은 맑고 푸르렀다. 폭풍이 북쪽으로 방향을 틀었다나. 우리는 일상을 정상적으로 보냈지만 메인주는 큰 피해를 입었다. 메인주에 미안했다. 처가가 그쪽인데 우리에게 떨어질 폭풍이 처가로 간 것 같았다.

우리는 기상 조건을 확실한 수준으로 예측할 수 없다. 특히 더 먼 미래를 예측하려 할수록 힘들어진다. 결과에 영향을 미치는 상황과 변수가 너무 많다. 그러나 곧 온다던 폭풍이 오지 않은 그 아침, 나는 파란 하늘을 쳐다보고 뉴스를 틀었다. 날씨 영상을 보고 기상예보관의 설명을 들었다. 그래서 어떻게 된 일인지, 왜 폭풍이 오지 않았는지 이해했다. 과학적으로 완전히 말이 됐으니까. 기상학자들은 데이터를 보고 이해했기 때문에 설명을 할 수 있었다. 그들은 오랫동안 관찰과 데이터 수집을 업으로 삼았기 때문에 사태를 이해했다. 나는 그렇게 못 하니까 뉴스를 본 것이다. 기상학이 날씨 패턴을 100퍼센트 예측하지 못한다고 해서 덜 효율적인 과학인가? 그렇지 않다. 기상학은 일어났던 일을 연구하고 현재 일어나는 일에 적용해 일어날 가능성이 있는 일을 예측한다. 예측이 맞지 않더라도 그 지식을 이용해 더 깊은 이해를 도모한다.

또 다른 예를 원하는가? 과학 수사라는 예는 어떨까?

범죄가 언제 일어날지 예측할 수는 없다. 그런 건 공상과학물에 맡기자. 그러나 범죄가 발생하고 범인이 현장을 떠나면 과학 수사가 이미 일어난 일을 재구성하러 등판한다. 총이 발사될 때 누가 어디 서 있었는지, 그들이 어떻게 방에 들어왔는지, 그들의 키가 어느 정도인지, 어떤 섬유로 만들어진 옷을 입었는지 과학을 이용해 알아내는 것이다. 기상학자들이 그렇듯 과학수사관들도 과거를 재구성한다.

자, 앞으로 일주일 날씨는 어떻게 될까? 아무도 모른다. 세계 최고의 컴퓨터도 말해줄 수 없다. 그 컴퓨터가 결과를 계산하는 데 필요한 변수들을 우리가 다 입력할 수 없기 때문이다. 그러나 과거의 데이터를 충분히 집어넣으면 컴퓨터는 날씨 패턴을 분석할 것이다. 기상학자들은 이 패턴을 활용해 소급 예측을 할 수 있다. 소급 예측(retrodiction)이란 단순히 과거를 배경으로 한 예측이다.

혼란스러운가? 그럴 것 없다. 진화 과학의 세계에 돌아가보자.

소급 예측은 생물이 어떻게 진화했는지를 이해할 때 힘을 발휘한다. 돌고래를 보라. A, B, C라는 세 시점을 설정해보자. A는 아주 먼 과거다. B는 그리 멀지 않은 과거다. C는 지금으로부터 1만 년 후다.

우리는 화석 기록과 유전학을 이용해 돌고래가 A부터 B까지의 기간에 어떻게 진화했는지 알 수 있다. 돌고래의 조상들이 A부터 B까지 어떤 진화 경로를 따라갔는지 소급 예측하는 것이다. 하지만 장차 다가올 C까지 1만 년 동안 돌고래들이 어떤 변화를 겪게 될지는 알 수가 없다.

어떤 생물이 생명의 나무 어디에서 출발해 현재 어디에 있는지 알면 존재조차 몰랐던 가지들을 밝혀낼 수 있다. 올바른 정보를 가지고 있으면 소급 예측이 가능하다.

문제는 진화가 아주 천천히 이루어진다는 것이다.

내 관점을 입증하려고 내가 '소급 예측'이라는 말을 만든 게 아니다. 내가 아는 바로는, 1877년 뉴욕 과학아카데미에서 출간한 책에서 이 단어가 처음 나왔다.

찰스 다윈은 이 용어를 쓰지는 않았지만 소급 예측의 힘을 알고 있었다. 그는 인간이 어떻게 발달했을지를 연구하면서 우리의 오래된 조상이 아프리카 출신일 것으로 예측했다. 현재 우리는 그의 예측이 맞다고 생각한다. 화석과 유전적 증거 모두 이 이론을 뒷받침한다. 그리고 네안데르탈인이 있다. 내가 좋아하는 주제이자 나의 미스터리. 네안데르탈인이 우리에게 서서히 동화됐을 것이라는 이론이 있다. 이 이론을 뒷받침하는 유전적 증거도 있다. DNA 연구는 우리 중의 어떤 혈통은 네안데르탈인의 DNA 흔적을 상당 수준 가지고 있음을 보여주었다.

하지만 진화 과학의 예측력, 혹은 소급 예측력의 가장 좋은 예는 2004년에 있었던 닐 슈빈 교수의 틱타알릭 발견일 것이다(틱타알릭은 29장에서 다룬 바 있다). 나에게 틱타알릭은 최고의 예다. 틱타알릭은 3억 7,500만 년 전에 살았던 반은 어류, 반은 양서류인 생물 화석이다. 이 화석은 아가미와 지느러미가 있는 어류에서 육지에서 폐로 호흡하는 네발 동물로 넘어가는 과도기를 보여준다. 이 과도기는 3억 8,000만 년 전에서 3억 6,500만 년 전 사이 어딘가에 해당할 것이다. 슈빈 교수는 틱타알릭을 '사지형 어류(fishapod)'라고 했다.

틱타알릭 발견이 진화의 예측력을 잘 보여주는 이유는 이것이다. 슈빈 교수 팀은 순전히 요행으로 화석을 발견한 게 아니다. 그들은 A 시점(3억 8,000만 년 전)의 물고기 화석에 대해서 알고 있었고 C 시점(3억 6,500만 년 전)의 땅에 사는 네발 동물 화석에 대해서도 알고 있었다. 따라서 그 중간의 어느 시점 B에 과도기적 동물이 있었을 거라 예측 가능했다. A의 물고기처럼 생긴 동물에서 C의 네발 동물에 이르기까지, 자연 선택에 의한 진화론을 도구로 사용하면 B의 동물이 어떤 모습일지도 생각해볼 수 있었다. 탐사 지역도 무작위로 정해서 일단 땅을 판 게 아니었다. 자신이 찾는 동물 화석을 발견할 확률이 높은 장소들을 엄선했다. 그리고 캐나다 북극을 유력한 장소로 정확히 예측했다. 암석의 연대로 알 수 있었다.

이것이 과학의 최선이었다. 닐 슈빈 팀은 아무 장소나 파헤칠 수도 있었지만 지질학, 종의 진화에 대한 지식을 활용해서 자신이 발견하려 한 것을 발견이 기대되는 장소에서 발견할 수 있었다.

예를 하나만 더 빠르게 훑고 가자. 적어도 예측이라는 면에서 슈빈의 발견보다 150년이나 앞서는 예다. 1862년에 찰스 다윈은 식물을 연구하던 중에 그러한 발견을 했다. 그는 별의별 것을 다 연구했다. 그는 따개비에서부터 침팬지에 이르는 생명의 나무에 매료되었다. 그를 사로잡은 것 중 하나는 꽃식물이 꽃가루를 옮겨 번식하는 방식이었다. 꽃가루가 이 식물에서 저 식물로 옮겨 가는 방식은 여러 가지가 있다. 때로는 바람이 개입한다. 어떤 경우는 꽃이 곤충을 유혹하기 위해 진화한다.

벌이 그 고전적 예다. 벌은 화밀을 얻으려고 꽃에 내려앉았다가 온몸에 꽃가루를 묻히고 다른 꽃으로 간니긴다. 식물은 가루받이를 위해 벌을 이용한다. 벌은 꽃에서 화밀을 얻고 꽃은 벌을 이용해 꽃가루를 옮긴다. 천생연분 아닌가.

다윈을 매혹한 것은 마다가스카르 난초의 일종(나중에 '다윈난'이라는 이름이 붙었다)이었다. 이 꽃은 달콤한 화밀이 만들어지는 꿀샘이 굉장히 긴 것이 특징이었다. 다윈이 이 난초를 발견하고 보니 꿀샘의 길이가 30여 센티미터나 되었다. 그는 처음에 당황했다. 화밀은 그렇게 긴 꿀샘의 바닥까지 내려가야 얻을 수 있기 때문이었다. 다윈은 식물이 자기 화밀을 아무나 따 가지 못하도록 보호하기 위해 이렇게 진화했으리라 추측했다.

그렇다면 이 난초의 가루받이에는 어떤 곤충이 관여하는 걸까? 다윈 본인의 표현을 빌리자면, "누가 이걸 빨아 먹을 수 있을까?"

그는 꿀을 빠는 대롱이 그 정도로 기다란 나방 종류가 있을 거라 예측했다. 문제는 그렇게 생긴 나방이 발견되지 않았다는 것이다. 다윈이 세상을 떠나고 20년이 지난 후, 그가 예측했던 나방이 드디어 발견되었다. 대롱이 30센티미터나 되는 나방이었다. 그 나방이 실제로 대롱을 써서 다윈난의 꿀을 빨았을까? 이 의문의 답은 한 세기 동안 풀리지 않았다. 지금은 '그렇다'라는 답이 나왔다.

5만 년 후의 지구는 어떤 생물들로 채워질까? 아무도 말할 수 없다. 날씨가 어떻게 될지를, 혹은 기술의 상태가 어떻게 될지를 예측할 수 없는 것과 마찬가지다. 내 말은, 기술을 써먹을 만한 누군가가 남아 있을지 모른다는 것이다. 우리가 생각하는 대로 일이 진행된다면, 과거에 근거해, 우리는 지구가 남아 있고 지구의 생명체도 계속 진화할 것이라고 말할 수 있다. 인류도 함께 진화할 것이다. 우리가 우주를 생체적 눈으로 바라볼지 증강된 사이버네틱스 눈으로 바라볼지는 모르지만, 아름다운 것을 보게 될 가능성은 충분하다.

45장
우리는 유일무이하다

>>> 어릴 적 내 방 침대에 누워 거실에서 스테레오로 울리는 음악을 듣곤 했다. 나의 가장 오래된 기억 중 하나에는 데이비드 보위의 「페임(Fame)」이 들어 있다. 나의 어린 시절을 함께했던 노래들에 대해서는 얼마든지 얘기할 수 있다. 그 노래 목록은 끝이 없다.

나는 40장에서 "우리는 유일무이한가?"라는 질문을 던졌고 동물의 왕국을 살펴보면서 그렇지 않은 이유를 설명했다. 도구의 사용부터 이타주의에 이르기까지, 인간의 고유한 속성으로 여겨졌던 것들도 실상은 우리의 전유물이 아니다.

그렇지만 인간과 지구상의 다른 동물들 사이의 거리는 너무나 멀기에 도저히 무시할 수 없다. 대서양 해안에 서서 머나먼 유럽 대륙을 보려고 한들 보이겠는가.

짐작했겠지만, 음악도 그러한 거리에 해당한다.

인간만 음악을 할 수 있는 건 아니라고 생각할지도 모르겠다. 새도 노래하고 고래도 노래하지 않는가. 심지어 코끼리도 트럼펫 같은 소리를 낸다.

볼프강 아마데우스 모차르트의「피아노 협주곡 21번」안단테 악장을 들어보라. 모차르트는 1756년에 태어났지만 그가 남긴 음악은 시공간을 뛰어넘어 우리에게 전해진다. 그는 600편 이상의 작품을 남겼는데 그 하나하나가 어떤 울림이 있다. 무엇인가가 우리 마음을 움직인다. 그것은 35억 년 전 우리에게 생기를 불어넣은 번득임이다. 그 번득임은 빅뱅에서 왔다.

비틀스의 음악을 예로 들어 설명할 수도 있겠다. 나는 들을 수 있는 귀와 재생할 수 있는 장치만 있다면 언제까지라도 살아남을 음악의 예로 비틀스를 언급하곤 한다. 나는 디지털 시대가 조금 염려된다. 음악, 책, 그리고 우리가 축적한 지적 자산이 디지털 코드로 변환되다 보니 전기가 나가면 전부 사라진다.

그렇지만 우리에게 성대가 있고 숨 쉴 수 있는 공기가 있는 한, 음악은 늘 있을 것이다.

우리 호모 사피엔스는, 얼추 몇천 년 차이는 있을지 모르지만, 20만 년 전 처음 무대에 등장했다. 약 6만 년 전에 아프리카를 떠났고 우리와 더불어 음악도 널리 퍼졌다. 2012년에 독일의 가이센클뢰스텔레 동굴에서 동물의 뼈를 깎아 만든 피리의 파편들이 발굴되었다. 이 파편들은 4만 3,000년 전의 것으로 밝혀졌다. 우리가 오랫동안 음악을 해왔다는 얘기는 할 필요도 없겠다. 1972년에 캘리포니아 대학교의 앤 드래프콘 킬머 교수는 기록으로 남아 있는 가장 오래된 노래를 해석해냈다. 그 기록의 매체는 1950년대에 발굴된 고대의 점토판들이었다. 3,400년 전에 만들어진 그 점토판들은 고대 수메르 설형 문자, 말 그대로 돌에 새겨진 상징들을 담고 있다.

음악은 우리에게 강력한 영향을 미친다. 음악은 우리를 웃게도 하고, 울게도 하고, 사랑에 빠지게도 한다. 심지어 긴장을 풀고 편안히 앉아 별을 바라보며 경이감에 젖게 하기도 한다.

우주는 무한하다. 머리 위 광대한 어둠의 캔버스는 언제나 우리의 마음을 사로잡는다. 우리를 보호해주고 따뜻하게 둘러앉을 수 있는 불이 있기 전까지, 밤은 우리의 연약함을 의미했다. 밤은 때때로 죽음을 의미했다. 낮에는 우리가 짐승을 사냥했지만 밤에는 짐승이 우리를 공격했다. 어떤 날은 우리가 키 큰 풀에 몸을 감추고 먹거리를 찾아다녔지만 다음 날은 우리가 먹거리가 될 수도 있었다. 우리는 죽음을 어떻게 설명해야 했을까? 아니, 왜 죽음을 설명해야 할 필요를 느꼈을까?

미지의 것은 우리의 마음을 빼앗고 어지럽힌다. 밤의 미스터리가 그렇듯이 이 모든 것이 어떻게 작동하는지 이해하고 싶다는 욕망 또한 우리를 끌어당긴다. 어쩌면 우리와 비슷한 생명체, 우리는 알지 못하지만 우리보다 더욱 뛰어난 생명체가 이 모든 것을 만들었을지도 모른다. 우리가 그들의 마음에 들게 행동하면 그들이 우리를 도울지도 모른다. 그들이 우리를 부양할지도 모른다. 그들이 우리를 위로할지도 모른다.

지구상의 모든 생물 가운데 '왜?'라고 질문할 수 있는 능력의 저주는 우리에게만 떨어진 것 같다. 철학자들은 하늘을 쳐다보고 우주 속 우리의 위치를 관조했다. 한편, 종교 지도자들과 시골 목사들은 우주와 우리의 괴리를 설명하기 위해 애썼다. 우리 인간만 죽음 때문에 깊은 고통을 느끼는 것이 아니다. 침팬지도 사랑하는 이가 죽으면 슬퍼하고 코끼리에게도 죽음과 결부된 의례가 있다. 사실 아리스토텔레스는 코끼리가 다른 모든 동물보다 지능과 재치가 낫다고 말하기도 했다.

과거를 돌아보고 현재를 설명하며 미래를 대비하는 능력 또한 우리에게만 있는 듯 보인다. 다윈의 말대로 단지 정도의 차이인가, 아니면 우리에게 뭔가 다른 것이 있나? 우주의 구성 요소를 이해하기 위해 물질의 가장 작은 형태를 해부하고 관찰하는 능력이 우리를 다른 어떤 생물보다 우뚝 서게 했을 것이다. 우리는 불꽃을 일으키기 위해 돌들을 부딪쳤듯이 보이지 않는 입자들을 충돌시키기 위해 거대한 입자 가속기도 만들었다. 부싯돌이든 쿼크든 그 불꽃이 불러일으킨 경이감은 결코 사라지지 않을 것이다.

우리의 모습은 유일무이하다. 우리는 나머지 네 손가락과 마주 댈 수 있는 엄지가 있고 그 손으로 우리를 둘러싼 세상을 만들어간다. 포식자들을 막고 우리가 사랑하는 이들을 지키기 위해. 우리는 생각을 종이에 기록할 수 있는 상징으로 바꾸어 우리가 한 번도 만난 적 없는 사람들에게까지 전달할 수 있다. 공기 중에는 무선 전송이 가득하고 그중 어떤 것은, 심지어 아주 초기의 것도, 여전히 남아 있다. 지구 밖 광활한 우주를 가로지르며.

우리의 유일무이함이 정도의 문제라면 우리보다 몇 단계 앞선 유일무이한 다른 존재들이 아마 우주에 있을 것이다. 그들은 우리와 비슷할 필요도 없고, 우리처럼 생각할 필요도 없고, 우리와 같은 재질로 이루어질 필요도 없지만, 그래도 우리는 그들을 만나고 싶다.

46장
끝없는 이야기

>>> 우주는 팽창했고 지금도 팽창 중이다. 우주는 무려 140억 년간 팽창하고 있다. 이 팽창은 언젠가 이웃 은하들을 우리가 고려할 수도 없을 만큼 멀리 보낼 것이다. 그러면 거대한 암흑뿐일 것이고 우리는 한없이 외로울 것이다. 하지만 걱정할 필요는 없다. 우리는 지금 복되고 특별한 시간을 보내고 있으니까. 우주는 불가해한 최초의 '폭발' 이후 진화해왔고 이 소박한 행성의 생명 역시 진화해왔다. 35억 년 전, 생물이 처음으로 원시 연못에서 꿈틀거렸다. 생물은 갈라지고, 복제되고, 결합하고, 유전 물질을 교환하고, 서로 엉겨 붙어 무리를 이루고, 새로운 모양을 형성하고, 바다에서 빠져나와, 살아남기 위해 몸부림쳤다. 이 새로운 다세포 생물들은 유전자 사본이 만들어지는 과정에서 변이를 겪어 자기들이 처한 환경에 적응하든가 역사 속으로 사라지든가 했다. 어떤 생물들은 흔적을 남겼고 다른 생물들은 그러지 못했다. 집 근처 절벽에

서 화석이 있는 자리를 기가 막히게 찾아내는 재주가 있었던 메리 애닝은 우리가 그 흔적들이 무엇을 의미하는지 이해하는 데 도움을 주었다. 그것들은 우리의 과거를 얼핏 보여주었고 우리는 우리 자신의 기원을 이해하기를 바라마지 않았다.

우리의 뇌는 이 모든 것을 이해할 수 있게끔 진화했다. 뇌는 더 이상 음식, 주거지, 안전을 찾으라고 지시하는 원시 시대의 프로그램대로 작동하지 않는다. 이제 이 복잡한 네트워크는 우리 자신과 우리의 상(像)에 대해 생각하게 해준다. 그 상은 거울이나 연못의 수면에 비친 것일 수도 있고 우리 위, 아래, 옆에 있는 동물일 수도 있다. 우리는 우리의 유전자 구성을 들여다보고, 우리의 DNA를 들쑤시고, 종으로서 남은 시간을 개선하는 법을 생각할 수 있다. 하늘에 별들이 있는 한, 우리는 그 별들을 쳐다보고 어떻게 거기에 가서 적응할지를 고려한다. 그 별들에서 새로운 환경과 도전을 보는 것이다. 40억 년 후 우리의 작은 태양은 마지막으로 헬륨을 토하고 눈을 감을 것이다. 우리가 모든 것을 알아낼 시간은 충분할 성싶고, 실제로 그렇다. 앞에서도 말했듯이 우리는 운이 좋다. 만약 생명이 수십억 년 늦게 출현했다면 우리가 지구에서 사는 시간은 수천 년밖에 되지 않을 것이다.

현재로서는, 지구의 소멸을 앞당기는 요인이나 소행성과의 충돌만 없다면, 경이롭도록 복잡한 우리 정신이 풀어야 할 비밀이 남아 있다. 여러분이 그 비밀의 깊이를 가늠하기 위해 과학자가 될 필요는 없다. 그저 뒤뜰에 자리를 잡고 앉거나 뒤뜰이 없다면 (의자를 챙겨) 자연이 보존되어 있는 가까운 곳을 찾기만 하면 된다. 풀, 나무, 이 가지에서 저 가지로 날아다니는 새, 도토리를 찾아 종종걸음 치는 다람쥐 들을 보라. 오래전 이래즈머스 다윈이 생각했던 것처럼, 이 모든 생물이 단 하나의 가닥에서 비롯됐다고 상상할 수 있는지 자신에게 물어보라. 다른 사람들이 여러분 대신 그러한 사유를 하고 그 가닥의 여정을 추적했다는 사실에 안도감이 들지도 모른다. 그 여정이 여러분에게까지 이어졌다. 그리고 여러분이 나타나자 초조하게 꼬리를 흔드는 다람쥐와 그 녀석이 들고 있는 도토리에게까지도.

생명의 나무는 갈래를 너무 많이 뻗었기 때문에 그 가지를 다 세기란 무척 힘들 것이다. 나무 대신 길고 구불구불한 강을 떠올려보자. 그 강이 굽이를 돌고, 갈라지고, 거기서 다시 또 지류를 뻗는다. 모든 지류들을 거슬러 올라가면 원류를 찾고 수원에 도달할 수 있다. 그리고 말라붙어 결국은 사라지고마는 지류와 하천도 있다.

말하자면, 여러분이 보고 만지고 듣고 맛보고 냄새 맡는 모든 것이 같은 이야기의 일부다. 이 이야기는 아주 오래되었다. 이보다 더 오래된 이야기가 없을 만큼.

참고 문헌

Alleyne, Richard. "Scientist Craig Venter Creates Life for First Time in Laboratory Sparking Debate about 'Playing God.'" *The Telegraph*, May 20, 2010, www.telegraph.co.uk/news/science/7745868/Scientist-Craig-Venter-creates-life-for-first-time-in-laboratory-sparking-debate-about-playing-god.html.

Aristotle. *History of Animals*. Translated by Arthur L. Peck. Cambridge, MA: Harvard University Press, 2001.

———. *Posterior Analytics*. Translated by Harold Percy Cooke. Cambridge, MA: Harvard University Press, 1997.

Big Think. "Michio Kaku: Mankind Has Stopped Evolving." YouTube, uploaded by Big Think, May 31, 2011, www.youtube.com/watch?v=UkuCtIko798.

The Cambridge History of Science. 8 vols. Cambridge: Cambridge University Press, 2018.

Carroll, Sean B. *Endless Forms Most Beautiful: The New Science of Evo Devo and the Making of the Animal Kingdom*. W. W. Norton, 2005.

Chambers, Robert. *Vestiges of the Natural History of Creation Together with Explanations: A Sequel*. Cambridge: Cambridge University Press, 2011.

Charter for Compassion. "Robert Wright: The Evolution of Compassion." YouTube, uploaded by Charter for Compassion, 15 May 2012, www.youtube.com/watch?v=mEDtyYwwJcU.

Coyne, Jerry A. *Why Evolution Is True*. New York: Viking, 2010.

CSHL DNA Learning Center. "Accumulating DNA Mutations through

Time, Mark Stoneking." Video interview. Cold Spring Harbor Laboratory DNA Learning Center. www.dnalc.org/view/15168-Accumulating-DNA-mutations-through-time-Mark-Stoneking.html.

Darwin, Charles. *The Autobiography of Charles Darwin*. New York: Barnes and Noble Books, 2005.

———. *The Descent of Man, and Selection in Relation to Sex*. New York: Penguin Classics, 2011.

———. "Notebooks on Geology, Transmutation, Metaphysical Enquiries and Reading Lists." Darwin Online, darwin-online.org.uk/EditorialIntroductions/vanWyhe_notebooks.html.

———. *On the Origin of the Species by Natural Selection of the Preservation of Favoured Races in the Struggle for Life*. New York: Signet Classic, 2003.

Darwin, Erasmus. *The Temple of Nature; or, the Origin of Society*. The Project Gutenberg e-Book. www.gutenberg.org/files/26861/26861-h/26861-h.htm.

———. *The Temple of Nature*. Canto I. knarf.english.upenn.edu/Darwin/temple1.html.

Dawkins, Richard. *The Blind Watchmaker: Why the Evidence of Evolution Reveals a Universe without Design*. New York: W.W. Norton, 2015.

———. *The Greatest Show on Earth the Evidence for Evolution*. New York: Free Press, 2009.

———. "Richard Dawkins on Altruism and the Selfish Gene." YouTube, uploaded by Andy80o, September 1, 2012, www.youtube.com/watch?v=n8C-ntwUpzM.

Dickens Journals Online. "Mary Anning, the Fossil-Finder." www.djo.org.uk/indexes/articles/mary-anning-the-fossil-finder.html. Accessed November 6, 2020.

Diderot, Denis. *Rameau's Nephew and D'Alembert's Dream*. New York: Penguin Books, 1966.

———. *Thoughts on the Interpretation of Nature and Other Philosophical Works*. Translated by Lorna Sandler. Manchester, UK: Clinamen, 2000.

"E. O. Wilson (04/03/12)." Charlie Rose. YouTube, April 4, 2012, www.youtube.com/watch?v=j4Ltmy4DvNg.

Geological Society of London. Letter from Mary Anning, [1833]. https://stage.geolsoc.org.uk/Library-and-Information-Services/Exhibitions/Women-and-Geology/Mary-Anning/Letter-from-Mary-Anning. Accessed December 27, 2021.

Goodall, Jane. "What Separates Us from Chimpanzees?" YouTube, TED, May 16, 2007, www.youtube.com/watch?v=51z7WRDjOjM.

Gould, Stephen Jay. *Wonderful Life: The Burgess Shale and the Nature of History*. New York: W.W. Norton, 2007.

Greenwood, Veronique. "A Horse Has 5 Toes, and Then It Doesn't." *New York Times*, February 10, 2020. www.nytimes.com/2020/02/08/science/horses-toes-hooves.html.

Hutton, James. *Theory of the Earth; or an Investigation of the Laws Observable in the Composition, Dissolution, and Restoration of Land upon the Globe*. archive.org/stream/cbarchive_106252_theoryoftheearthoraninvestig at1788/theoryoftheearthoraninvestigat1788#page/n1/mode/2up.

Lamarck on Use and Disuse. www.ucl.ac.uk/taxome/jim/Mim/lamarck6.html.

Lehrer, Jonah. "Kin and Kind." *The New Yorker*, March 5, 2012. www.newyorker.com/magazine/2012/03/05/kin-kind.

Lucretius. *The Nature of Things*. Translated by A. E. Stallings. New York: Penguin Books, 2015.

Maillet, Benoît de. *Telliamed; or, Conversations between an Indian Philosopher and a French Missionary on the Diminution of the Sea*. Edited by Albert

V. Carozzi. Urbana: University of Illinois Press, 1968.

Matthew, Patrick. *On Naval Timber and Arboriculture*. London: Longman, 1831.

Maupertuis, Pierre Lois. *Venus Physique* (The Earthly Venus). cogweb.ucla.edu/EarlyModern/Maupertuis_1745.html.

Miller, Kenneth R. *Only a Theory: Evolution and the Battle for America's Soul*. New York: Penguin Books, 2009.

Paley, William. *Natural Theology; or, Evidences of the Existence and Attributes of the Deity Collected from the Appearances of Nature*. London: J. Faulder, 1810.

Prothero, Donald R., and Carl Dennis Buell. *Evolution: What the Fossils Say and Why It Matters*. New York: Columbia University Press, 2007.

Richard Dawkins Foundation for Reason and Science. "Richard Dawkins: Comparing the Human and Chimpanzee Genomes—Nebraska Vignettes #3." YouTube, uploaded by Richard Dawkins Foundation for Reason & Science, 5 June 2014, www.youtube.com/watch?v=WMPlr4tD64A.

Ruse, Michael, and Joseph Travis. *Evolution: The First Four Billion Years*. Cambridge, MA: Harvard University Press, 2011.

"Self-Recognition in Apes National Geographic." YouTube, uploaded by National Geographic, March 13, 2008. www.youtube.com/watch?v=vJFo3trMuD8.

Shermer, Michael. *Why Darwin Matters: The Case against Intelligent Design*. New York: Holt, 2007.

Shubin, Neil. *Your Inner Fish a Journey into the 3.5-Billion-Year History of the Human Body*. New York: Vintage Books, 2009.

Stott, Rebecca. *Darwin's Ghosts: The Secret History of Evolution*. New York: Spiegel and Grau, 2012.

"Theory." *Merriam-Webster Dictionary*. Merriam-Webster, www.merriam-webster.com/dictionary/theory.

"Time Magazine Interviews: Dr. Jane Goodall." YouTube, uploaded by *Time*, September 16, 2009, www.youtube.com/watch?v=t7iIT7fZFZ8.

University of California Museum of Paleontology. "Mary Anning (1799–1847)." ucmp.berkeley.edu/history/anning.html. Accessed November 6, 2020.

Wallace, Alfred Russel. *My Life: A Record of Events and Opinions*: 1823–1913. London: Chapman and Hall, 1970. Internet Archive, archive.org/details/b31360580_0001.

Waterfield, Robin, and David Bostock. *Aristotle Physics*. Oxford: Oxford University Press, 1996.

Watson, James. "How I Discovered DNA." YouTube. TED-Ed, 26 July 2013, https://www.youtube.com/watch?v=RvdxGDJogtA.

Web of Stories. "John Maynard Smith: The Idea of Sexual Selection (30/102)." YouTube, September 6, 2011, www.youtube.com/watch?v=h4kkn0l8BZk&feature=youtu.be.

"William Charles Wells." Wikipedia. April 2020, en.wikipedia.org/wiki/William_Charles_Wells.

Wilson, Edward O. *The Meaning of Human Existence*. New York: Liveright, 2015.

Yale Courses. "20. Coevolution." YouTube, uploaded by Yale Courses, September 1, 2009, www.youtube.com/watch?v=fUKWpF2sK34.

EVOLUTION TALK : The Who, What, Why, and How behind the Oldest Story Ever Told by Rick Coste
Copyright ⓒ 2022 by Rick Coste
All rights reserved.

This Korean edition was published by Solbitkil in 2025 under license from GLOBE PEQUOT PUBLISHING GROUP Inc. arranged through Hobak Agency

이 책은 호박 에이전시(Hobak Agency)를 통한 저작권자와의 독점계약으로 그러나에서 출간되었습니다. 저작권법에 의해 한국 내에서 보호를 받는 저작물이므로 무단전재와 복제를 금합니다.

에볼루션 토크

초판 1쇄 발행 2025년 8월 27일
원작 EVOLUTION TALK
지은이 릭 코스트
옮긴이 이세진
발행인 도영
편집 김미숙
표지 디자인 씨오디
내지 디자인 손은실
발행처 그러나 등록 제25100-2025-028호
주소 서울시 성북구 솔샘로24길 15 110동 1501호(정릉동)
전화 02)909-5517 FAX 0505)300-9348 이메일 anemone70@hanmail.net
ISBN 979-11-984242-5-9 03470

* 이 책은 저작권법에 따라 보호받는 저작물이므로 무단전재와 무단복제를 금지하며 이 책 내용의 전부 또는 일부를 이용하려면 반드시 저작권자와 그러나의 서면 동의를 받아야 합니다.